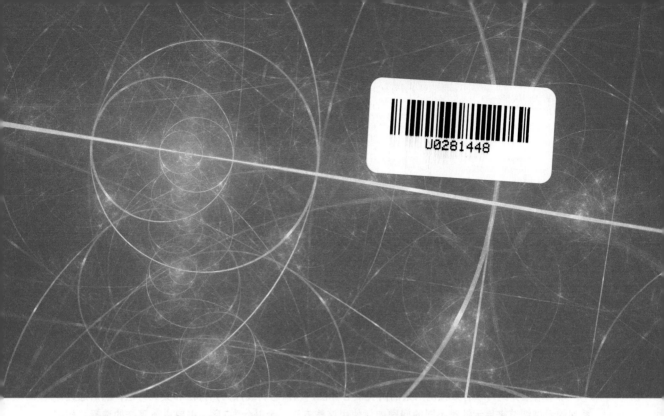

Spark 和 Python 机器学习实战

预测分析核心方法 第2版

[美] 迈克尔·鲍尔斯（Michael Bowles）◎ 著

沙瀛 胡玉雪 ◎ 译

人民邮电出版社

北京

图书在版编目（CIP）数据

Spark和Python机器学习实战：预测分析核心方法：第2版 /（美）迈克尔·鲍尔斯（Michael Bowles）著；沙瀛，胡玉雪译. -- 北京：人民邮电出版社，2022.3（2024.3重印）
书名原文：Machine Learning with Spark and Python: Essential Techniques for Predictive Analytics, Second Edition
ISBN 978-7-115-58381-9

Ⅰ. ①S… Ⅱ. ①迈… ②沙… ③胡… Ⅲ. ①数据处理软件 Ⅳ. ①TP274

中国版本图书馆CIP数据核字(2021)第267916号

内 容 提 要

本书着重介绍可以有效预测结果的两类核心算法，包括惩罚线性回归方法和集成方法，然后通过一系列的示例细节来展示针对不同的问题如何使用这些方法。全书分为7章，主要讲述算法的选择、构建预测模型时的要点等内容，并且结合Spark和Python技术，引入岩石与水雷、鲍鱼年龄问题、红酒口感、玻璃分类等经典数据集，将机器学习应用到数据预测分析中，帮助读者全面系统地掌握利用机器学习进行预测分析的基本过程，并将其应用到实际项目中。

本书适合想掌握机器学习技能的Python开发人员阅读。

◆ 著　　[美]迈克尔·鲍尔斯（Michael Bowles）
　译　　　沙　瀛　胡玉雪
　责任编辑　杨海玲
　责任印制　王　郁　胡　南

◆ 人民邮电出版社出版发行　北京市丰台区成寿寺路11号
　邮编　100164　电子邮件　315@ptpress.com.cn
　网址　https://www.ptpress.com.cn
　三河市君旺印务有限公司印刷

◆ 开本：800×1000　1/16
　印张：20.75　　　　　　　2022年3月第1版
　字数：411千字　　　　　2024年3月河北第3次印刷
　著作权合同登记号　图字：01-2020-0628号

定价：99.90元
读者服务热线：(010)81055410　印装质量热线：(010)81055316
反盗版热线：(010)81055315
广告经营许可证：京东市监广登字20170147号

版权声明

Michael Bowles

Machine Learning with SparkTM and Python®: Essential Techniques for Predictive Analytics, 2nd Edition

Copyright © 2020 by John Wiley & Sons, Inc., Indianapolis, Indiana.

All right reserved. This translation published under license.

Authorized translation from the English language edition published by John Wiley & Sons, Inc.

Copies of this book sold without a wiley sticker on the cover are unauthorized and illegal.

本书中文简体字版由 John Wiley & Sons 公司授权人民邮电出版社有限公司出版，专有出版权属于人民邮电出版社有限公司。

本书封底贴有 Wiley 防伪标签，无标签者不得销售。

版权所有，侵权必究。

本书献给我不断壮大的家庭（三世同堂）：斯科特、赛斯、凯莱、里斯和莉娅，融入他们的生活是我永恒的快乐源泉。希望当他们看到自己的名字出现在书中时会感到高兴。我也将本书献给我的密友戴夫，我们的友谊坚不可摧。我希望这也能让他高兴。

迈克尔·鲍尔斯，2019 年于硅谷

前言

从数据中提取有助于付诸行动的信息正在改变着现代商业的组织，同时对开发人员也产生了直接的影响。一方面是对新的软件开发技能的需求。这对具有高级统计和机器学习等必要技能的人员来说意味着丰厚的薪酬和可供选择的多种有趣的项目。另一方面是逐步出现了统计和机器学习相关的核心工具，这减轻了开发人员的负担。当他们尝试新的算法的时候，不需要重复发明"轮子"。在所有通用计算机语言中，Python 的开发人员已经站在了最前沿，他们已经开发了当前最先进的机器学习工具，但是从拥有这些工具到有效地使用它们还有一段距离。

开发人员可以通过在线课程、优质的图书等方式来获得机器学习的相关知识。这些图书通常都给出了对机器学习算法、应用实例的精彩阐述，但是因为当前算法如此之多，以至于很难在一门课程或一本书中覆盖全部算法的相关细节。

这给实际应用者带来了困难。当需要从众多算法中进行选择的时候，机器学习的新手可能需要经过几次尝试之后才能做出决定。这往往需要开发人员来填补从问题的提炼到解决的完整过程之间的算法使用的相关细节。

本书尝试填补这一鸿沟，所采用的方法是只集中于两类核心的"算法族"，这两类算法族已在各种各样的问题中证明了其最佳的性能。该论断获得下面的支持：这两类算法在众多机器学习算法竞争者中已获得支配性地位，最近开发的机器学习工具包中都包含这两类算法和对这些算法的性能的研究工作（见第 1 章）。重点关注这两类算法使我们可以详细地介绍算法的使用原则，并通过一系列的示例细节来展示针对不同结构的问题如何使用这些算法。

本书主要通过代码实例来展示算法的使用原则。以我在加利福尼亚大学伯克利分校、美国技术培训服务商 Galvanize、纽黑文大学和黑客道场（Hacker Dojo）的授课经验来看，开发人员更愿意通过看代码示例，而不是通过数学公式的推导来了解算法原理。

本书聚焦于 Python 语言，因为它能提供将功能和专业性良好结合的机器学习算法包。Python 是一种经常使用的计算机语言，以产生精练、可读的代码而著称。这导致目前已有相当数量的业界旗舰公司采用 Python 语言进行原型系统的开发和部署。Python 语言开发人员获得了广泛的技术支持，包括同业开发人员组成的大量社区、各种开发工具、扩展库等。Python 广泛地应用于企业级应用和科学编程。它有相当数量的工具包来支持计算密集型应用，如机器学习。它也收集了当前机器学习领域的代表性算法（这样读者就可以省去重复性劳动）。与专门的统计语言 R 或 SAS（Statistical Analysis System）相比，Python 是一门更具通用性的编程语言，它的机器学习算法包吸收了当前一流的算法，并且在一直扩充。

本书的目标读者

本书主要面向想增强机器学习方面技能的 Python 开发人员，不管他们是针对某一特定的项目还是只想增强相关技能。开发人员很可能在工作中遇到新问题需要用机器学习的方法来解决。当今机器学习在新闻报道如此之多，使得机器学习方面的技能已经成为简历中一项十分有用的技能。

本书为 Python 开发人员提供如下内容：

- 机器学习所解决的基本问题的描述；
- 当前先进的算法；
- 这些算法的使用原则；
- 一个机器学习系统的选型、设计和评估的流程；
- 流程和算法的示例；
- 可修改扩展的代码。

为了能够顺利地理解这本书，读者应具备一定的背景知识，需要对编程或计算机科学有一定了解，并且能够读/写代码。本书的代码示例、库、包基于 Python 语言，主要适用于 Python 开发人员。在某些情况下，本书通过运行算法的核心代码来展示算法的使用原则，然后使用含有此算法的包来展示如何应用此算法来解决问题。开发人员通过源代码可以获得对算法的直观感受，就像其他人通过数学公式的推导来掌握算法。一旦掌握了算法的核心原理，示例就可以直接使用 Python 包，这些包都包含了能够有效使用这些算法所必需的辅助模块（如错误检测、输入输出处理、模型所使用的数据结构、引入训练好的模型的预测方法等）。

除了编程的背景，懂得相关数学、统计的知识将有助于读者掌握本书的内容。相关数学知识包括大学本科水平的微分学（知道如何求导，了解一些线性代数的知识）、矩阵符号、矩阵乘、求逆矩阵等。这些知识主要是帮助读者理解一些算法中的求导部分，很多情况下是一个简单函数的求导或基本的矩阵操作。能够理解概念层面上的数学计算将有助于对算法的理解。明白推导各步的由来有助于读者理解算法的强项和弱项，也有助于读者在面对具体问题的时候决定哪个算法是最佳选择。

本书也用到了一些概率和统计知识。对这方面的要求包括熟悉大学本科水平的概率知识和概念，如一系列实数的均值、方差和相关性。当然，即使读者对这些知识有些陌生，也可以随时查看代码。

本书涵盖了机器学习算法的两大类：惩罚线性回归（如岭回归、套索回归）和集成方法（如随机森林法、梯度提升法）。上述两大类算法都有一些变体，可以解决回归和分类的问题（在本书的开始部分将会介绍分类和回归的区别）。

如果读者已熟悉机器学习并只对其中的一类算法感兴趣，那么可以直接跳到相关的两章。每类算法由两章组成：一章介绍使用原则，另一章介绍针对不同类型问题的用法。惩罚线性回归在第 4 章和第 5 章中介绍，集成方法在第 6 章和第 7 章中介绍。快速浏览第 2 章将有助于理解算法应用章节中的问题，第 2 章涉及数据探索。刚刚进入机器学习领域准备从头到尾通读的读者可以把第 2 章留到阅读那些问题的解决方案的算法应用章节前。

本书的主要内容

如上所述，本书涵盖两大类算法族，这些算法近期都获得了发展，并且仍然在被持续地研究。它们都依赖于早期的技术，并且在一定程度上超越了这些技术。

惩罚线性回归代表了对最小二乘回归（least squares regression）方法的相对较新的改善和提高。惩罚线性回归具有的几个特点使其成为预测分析的首选。惩罚线性回归引入了一个可调参数，使最终的模型在过拟合与欠拟合之间达到了平衡。它还提供不同的输入特征对预测结果的相对贡献的相关信息。上述这些特征对于构建预测模型都是十分重要的。而且，对某类问题，惩罚线性回归可以产生最佳的预测性能，特别是对于欠定[①]的问题以及有很多输入参数的问题，如基因领域、文本挖掘等。另外，还有坐标下降法[②]等新方法可以使惩罚线性回归模型训练过程运行得更快。

为了帮助读者更好地理解惩罚线性回归，本书也概要介绍了一般线性回归及其扩展，例如逐步回归（stepwise regression）。主要是希望能够培养读者对算法的直觉。

集成方法是目前最有力的预测分析工具之一。它们可以对特别复杂的行为进行建模，特别是过定的问题，通常这些都是与互联网有关的预测问题（如返回搜索结果、预测广告的点击率）。由于集成方法的性能优良，许多经验丰富的数据科学家在做第一次尝试的时候都使用此算法。此类算法的使用相对简单，而且可以依据预测性能对变量进行排序。

目前集成方法与惩罚线性回归齐头并进。然而，惩罚线性回归是从克服一般回归方法的局限性进化而来的，而集成方法是从克服二元决策树的局限性进化而来的。因此本书介绍集成方法的时候，也会涉及二元决策树的背景知识，因为集成方法继承了二元决策树的一些属性。了解这些将有助于培养读者对集成方法的直觉。

---

① 在数学上，有一个线性方程组或者一个多项式方程组，如果方程比未知量少，则被认为是欠定的（underdetermined）；如果方程比未知量多，则被认为是过定的（overdetermined）。——译者注
② 坐标下降法（coordinate descent）是一种非梯度优化算法。算法在每次迭代中，在当前点处沿一个坐标方向进行一维搜索以求得一个函数的局部极小值。在整个过程中循环使用不同的坐标方向。对于不可拆分的函数而言，算法可能无法在较小的迭代步数中求得最优解。为了加速收敛，可以采用一个适当的坐标系，例如通过主成分分析获得一个坐标间尽可能不相关的新坐标系。——译者注

本书的内容更新

自第 1 版发布以来的 3 年里，Python 更加坚定地确立了作为数据科学的主流语言的地位。很多数据科学家已经利用 Python 作为接口，使用像面向大数据的 Spark、面向深度学习的 TensorFlow 和 Torch 等平台。第一版中强调的两类算法仍然是最受欢迎的，而且已经成为 PySpark 的一部分。

这种结合的美妙之处在于，在真正庞大的数据集上构建机器学习模型所需的代码并不比在更小的数据集上所需的代码更复杂。

PySpark 展示了巨大的进步，通过相对简单的易读易写的 Python 代码，使调用强大的机器学习工具变得更清晰、更容易。当撰写本书第 1 版的时候，在海量规模的数据集上构建机器学习模型需要操纵数百个处理器，这需要深入了解数据中心处理过程和编程知识。这很麻烦，坦率地说也不是很有效。Spark 架构是为了解决这个问题而开发的。

Spark 使机器学习可以很容易地租用和使用大量处理器。PySpark 添加了一个 Python 接口。结果是，在 PySpark 中运行机器学习算法的代码并不比运行普通 Python 版本的程序复杂多少。第 1 版重点介绍的算法仍然可以在 Spark 上运行，并且依然广受青睐。因此，为了让读者熟悉 PySpark，除 Python 示例以外，还自然而然地增加了 PySpark 的示例。

在这个版本中，所有的代码示例都运行在 Python 3 上，除了已提供文本形式的代码，每章还提供了 Jupyter Notebook 形式的代码。运行 Notebook 形式的代码就会看到书中的图形和表格。

本书的结构

本书遵循了着手解决一个新的预测问题的基本流程。开始阶段包括建立对数据的理解，以及确定如何形式化地表示问题；然后开始尝试使用算法来解决问题和评估性能。在这个过程中，本书将概要描述每一步所采用的方法及其原因。第 1 章给出本书所涵盖的问题和所用方法的完整描述，本书使用来自 UC Irvine 数据仓库的数据集作为例子；第 2 章展示了一些方法和工具，帮助读者对新数据集有一定的洞察力。第 3 章主要介绍预测分析的困难以及解决这些困难的技术，勾勒问题复杂度、模型复杂度、数据规模和预测性能之间的关系，讨论过拟合问题以及如何可靠地感知到过拟合，也讨论不同类型问题下的性能评测问题。第 4 章和第 5 章分别包括惩罚线性回归的背景及其应用，即如何解决第 2 章所述的问题。第 6 章和第 7 章分别包括集成方法的背景及其应用。

本书的使用方法

为了运行书中的代码示例，需要有 Python 3.x、SciPy、numpy、pandas、scikit-learn 和 PySpark。由于交叉依赖和版本的问题，这些软件的安装可能会有些困难。为了简化上述软件安装过程，可以使用来自 Continuum Analytics 的这些包的免费分发版。它提供的 Anaconda 产品可自由下载并且包含 Python 3.x 以及运行本书代码所需的全部包。我在 Ubuntu 14.04 Linux 发行版上测试了本书的代码，但是没有在其他的操作系统上测试过。

PySpark 需要 Linux 环境。如果读者不是在 Linux 上运行，那么运行示例代码的最简单的方法可能是使用虚拟机。Virtual Box 是一个免费的开源虚拟机。按照说明下载 Virtual Box，然后安装 Ubuntu 18.05，使用 Anaconda 安装 Python、PySpark 等。读者只需要使用虚拟机来运行 PySpark 示例。非 Spark 的实例可以运行在任何操作系统上，只要读者可以打开 Jupyter Notebook。

本书对读者的支持

本书代码库中的源代码可以帮助读者加快学习速度。这些章节包括安装说明，以便读者在阅读本书的同时编写代码。

源代码

当研究本书示例代码的时候，可以选择手工录入这些代码，也可以直接使用本书配套的源代码文件。本书用到的所有源代码都可以从出版社网站下载获得。在本书代码片段旁有一个下载的小图标，并注明文件名，这样读者就可以知道此文件在下载的源代码中，可以很轻松地从下载源代码中找到此文件。

除了以文本形式提供代码，还包括 Python 记事本的形式。如果读者知道如何运行 Jupyter Notebook，就可以一个单元一个单元地运行代码。输出将直接展示在 Jupyter Notebook 上，图形和图表也是一样，显示的输出将出现在代码块的下面。

下载代码后，读者使用自己喜爱的压缩工具进行解压缩即可。

致谢

我要感谢 Wiley 出版社的工作人员在本书撰写以及第 2 版修订过程中所给予的大力支持。最早是组稿编辑罗伯特·埃利奥特（Robert Elliot）和我联络写作本书，他很容易相处。汤姆·丁斯（Tom Dinse）在编辑本书第 2 版时做得很出色。他反应敏捷、思考通透、灵活、非常专业，正如我对 Wiley 出版社所期待的那样。

我也要感谢做事高效、有能力的计算机科学家詹姆斯·温加（James Winegar），作为本书的技术编辑，他让本书的风格更加一致，并做了许多改进，这些改进使本书的代码更易于理解和使用。

书中使用的示例问题来自加利福尼亚大学欧文分校（University of California at Irvine, UCI）的数据仓库。加利福尼亚大学欧文分校收集和管理这些数据集，使其免费可用，为机器学习社区做出了巨大的贡献。

作者简介

迈克尔·鲍尔斯（Michael Bowles）博士拥有机械工程学士和硕士学位、仪器仪表博士学位以及 MBA 学位。他的履历遍布学术界、科技界以及商业界。迈克尔目前主要与多家以人工智能或机器学习为主导的公司合作。他是多个管理团队的成员、咨询师以及顾问。他还在加利福尼亚大学伯克利分校（University of California，Berkeley）、加州山景城（Mountain View）的合作空间以及创业孵化器——黑客道场（Hacker Dojo）中教授机器学习课程。

迈克尔出生于俄克拉荷马州，并在那里获得学士和硕士学位。在东南亚工作了一段时间后，迈克尔前往剑桥大学攻读博士学位，毕业后在麻省理工学院（Massachusetts Institute of Technology，MIT）的 Charles Stark Draper 实验室获得了职位。之后迈克尔离开波士顿前往南加州的休斯飞机公司从事与通信卫星相关的工作。在加利福尼亚大学洛杉矶分校（University of California，Los Angeles）获得 MBA 学位后，迈克尔前往旧金山的湾区工作，成为两家成功的创业公司的创始人和 CEO，这两家公司都已获风险投资。

迈克尔目前仍然积极参与技术以及创业相关的工作，近期项目包括机器学习在工业检测和自动化中的应用、金融预测、基于分子图结构的生物信息预测、金融风险评估。他还参与了人工智能和机器学习领域公司的尽职调查[①]工作。

[①] 尽职调查（Due Diligence，DD）是指企业在并购时，买方企业对目标企业进行的经营现状调查，其目的主要包括以下两个方面：一是搜集用于估算目标价值的信息；二是履行管理层应尽义务，收集信息并制作资料以期向股东说明此次并购决策的合理性。——译者注

技术编辑简介

詹姆斯·约克·温加（James York-Winegar）是 Accentrue Enkitec Group 集团的基础设施负责人。詹姆斯帮助各种规模的公司（从创业公司到成熟企业）弥合系统管理和数据科学之间的鸿沟，帮助了解数据完整的生命周期。他以物理学开启其职业生涯，在超级计算机上进行大规模的量子化学模拟，然后进入技术领域。詹姆斯拥有加利福尼亚大学伯克利分校数据科学硕士学位。

资源与支持

本书由异步社区出品,社区(https://www.epubit.com/)为您提供相关资源和后续服务。

配套资源

本书提供源代码等免费资源。

要获得相关配套资源,请在异步社区本书页面中单击 ,跳转到下载界面,按提示进行操作即可。注意:为保证购书读者的权益,该操作会给出相关提示,要求输入提取码进行验证。

提交勘误

作者和编辑尽最大努力来确保书中内容的准确性,但难免会存在疏漏。欢迎您将发现的问题反馈给我们,帮助我们提升图书的质量。

当您发现错误时,请登录异步社区,按书名搜索,进入本书页面,单击"提交勘误",输入勘误信息,单击"提交"按钮即可。本书的作者和编辑会对您提交的勘误进行审核,确认并接受后,您将获赠异步社区的 100 积分。积分可用于在异步社区兑换优惠券、样书或奖品。

扫码关注本书

扫描下方二维码,您将会在异步社区微信服务号中看到本书信息及相关的服务提示。

与我们联系

我们的联系邮箱是 contact@epubit.com.cn。

如果您对本书有任何疑问或建议,请您发邮件给我们,并请在邮件标题中注明本书书名,以便我们更高效地做出反馈。

如果您有兴趣出版图书、录制教学视频,或者参与图书技术审校等工作,可以发邮件给本书的责任编辑(yanghailing@ptpress.com.cn)。

如果您来自学校、培训机构或企业,想批量购买本书或异步社区出版的其他图书,也可以发邮件给我们。

如果您在网上发现有针对异步社区出品图书的各种形式的盗版行为,包括对图书全部或部分内容的非授权传播,请您将怀疑有侵权行为的链接通过邮件发给我们。您的这一举动是对作者权益的保护,也是我们持续为您提供有价值的内容的动力之源。

关于异步社区和异步图书

"异步社区"是人民邮电出版社旗下 IT 专业图书社区,致力于出版精品 IT 技术图书和相关学习产品,为作译者提供优质出版服务。异步社区创办于 2015 年 8 月,提供大量精品 IT 技术图书和电子书,以及高品质技术文章和视频课程。更多详情请访问异步社区官网 https://www.epubit.com。

"异步图书"是由异步社区编辑团队策划出版的精品 IT 专业图书的品牌,依托于人民邮电出版社的计算机图书出版积累和专业编辑团队,相关图书在封面上印有异步图书的 LOGO。异步图书的出版领域包括软件开发、大数据、AI、测试、前端、网络技术等。

异步社区

微信服务号

目录

第 1 章 做预测的两类核心算法 1
1.1 为什么这两类算法如此有用 1
1.2 什么是惩罚线性回归方法 5
1.3 什么是集成方法 7
1.4 算法的选择 8
1.5 构建预测模型的步骤 10
1.5.1 构造一个机器学习问题 12
1.5.2 特征提取和特征工程 13
1.5.3 确定训练好的模型的性能 ... 14
1.6 各章内容及其依赖关系 14
1.7 小结 16

第 2 章 通过理解数据来了解问题 17
2.1 剖析一个新问题 17
2.1.1 属性和标签的不同类型决定模型的选择 19
2.1.2 新数据集的注意事项 20
2.2 分类问题：用声呐发现未爆炸的水雷 21
2.2.1 岩石与水雷数据集的物理特性 21
2.2.2 岩石与水雷数据集的统计概要 24
2.2.3 用分位数图展示异常点 26
2.2.4 类别属性的统计特征 28
2.2.5 用 Python pandas 对岩石与水雷数据集进行统计分析 28
2.3 对岩石与水雷数据集属性进行可视化 31
2.3.1 用平行坐标图进行可视化 ... 31
2.3.2 对属性和标签间关系进行可视化 33
2.3.3 用热图对属性和标签的相关性进行可视化 40
2.3.4 对岩石与水雷数据集探究过程的小结 41
2.4 以因素变量进行实数值预测：鲍鱼的年龄 41
2.4.1 回归问题的平行坐标图——鲍鱼年龄问题的属性关系可视化 47
2.4.2 将相关性热图用于回归问题——鲍鱼年龄问题的属性对相关性的可视化 50
2.5 用实数值属性进行实数值预测：评估红酒口感 52
2.6 多类别分类问题：玻璃分类 ... 59
2.7 用 PySpark 理解大规模数据集 63
2.8 小结 67

第 3 章 构建预测模型：平衡性能、复杂度和大数据 69
3.1 基本问题：理解函数逼近 69
3.1.1 使用训练数据 70
3.1.2 评估预测模型的性能 72
3.2 影响算法选择及性能的因素——复杂度及数据 72
3.2.1 简单问题和复杂问题的比较 73
3.2.2 简单模型和复杂模型的比较 75
3.2.3 影响预测算法性能的因素 79

目录

- 3.2.4 选择算法：线性或者非线性 79
- 3.3 评测预测模型的性能 80
  - 3.3.1 不同类型问题的性能评测 80
  - 3.3.2 模拟部署后模型的性能 94
- 3.4 模型与数据的均衡 95
  - 3.4.1 通过权衡问题复杂度、模型复杂度和数据集规模来选择模型 96
  - 3.4.2 使用前向逐步回归来控制过拟合 97
  - 3.4.3 评估并理解预测模型 102
  - 3.4.4 通过惩罚回归系数来控制过拟合——岭回归 104
- 3.5 在超大规模数据集上用 PySpark 训练惩罚回归模型 113
- 3.6 小结 116

第 4 章 惩罚线性回归 117

- 4.1 为什么惩罚线性回归方法如此有用 117
  - 4.1.1 模型训练足够快 118
  - 4.1.2 有变量的重要性信息 118
  - 4.1.3 部署时评估足够快 118
  - 4.1.4 性能可靠 118
  - 4.1.5 稀疏解 119
  - 4.1.6 问题可能需要线性模型 119
  - 4.1.7 使用集成方法的时机 119
- 4.2 惩罚线性回归：对线性回归进行正则化以获得最优性能 119
  - 训练线性模型：最小化误差等 121
- 4.3 求解惩罚线性回归问题 126
  - 4.3.1 理解最小角度回归及其与前向步进回归的关系 126
  - 4.3.2 使用 Glmnet：快速且通用 136
- 4.4 将线性回归扩展到分类问题 141
  - 4.4.1 用惩罚回归求解分类问题 141
  - 4.4.2 多类别分类问题的求解 145
  - 4.4.3 理解基扩展：用线性方法求解非线性问题 145
  - 4.4.4 将非数值属性引入线性方法 147
- 4.5 小结 150

第 5 章 用惩罚线性回归方法构建预测模型 153

- 5.1 惩罚线性回归的 Python 包 153
- 5.2 多变量回归：预测红酒口感 154
  - 5.2.1 构建并测试预测红酒口感的模型 155
  - 5.2.2 部署前在整个数据集上进行训练 158
- 5.3 二元分类：用惩罚线性回归探测未爆炸水雷 165
- 5.4 多类别分类：犯罪现场玻璃样本分类 184
- 5.5 用 PySpark 实现线性回归和分类 187
- 5.6 用 PySpark 预测红酒口感 188
- 5.7 用 PySpark 实现逻辑斯蒂回归：岩石与水雷 193
- 5.8 将类别变量引入 PySpark 模型：预测鲍鱼年龄 198
- 5.9 具有元参数优化的多类别逻辑斯蒂回归 202
- 5.10 小结 205

第 6 章 集成方法 207

- 6.1 二元决策树 207
  - 6.1.1 如何用二元决策树进行预测 210
  - 6.1.2 如何训练二元决策树 210

- 6.1.3 决策树的训练等同于分割点的选择 213
- 6.1.4 二元决策树的过拟合 217
- 6.1.5 针对分类问题和类别特征所做的修改 220
- 6.2 自举汇聚：投票法 221
  - 6.2.1 投票法如何工作 221
  - 6.2.2 投票法小结 232
- 6.3 梯度提升法 232
  - 6.3.1 梯度提升法的基本原理 232
  - 6.3.2 获取梯度提升法的最佳性能 236
  - 6.3.3 针对多变量问题的梯度提升法 239
  - 6.3.4 梯度提升法小结 243
- 6.4 随机森林法 243
  - 6.4.1 随机森林法：投票法加随机属性子集 246
  - 6.4.2 影响随机森林法性能的因素 246
  - 6.4.3 随机森林法小结 248
- 6.5 小结 248

第7章 用Python构建集成模型 251

- 7.1 用Python集成方法包求解回归问题 251
  - 7.1.1 用梯度提升法预测红酒口感 251
  - 7.1.2 构建随机森林模型预测红酒口感 257
- 7.2 将非数值属性引入Python集成模型 265
  - 7.2.1 用Python将鲍鱼性别属性编码引入梯度提升法 265
  - 7.2.2 用梯度提升法评估性能和编码变量的重要性 267
  - 7.2.3 用Python将鲍鱼性别属性编码引入随机森林回归 269
  - 7.2.4 评估性能和编码变量的重要性 272
- 7.3 用Python集成方法求解二元分类问题 273
  - 7.3.1 用Python梯度提升法探测未爆炸水雷 273
  - 7.3.2 测定梯度提升分类器的性能 276
  - 7.3.3 用Python随机森林法探测未爆炸水雷 278
  - 7.3.4 构建随机森林模型探测未爆炸水雷 279
  - 7.3.5 测定随机森林分类器的性能 283
- 7.4 用Python集成方法求解多类别分类问题 285
  - 7.4.1 处理类别不均衡问题 286
  - 7.4.2 用梯度提升法对玻璃进行分类 286
  - 7.4.3 测定梯度提升模型在玻璃分类问题上的性能 291
  - 7.4.4 用随机森林法对玻璃进行分类 292
  - 7.4.5 测定随机森林模型在玻璃分类问题上的性能 296
- 7.5 用PySpark集成方法包求解回归问题 297
  - 7.5.1 用PySpark集成方法预测红酒口感 298
  - 7.5.2 用PySpark集成方法预测鲍鱼年龄 303
  - 7.5.3 用PySpark集成方法区分岩石与水雷 308
  - 7.5.4 用PySpark集成方法识别玻璃类型 312
- 7.6 小结 314

第 1 章
做预测的两类核心算法

本书集中于机器学习领域，只关注那些有效和获得广泛使用的算法。不会提供关于机器学习技术领域的全面综述。这种全面性的综述往往会提供太多的算法，但是这些算法并没有在从业者中被积极地使用。

本书涉及一类机器学习问题，通常指的是"函数逼近"（function approximation）问题。函数逼近问题是监督学习（supervised learning）问题的一个子集。线性回归和逻辑斯蒂回归为此类函数逼近问题提供了熟悉的算法示例。函数逼近问题包含了各种领域中的分类问题和回归问题，例如文本分类、搜索响应、广告投放、垃圾邮件过滤、用户行为预测、诊断等，这个列表几乎可以一直列下去。

广义上说，本书涵盖了解决函数逼近问题的两类算法：惩罚线性回归和集成方法。本章将介绍这两类算法，概述它们的特性并回顾算法性能对比研究的结果，以证明这些算法始终如一的高性能。

然后本章会讨论构建预测模型的过程，描述了这里介绍的算法可以解决的问题类型和在如何设置问题和定义用于预测的函数方面的灵活性。本章还会描述算法的具体步骤包括预测模型的构建并使其符合部署要求。

1.1 为什么这两类算法如此有用

有几个因素使惩罚线性回归和集成方法成为非常有用的算法集。简单地说，面对实践中遇到的绝大多数预测分析（函数逼近）问题，这两类算法都具有最优或接近最优的性能。这些问题包括大数据集、小数据集、宽数据集（wide data set）[①]、高瘦数据集（tall skinny data set）[②]、复杂问题、简单问题。里奇·卡鲁阿纳（Rich Caruana）及其同事的两篇论文为上述论断提供了证据，论文如下所示。

[①] 宽数据集（wide data set）指每次观测的时候有大量的测量项，但是观测次数有限的数据。若把数据看成表格形式，则此类数据集列数很多，而行数有限。典型的此类数据集包括神经影像、基因组以及其他生物医学方面的数据。——译者注
[②] 高瘦数据集(tall skinny data set)指每次观测的时候测量项有限，但是进行了大量的观测。若把数据看成表格的形式，则此类数据集列数有限，行数很多。典型的此类数据集包括临床试验数据、社交网络数据等。——译者注

（1）"An Empirical Comparison of Supervised Learning Algorithms"，作者是 Rich Caruana 和 Alexandru Niculescu-Mizil。

（2）"An Empirical Evaluation of Supervised Learning in High Dimensions"，作者是 Rich Caruana、Nikos Karampatziakis 和 Ainur Yessenalina。

在这两篇论文中，作者选择了各种分类问题，并使用不同的算法来构建预测模型，然后测试这些预测模型在测试数据中的效果（这些测试数据当然不能应用于模型的训练阶段），并对这些算法根据性能进行打分。第一篇论文针对 11 个不同的机器学习问题（二元分类问题）对比了 9 个基本算法。所选问题来源广泛，包括人口统计数据、文本处理、模式识别、物理学和生物学。表 1-1 列出了此篇论文所用的数据集，所用名字与论文中的一致。此表还展示了针对每个数据集做预测时使用了多少属性以及正例所占的百分比。

表 1-1 机器学习算法比较研究中问题的梗概

数据集名称	属性数	正例百分比
Adult	14	25
Bact	11	69
Cod	15	50
Calhous	9	52
Cov_Type	54	36
HS	200	24
Letter.p1	16	3
Letter.p2	16	53
Medis	63	11
Mg	124	17
Slac	59	50

术语"正例"（positive example）在分类问题中是指一个实验（输入数据集中的一行数据）的输出结果是正向的（positive）。例如，如果设计的分类器是为了判断雷达返回信号是否表明出现了一架飞机，那么正例则是指在雷达视野内确实有一架飞机的那些结果。正例这个词来源于这样的例子：两个输出结果分别代表出现或不出现。其他例子还包括在医学检测中是否出现疾病、退税中是否存在欺骗。

不是所有的分类问题都是应对出现或不出现的问题。例如，通过机器分析一个作家发表的作品或者其手写体的样本来判断此人的性别——男性或女性，在这里性别的出现或不出现是没有什么意义的。在这些情况下，指定哪些为正例、哪些为负例则有些随意，但是一旦选定，在使用中要保持一致。

在第一篇论文的某些数据集中，某一类的数据（样本）要远多于其他类的数据（样本），这叫作非平衡（unbalanced）数据。例如，两个数据集 Letter.p1 和 Letter.p2 都是用于解决相似的问题：在多种字体下正确地分出大写字母。Letter.p1 的任务是在标准的混合的字母中正确区分出大写字母 O，Letter.p2 的任务是将 A ~ M 和 N ~ Z 正确区分出来。表 1-1 中正例百分比一栏反映了这种差异性。

表 1-1 还显示了每个数据集所用的属性的数量。属性是基于此进行预测的变量。例如，预测一架飞机是否能够按时到达目的地，可能导入下列属性：航空公司的名字、飞机的型号和制造年份、目的地机场的降水量和航线上的风速与风向等。基于很多属性做预测可能是一件很难说清楚是福还是祸的事情。如果导入的属性与预测结果直接相关，那么当然是一件值得庆祝的事情。但是，如果导入的属性与预测结果无关，那么就是一件该诅咒的事情了。如何区分这两种属性（该祝福的属性，该诅咒的属性）则需要数据来说话。在第 3 章将进行更深入的讨论。

表 1-2 展示了本书涵盖的算法与上述论文中提到的其他算法的比较结果。针对表 1-1 列出的问题，表 1-2 列出了性能打分排前 5 名的算法。本书涵盖的算法脱颖而出（提升决策树、随机森林、投票决策树和逻辑斯蒂回归）。前 3 个属于集成方法。在那篇论文撰写期间惩罚回归还没有获得很好的发展，因此在论文中没有对此进行评价。逻辑斯蒂回归（logistic regression）属于与回归算法比较接近的算法，可以用来评测回归算法的性能。对于论文中的 9 个算法各有 3 种数据规约方法，所以一共是 27 种组合。前 5 名大概占性能评分的前 20%。从第 1 行针对 Covt 数据集的算法排名可以看到：提升决策树算法占第 1、2 名；随机森林算法占第 4、5 名；投票决策树算法占第 3 名。出现在前 5 名但是本书没有涵盖的算法在最后一列列出（"其他"列）。表中列出的算法包括 K 最近邻（k-nearest neighbor，KNN）、人工神经网络（artificial neural net，ANN）和支持向量机（support vector machine，SVM）。

表 1-2　本书涵盖的机器学习算法针对不同问题的比较

算法	提升决策树	随机森林	投票决策树	逻辑斯蒂回归	其他
Covt	1,2	4,5	3		
Adult	1,4	2	3,5		
LTR.P1	1				支持向量机 K 最近邻
LTR.P2	1, 2	4, 5			支持向量机
MEDIS		1, 3		5	人工神经网络
SLAC		1, 2, 3	4, 5		

续表

算法	提升决策树	随机森林	投票决策树	逻辑斯蒂回归	其他
HS	1, 3				人工神经网络
MG		2, 4, 5		1, 3	
CALHOUS	1, 2	5		3, 4	
COD	1, 2		3, 4, 5		
BACT	2, 5		1, 3, 4		

表 1-2 中,逻辑斯蒂回归只在一个数据集下进入前 5。原因是相对于示例(每个数据集有 5 000 个样本)所采用的特征太少了(最多也就 200 个)。选取的特征有限,现有的数据规模足以选出一个合适的预测模型,而且训练数据集规模又足够小,使训练时间不至太长,因此没能体现逻辑斯蒂回归的优势。

正如将在第 3 章、第 5 章和第 7 章所看到的那样,当数据含有大量的属性,但是没有足够多的数据(样本)或时间来训练更复杂的集成模型的时候,惩罚回归方法将优于其他算法。

Caruana 等人相对较新的研究(2008 年)关注在属性数量增加的情况下上述算法的性能比较。也就是说讨论这些算法面对大数据表现如何。有很多领域的数据所拥有的属性已远远超过了第一篇论文中的数据集。例如,基因组问题通常有数以万计的属性(一个基因对应一个属性),文本挖掘问题通常有几百万个属性(每个唯一的词或词对对应一个属性)。表 1-3 展示了线性回归和集成方法随着属性增加的表现。表 1-3 列出了第 2 篇论文中涉及的算法的排名,包括算法针对每个问题的性能得分,最右列是此算法针对所有问题的平均得分。算法分成两组,上半部分是本书涵盖的算法,下半部分是其他算法。

表 1-3 本书涵盖的机器学习算法面对大数据问题的性能比较

DIM	761 STURN	761 CALAM	780 DIGITS	927 TIS	1344 CRYST	3448 KDD98	20958 R-S	105354 CITE	195203 DSE	405333 SPAM	685569 IMDB	平均分
BSTDT	8	1	2	6	1	3	8	1	7	6	3	1
RF	9	4	3	3	2	1	6	5	3	1	3	2
BAGDT	5	2	6	4	3	5	9	1	6	7	3	4
BSTST	2	3	7	7	7	5	7	4	8	8	5	7
LR	4	8	9	1	4	1	2	2	2	4	4	6
SVM	3	5	5	2	5	2	1	1	5	5	3	3
ANN	6	7	4	8	1	4	2	1	1	3	3	5

续表

DIM	761 STURN	761 CALAM	780 DIGITS	927 TIS	1344 CRYST	3448 KDD98	20958 R-S	105354 CITE	195203 DSE	405333 SPAM	685569 IMDB	平均分
KNN	1	6	1	9	6	2	10	1	7	9	6	8
PRC	7	9	8	8	7	1	3	3	4	2	2	9
NB	10	10	10	10	9		5	1	9		7	10

表 1-3 中的问题是按其属性规模依次排列的，从 761 个属性到最终 685 569 个属性。线性（逻辑）回归的 5 个在 11 个测试中进入前 3。而且这些优异的分数主要集中在更大规模的数据集部分。注意提升决策树（表 1-3 标为 BSTDT）和随机森林（表 1-3 标为 RF）的表现仍然接近最佳，它们对所有问题的平均分排名第 1、2。

本书涵盖的算法除了预测性能，在其他方面也有优势。惩罚线性回归模型的一个重要的优势是它训练的速度。当面对大规模的数据时，训练速度成为一个需要考量的因素。某些问题的模型训练可能需要几天到几周，这往往不能忍受，特别是在开发早期，需要尽早在多次迭代之后找到最佳的方法。惩罚线性回归方法除了训练速度特别快，部署已训练好的线性模型后进行预测的速度也特别快，可用于高速交易、互联网广告的植入等。研究表明惩罚线性回归在许多情况下可以提供最佳的答案，即使不是最佳答案，也可以提供接近最佳的答案。

而且这些算法使用十分简单，它们并没有很多可调参数。它们都有定义良好、结构良好的输入类型，可以解决回归和分类的几类问题。当面临一个新问题时，它们在 1～2h 内完成输入数据的处理并生成第一个经过训练的模型和性能预测结果是司空见惯的。

这些算法的一个重要的特性是它们可以明确地指出哪个输入变量对预测结果最重要。这已经成为机器学习算法的一个无比重要的特性。在预测模型构建过程中最消耗时间的一步是特征提取（feature selection），或者叫作特征工程（feature engineering），是数据科学家选择哪些变量用于预测结果的过程。根据重要性对特征排序，本书涵盖的算法在特征工程过程中可以起到一定的辅助作用，这样可以抛掉一些主观臆测的东西，让预测过程更具有确定性。

1.2 什么是惩罚线性回归方法

惩罚线性回归方法是由普通最小二乘法（ordinary least square，OLS）衍生出来的，而普通最小二乘法是在大约 200 年前由高斯（Gauss）和勒让德（Legendre）提出的。惩罚线性回归设计之初的想法是克服最小二乘法的一些根本限制。最小二乘法的一个根本问题是有时它会过拟合。如图 1-1 所示，考虑用最小二乘法通过一组点来拟合一条直线。这是一个简单的预测问题：给定一个特征 x，预测目标值 y。例如，可以根据男人的身高来预测其收入。根据身高是可以稍微预测一下男人的收入的（但是女人不行）。

如图 1-1 所示，图中点代表 (男人的身高, 男人的收入)，直线代表使用最小二乘法对这个预测问题的解决方案。从某种意义上说，这条直线代表了已知男人身高的情况下，对男人收入的最佳预测模型。现在这个数据集有 6 个点，但只能获得其中的两个点。想象下有一组点，就像图 1-1 中的点，但是读者不能获得全部的点。可能的原因是要获得所有这些点代价太昂贵了，就像前面提到的基因组数据。只要有足够多的人手就可以分离出犯罪分子的基因，但是因为代价的原因，读者不可能获得全部基因序列。

以简单的例子来模拟这个问题，想象一下只给读者提供 6 个点中任意两个点。那么会如何改变这条直线的性质呢？这将依赖于读者得到的是哪两个点。想要知道这会产生多大的影响，来实际看一看这些拟合的效果，可以从图 1-1 中任意选出两个点，然后想象穿过这两个点的直线。图 1-2 展示了穿过图 1-1 中两个点的可能的直线。可以注意到拟合出来的直线依赖于这两个点是如何选择的。

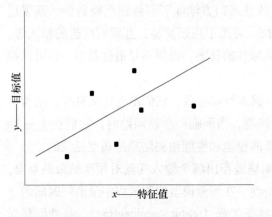 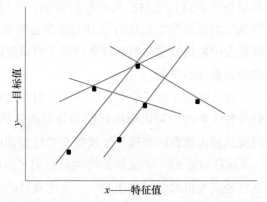

图 1-1　普通最小二乘法拟合　　　　　　图 1-2　只有两个点的情况下拟合的直线

使用两个点来拟合一条直线的主要问题是针对直线的自由度（degree of freedom）① 没有提供足够的数据。一条直线有两个自由度。有两个自由度意味着需要两个独立的参数才能唯一地确定一条直线。可以想象在一个平面抓住一条直线，在这个平面上下滑动这条直线，或者旋转它以改变其斜率。与 x 轴的交点和斜率是相互独立的，它们可以各自改变，两者联合起来确定了一条直线。一条直线的自由度可以表示成几种等价的方式（可以表示成与 y 轴的交点和斜率，该直线上的两个点等）。所有这些确定一条直线的表示方法都需

---

① 统计学上的自由度（degree of freedom, df）是指当以样本的统计量来估计总体的参数时，样本中独立或能自由变化的自变量的个数。

要两个参数。

当自由度的个数与点数相同时，预测效果并不是很好。连接这些点构成了直线，但是不同的点对可以形成大量不同的直线。在自由度与点数相同的情况下，所做的预测并不能报太大的信心。图 1-1 是 6 个点拟合一条直线（两个自由度）。也就是说 6 个点对应两个自由度。从大量的人类基因中找到可导致遗传疾病的基因的问题可以阐明相似的道理。要从大约 20 000 个人类基因中分离出病因，如果可选择的基因越多，则需要的数据也将更多。20 000 个不同的基因就代表 20 000 个自由度，甚至从 20 000 个不同的人那里获取的数据都不足以得到可靠的结果，在很多情况下，一个相对合理的研究项目只能负担得起大约 500 个人的样本数据。在这种情况下，惩罚线性回归可能是最佳的选择了。

惩罚线性回归通过一种方法来系统地减少自由度使之与获得的数据规模、实质问题的复杂度相匹配。对于具有很多自由度的问题，这些方法获得了广泛的应用。在下列问题中更是得到了青睐：基因问题，通常其自由度（也就是基因的数目）是数以万计的；文本分类问题，其自由度可以超过百万。第 4 章将提供更多的细节：这些方法如何工作、通过示例代码说明算法的机制，以及用 Python 包实现一个机器学习系统的过程示例。

1.3 什么是集成方法

本书涵盖的另一类算法是集成方法（ensemble method）。集成方法的基本思想是构建多个不同的预测模型，然后将其输出做某种组合并作为最终的输出，如取平均值或采用多数人的意见（投票）。单个预测模型叫作基学习器（base learner）。计算学习理论的研究结果证明如果独立的预测模型的数目足够多，只要基学习器比随机猜测稍微好一些，那么集成方法就可以达到相当好的效果。

研究人员已经注意到的一个问题导致了集成方法的提出：某些机器学习算法表现出不稳定性。例如在现有数据集上增加新的数据会导致相应的预测模型或性能的突变。二元决策树和传统的神经网络就有这种不稳定性。这种不稳定性会导致预测模型性能的高方差，取多个模型的平均值可以看作一种减少这种方差的方法。技巧在于如何产生大量独立的预测模型，特别是当它们都用同样的基学习器的时候。第 6 章将深入讨论这是如何做到的。这些技术很巧妙，理解其运作的基本使用原则也相对容易。下面是其概述。

集成方法为了实现最广泛的应用通常将二元决策树作为它的基学习器。二元决策树通常如图 1-3 中所示。图 1-3 中的二元决策树以一个实数 x 作为最初的输入，然后通过一系列二元（二值）决策来决定针对 x 的最终输出是何值。第 1 次决策是判断 x 是否小于 5。如果回答"否"，则二元决策树输出值为 4，在由决策的方框下面标为"否"的分支引出的圆圈内。每个可能的 x 值通过决策树都会产生输出 y。图 1-4 将输出 y 表示为针对二元决策树的输入 x 的函数。

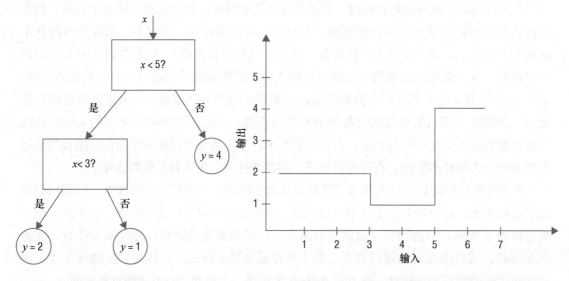

图 1-3　二元决策树示例　　　　　　图 1-4　二元决策树示例的输入 – 输出图

由此形成的问题是，这些比较值是如何产生的（例子中的 x<5?），输出的值是如何确定的（图 1-3 决策树的底部圆圈中的值）。这些值都来自基于输入数据的二元决策树的训练。训练算法不难理解，在第 6 章会有详细的叙述。需要注意的很重要的一点是给定输入数据，训练所得的二元决策树的值都是确定的。一种获得不同模型的方法是先对训练数据随机抽样，然后基于这些随机数据子集进行训练。这种方法叫作投票（bagging）法，是自举汇聚(bootstrap aggregating)的简化说法。此方法可以产生大量的具有稍许差异的二元决策树。这些决策树的输出经过平均（或分类器投票）产生最终的结果。第 6 章将描述此项技术的细节和其他更有力的技术。

1.4　算法的选择

表 1-4 给出了这两类算法的概要比较。惩罚线性回归的优势在于训练速度非常快。大规模数据集的训练时间可以是几小时、几天，甚至是几周。要获得一个可以部署的解决方案往往需要进行多次训练。过长的训练时间会影响大规模问题的开发和部署。训练所需时间当然越短越好，因此惩罚线性回归因其训练所需时间短而获得广泛使用显而易见。依赖于问题分类，这类算法相比集成方法可能会有一些性能上的劣势。第 3 章将更深入地分析，哪类问题适用于惩罚回归，哪类问题适用于集成方法。即使在某些情况下，惩罚线性回归的性能不如集成方法，但它也可以是开发过程中有意义的第一步尝试。

表 1-4　　　　　　　　　　　惩罚线性回归与集成方法权衡比较

	训练速度	预测速度	问题复杂度	处理大量特征
惩罚线性回归	+	+	-	+
集成方法	-	-	+	-

在系统开发的早期阶段，为了特征选择和特征工程的目的，以及为了进一步明确问题的形式化描述，训练过程往往需要进行多次迭代。决定将哪些特征作为预测模型的输入是需要时间来考虑的。有时这个过程是显而易见的，但是通常需要多次迭代之后才会逐渐显现出来。把所能找到的所有特征都输入进去通常并不是一个好的解决方案。

试错法是确定模型的最佳输入的典型方法。例如，如果读者想预测访问网站的用户是否会点击一个广告链接，那么可能尝试利用访问者的人口统计数据。但是可能结果并不能达到读者想要的精度，因此读者可能尝试导入关于访问者在此网站过去行为的数据——在过去的网站访问过程中，此用户点击过哪些广告或购买过哪些产品。可能增加访问者访问此网站之前访问的其他网站的相关信息也会有些帮助。这些问题都导致了一系列的实验：导入新的数据，然后看一看新的数据对结果是否有帮助。这种迭代过程在两个方面都是很耗时的：数据的处理和预测模型的训练。惩罚线性回归通常要比集成方法快，而这种时间上的差异性是机器学习系统开发阶段需要考虑的一个重要因素。

例如，如果训练集在 GB 级别，惩罚线性回归的训练时间在 30 min 这个级别，则集成方法可能需要 5 ~ 6h。如果特征工程阶段需要 10 次迭代来选择最佳特征集合，则单单这个阶段就会产生 1 天或 1 周的时间差异。一个有用的技巧是在开发的早期阶段，如特征工程阶段，利用惩罚线性回归模型进行训练。这给数据科学家一个基本的判断哪些变量（特征）是有用的、重要的，同时提供了一个后续阶段其他算法在性能上进行比较的基线。

除了可以获得训练时间上的收益，惩罚线性回归产生预测结果的速度也比集成方法快得多。产生预测涉及使用训练好的模型。对于惩罚线性回归，训练好的模型是一系列实数列表，其中每个实数对应一个用于做预测的特征。所涉及的浮点操作的次数是被用来做预测的变量数。对于对时间高度敏感的预测，例如高速在线交易、互联网广告置入，计算时间上的差异往往代表着是盈利还是亏损。

对于某些问题，线性方法相比集成方法可以提供同等或更好的性能。一些问题不需要复杂的模型。第 3 章将详细讨论问题复杂度的特性，数据科学家的任务是平衡问题的复杂度、预测模型的复杂度和数据集规模以获得一个最佳的可部署模型。基本思想是如果问题不是很复杂，而且不能获得足够多的数据，与更加复杂的集成方法相比，线性方法可能会获得全面且更优的性能。基因数据是此类典型问题。

一般的直观感受是基因数据的规模是巨大的。当然以位为单位，基因数据集确实是非常庞大的，但是如果想要产生准确的预测，则它们的规模远远谈不上庞大。为了理解两者之间的差别，考虑下面一个假想的实验。假设有两个人，一个人有遗传疾病，另外一个人没有。如果有这两个人的基因序列，那么能确定哪个基因是负责这个遗传疾病的吗？显然，这是不可能的，因为这两个人之间有很多基因是不同的。那么需要多少人才能完成这个任务呢？至少人数要与基因数相等，如果考虑到测量中存在的噪声，就需要更多的人了。人类大约有 20 000 个基因，因计算方法不同而略有差异。获得每条数据大约需要 1 000 美元，要获得足够多的数据以完美地解决此问题至少需要 2 000 万美元。

就像本章前面讨论的那样，这种情况与用两个点来拟合一条直线非常相似。模型需要比数据规模更少的自由度。数据集规模通常是自由度的倍数。因为数据集的规模是固定的，所以需要调整模型中的自由度。惩罚线性回归的相关章节将介绍惩罚线性回归如何支持这种调整以及依此如何达到最优的性能。

> **注意** 本书所涵盖的两大类算法分类与作者和杰里米·霍华德（Jeremy Howard）在 2012 年 O'Reilly Strata 国际会议中提出的相匹配。杰里米负责介绍集成方法，作者负责介绍惩罚线性回归，并就两者的优缺点进行了有趣的讨论。事实上，这两类算法占当前作者构建的预测模型的 80%，这是有原因的。

第 3 章将更详细地讨论为什么对于给定的问题，一个算法相比另一个算法是更好的选择。这与问题的复杂度和算法内在所固有的自由度有关。线性模型训练速度快，并且经常能够提供与非线性集成方法相当的性能，特别是当能获取的数据有限的时候。因为它们的训练速度快，所以在早期特征提取阶段训练线性模型是很方便的，可以据此大致估计一下针对特定问题可以达到的性能。线性模型提供变量重要性的相关信息，可以辅助特征提取阶段的工作。在有充足数据的情况下，集成方法通常能提供更佳的性能，也可以提供一些间接的关于变量重要性的措施。

1.5 构建预测模型的步骤

使用机器学习需要几项不同的技能。一项是编程技能，本书不会把重点放在这。其他的技能与获得合适的模型进行训练和部署有关。这些技能将是本书重点关注的。这些技能具体包括哪些内容？

最初，问题是用多少有些模糊的日常语言来描述的，如"向网站的访问者展示他们很可能点击的链接"。要将其转换为一个实用的系统，需要用具体的数学术语对问题进行重述，找到预测所需的数据集，然后训练预测模型，预测网站访问者点击出现的链接的可能性。用数学术语对问题进行重叙，其中就包含了从可获得的数据资源中抽取何种特征以及如何对这些特征构建模型的假设。

当遇到一个新问题时，应该如何着手？首先，需要浏览一下可获得的数据，确定哪类数据可能用于预测。"浏览数据"的意思是对数据进行各种统计意义上的检测分析以了解这些数据透露了什么信息，这些信息又与要预测的有怎样的关系。在某种程度上，直觉也可以指导读者做一些工作。也可以量化结果，测试潜在的预测特征与结果的相关性。第 2 章将详细介绍分析测试数据集的过程，本书余下部分所述的算法使用这些数据集并进行算法相互间的比较。

假设通过某种方法选择了一组特征，开始训练机器学习算法。这将产生一个训练好的模型，然后估计它的性能。接下来考虑对特征集进行调整，包括增加新的特征或删除已证明没什么帮助的特征，或者更改为另外一种类型的训练目标（也叫作目标函数），通过上述调整观察是否能够提高性能。可能需要反复调整设计决策来确定是否能够提高性能。可能会把导致性能比较差的数据单独提出来，然后尝试是否可以从中发现背后的规律。这可能会将新的特征添加到预测模型中，也可能把数据集分成不同的部分分别考虑，分别训练不同的预测模型。

本书的目的是让读者熟悉上述处理过程，以后遇到新问题时就可以自己独立完成上述开发步骤。当构造问题并开始提取用于训练和测试算法的数据时，需要对不同的算法所要求的输入数据结构比较熟悉。此过程通常包括如下步骤。

（1）提取或组合预测所需的特征。
（2）设定训练目标。
（3）训练模型。
（4）根据测试数据评估性能表现。

注意 在完成第一遍过程后，可以通过选择不同的特征集、不同的目标函数等手段来提高预测的性能。

机器学习不仅要求熟悉一些包，它还需要理解和开发一个可以实际部署的模型的全部过程。本书的目标是在这方面提供帮助。本书假设读者具有大学本科的基础数学知识、理解基本的概率和统计知识，但是不预设读者具有机器学习的背景知识。同时，本书倾向于直接给读者提供针对广泛问题具有最佳性能的算法，而不需要通览机器学习相关的所有算法或方法。有相当数量的算法很有趣，但是因为各种原因并没有获得广泛的使用，例如，这些算法可能扩展性不好，不能对内部的运行机理提供直观的解释，或者难以使用等。例如，众所周知梯度提升算法（本书 6.3 节将会介绍）在在线机器学习算法竞争中遥遥领先。通常有非常切实的原因导致某些算法经常被使用，本书的目标是在读者通读完本书后对这方面有充分的了解。

1.5.1 构造一个机器学习问题

参加机器学习算法竞赛可以看作解决真实机器学习问题的一个仿真。机器学习算法竞赛会提供一个简短的描述（如宣称一个保险公司想基于现有机动车保险政策更好地预测保费损失率）。作为参赛选手，读者要做的第一步就是打开数据集，仔细审视数据集中的数据，并确定需要做哪种形式的预测才有用。通过对数据的审视，可以获得直观的感受：这些数据代表什么，它们是如何与预测任务关联起来的。数据通常可以揭示可行的方法。图 1-5 描述了从通用语言对预测目标的描述开始，到作为机器学习算法的输入的数据排列方向移动的基本步骤。

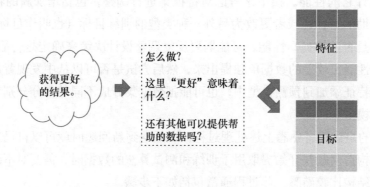

图 1-5 构造一个机器学习问题

泛泛的说法"获得更好的结果"首先应转换成可度量可优化的具体目标。作为网站的拥有者，"更好的结果"可以是提高点击率或有更高的销售额（或更高的利润）。下一步是收集有助于预测的数据：特定用户有多大可能性会点击各种不同类型的链接或购买在线提供的各种商品。图 1-5 将这些数据表示为特征的矩阵。以网站为例，这些特征可能包括网站访问者之前浏览的其他网页或访问者之前购买的商品。除了用于预测的特征，针对此类问题的机器学习算法还需要将已知正确的答案用于训练。在图 1-5 中表示为"目标"。本书涵盖的算法通过访问者过去的行为来发现访问者的购买模式，当然，算法不是单纯地记忆用户过去的行为，毕竟一个用户不可能重复购买昨天刚刚购买的商品。第 3 章将详细讨论不是单纯地记忆过去行为的预测模型的训练过程是如何起作用的。

通常，解决一个机器学习各个阶段的问题可以采用不同的方法。这就导致了问题的构造、模型的选择、模型的训练以及模型性能评估这一过程会发生多次迭代，如图 1-6 所示。

随问题而来的是定量的训练目标，或者是数据提取（称为设定目标或标签）。例如，考虑建立一个自动化预测证券交易的系统。为了实现交易的自动化，第一步可能是预测证券的价格变化。这些价格是很容易获得的，因此利用历史数据构建一个训练模型来预测未来价格的变化在概念上是容易理解的。但即使是这一过程也包含了多种算法的选择和实验。

未来价格的变化仍然可以用多种方法来计算。这种价格的变化可以是当前价格与 10 min 之后的价格差异,也可以是当前价格与 10 天之后的价格差异,还可以是当前价格与接下来的 10 min 内价格的最高值/最低值之间的差异。价格的变化可以用一个二值的变量来表示:"高"或"低",这依赖于 10 min 之后价格升高还是降低。所有这些选择将会导致不同的预测模型,这个预测模型将用于决定是买入还是卖出证券,需要通过实验来确定最佳的选择。

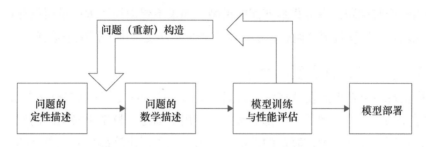

图 1-6 从问题形式化到性能评估的迭代过程

1.5.2　特征提取和特征工程

确定哪些特征可用于预测也需要实验尝试,这个过程是特征提取和特征工程。特征提取是一个把自由形式的各种数据(如一个文档或一个网页中的字词)转换成行、列形式的数字的过程。例如,垃圾邮件过滤的问题,输入是邮件的文本,需要提取的东西包括文本中大写字母的数量、所有大写的词的数量、在文档中出现"买"字的次数等,诸如此类的数值型特征,基于这些特征把垃圾邮件从非垃圾邮件中区分出来。

特征工程是对特征进行操作、组合以达到更富有信息量的过程。建立一个证券交易系统包括特征提取和特征工程。特征提取将决定哪些特征可以用来预测价格。过往的价格、相关证券的价格、利率、从最近发布的新闻提取的特征都被纳入公开讨论的各种交易系统。而且证券价格还有一系列的工程特征,包括随机、指数平滑异同移动平均线(moving average convergence and divergence,MACD)、相对强弱指数(relative strength index,RSI)等。这些特征都是过往价格的函数,它们的发明者认为这些特征对于证券交易都是非常有用的。

选好一系列合理的特征后,就像本书描述得那样,需要训练一个预测模型,评价它的性能,然后决定是否部署此模型。通常需要对所选取的特征进行调整,除非模型的性能已经足够满足要求了。一个确定使用哪些特征的方法是尝试所有的组合,但是这样时间代价太大。不可避免地,读者面临着提高性能的压力,但是又需要迅速地获得一个训练好的模型投入使用。本书讨论的算法有一个很好的特性,它们提供每个特征对最终预测结果的贡献的度量。经过一轮训练,将会对特征排名以标识其重要性。这些信息可以帮助加速特征工程的过程。

注意 数据准备和特征工程估计会占用开发一个机器学习模型的 80%～90% 的时间。

模型的训练也是一个过程，每次都是先选择作为基线的特征集合进行尝试。作为一个现代机器学习算法（如本书描述的算法），通常需要训练 100～5 000 个不同的模型，然后从中精选出一个模型进行部署。产生如此多的模型的原因是提供不同复杂度的模型，这样可以挑选出一个与问题、数据集最匹配的模型。如果不想因模型太简单而放弃性能，又不想因模型太复杂而出现过拟合问题，那么就需要从不同复杂度的模型中选择一个最合适的。

1.5.3 确定训练好的模型的性能

一个模型合适与否由此模型在测试数据集上的表现来决定。这点在概念上虽然很简单，却是非常重要的一步。需要留出一部分数据，不用于训练，只用于模型的测试。在训练完成之后，用这部分数据集测试算法的性能。本书讨论了留出这部分测试数据的方法。不同的方法各有优势，主要依赖于训练数据的规模。就像字面上理解的那样，要不断地提出各种复杂的方法让测试数据"渗入"训练过程。在这个过程的最后，读者将获得一个算法，此算法筛选输入数据以产生准确的预测，读者可能需要监控条件的变化，这种变化的条件往往会导致潜在的一些统计特性的变化。

1.6 各章内容及其依赖关系

读者可以依赖于自己的背景以及是否有时间了解基本原理，采用不同的方式来阅读本书。图 1-7 展示了本书各章之间的依赖关系。

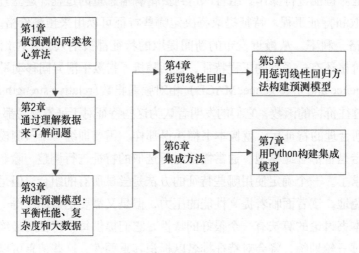

图 1-7 各章依赖关系

第 2 章仔细审视各种数据集。这些数据集用于本书中的问题实例，来说明算法的使用，以及各种算法之间基于性能和其他特征的比较。面对一个新的机器学习问题的起点就是深入探究数据集，深入理解数据集，了解它们的问题和特质。第 2 章的部分内容是展示 Python 中可以用于数据集探索的一些工具集。只要浏览第 2 章中的一部分例子就可以了解整个流程。当在后续章节遇到具体的应用实例的时候，可以返回到第 2 章阅读相关的部分。

第 3 章主要介绍在机器学习问题中要考虑的在各种因素之间的权衡和贯串本书的关键概念。一个关键概念是预测问题的数学描述，也会涉及分类和回归问题的基本差别。第 3 章还会介绍如何使用样本外数据来评测预测模型的性能。样本外数据是指在模型训练过程中不包括的数据。一个好的机器学习实践要求开发人员对一个实际部署的预测模型的性能表现有相对稳定的预估。这就要求使用训练数据集以外的数据来模拟新的数据。第 3 章会介绍这么做的原因、实现的方法以及在这些方法之间如何取舍。另外一个重要的概念是系统性能的评价方法。第 3 章会描述这些方法以及它们之间的取舍。对机器学习比较熟悉的读者可以浏览这一章，快速略过代码实例，而不需要仔细阅读代码并运行代码。

第 4 章展示训练惩罚回归模型的核心思想，介绍基本概念及算法的推导。第 3 章引入的一些实例，用于导致惩罚线性回归方法的产生。第 3 章还会展示解决惩罚线性回归训练问题的核心算法代码，还介绍了线性回归方法的几种扩展。一种扩展是将因素变量（factor variable）编码为实数，这样就可以使用线性回归方法。线性回归方法只能用在特征值是数值的情况下，也就是说需要对特征值进行量化。许多实际重要问题的特征经常是这样的形式，如"单身、已婚或离异"等，这种变量对做预测很有帮助。如果要引入此种类型的变量（类别变量，categorical variable）到一个线性回归模型中，则意味着需要设计一种转换方法将类别变量转换为实数变量，第 4 章会介绍这些方法。第 4 章还会介绍一种叫作基扩展（basis expansion）的方法，此方法从非线性回归中获得非线性函数，有时用于进一步提升线性回归的性能。

第 5 章将第 4 章介绍的惩罚回归算法应用于第 2 章提到的问题中。这一章概述实现惩罚回归算法的 Python 包，并用这些包来解决问题。这一章的目的是尽可能覆盖广泛的各类问题的变体，这样当读者遇到一个问题的时候，可以找到一个最接近的问题作为借鉴。除了量化并比较预测的性能，第 5 章也考查了这些算法的其他特性，理解变量的选择、变量的排序（对最终预测结果的贡献）是很重要的，这种理解能力可以加快面临新问题时的开发进程。

第 6 章关注集成方法。因为集成方法在绝大多数情况下基于二元决策树，第一步是理解训练和使用二元决策树的原则。集成方法的很多特性都是直接继承于二元决策树。基于上述理解，这一章介绍3个主要的集成方法：投票法、梯度提升法和随机森林法。这一章介绍了上述每个算法的使用原则和核心算法的代码，这样读者就会了解如何使用这些算法。

第7章应用集成方法来解决第2章中的问题，然后对各种算法进行对比分析。对比分析的内容包括预测的性能、训练所需的时间和性能等。所有的算法都会给出特征的重要性排序。在不同的算法中对于特定的问题会进行对比分析特征。

以我的经验，向开发人员和计算机科学家教授机器学习，代码实例要优于数学公式。这是本书所采用的方法：提供一些基础的数学知识、算法框架和代码实例来说明算法的关键点。本书所讨论的绝大多数算法可以在本书或网站上的代码中找到，这么做的初衷是提供可破解代码让读者能够尽快运行代码并解决面临的实际问题。

1.7 小结

本章详述了本书要解决的问题，描述了构建预测模型的处理流程。本书关注两类算法族。限定介绍的算法的数量，可以让我们更透彻地解释这些算法的背景知识以及这些算法的运行机理。本章介绍了可以用于对这两类算法进行选择的性能对比结果，讨论了这两类算法族的特性和各自的优势，并且详细描述了各自所适合解决的问题类型。

本章还展示了开发一个预测模型的步骤，以及每个步骤的权衡折中和输出结果。非模型训练时所使用的数据可以用来对预测模型的性能进行评估。

本书的目的是对机器学习了解不多的开发人员通过学习本书，能够胜任将机器学习技术引入项目的工作。本书并不关注大量的算法。相反，只关注当前一流的算法，这些算法可以满足对性能、灵活性和清晰度的要求。一旦了解了它们是怎么工作的，并且拥有了使用它们的一些经验，就会发现它们很容易上手。这些算法可以解决很多种问题，而不需要先做大量的训练，这也是帮助读者理解这些算法高性能的原因。

第 2 章
通过理解数据来了解问题

新数据集（问题）像一个包装好的礼物，它充满了承诺和希望。一旦解决它，读者就收获了喜悦。但是直到打开之前，它都一直保持着神秘。本章告诉读者怎么"打开"新的数据集，看清楚里面都有什么，知道如何处理这些数据，并且开始思考如何利用这些数据构建相应的模型。

本章有两个目的：一个目的是熟悉这些数据集，这些数据集被用来作为解决各种类型问题的例子，主要是利用在第 4 章和第 6 章介绍的算法中；另一个目的是展示 Python 中对数据进行探索的包。

本章用一个简单的例子来回顾基础问题的架构、术语、机器学习数据集的特性。这里介绍的术语将在本书后续章节中用到。在了解了通用术语后，本章将会依次介绍几类不同的函数逼近问题。这些问题阐明了机器学习问题的普遍变体，这样我们就知道如何识别这些变体，以及如何处理它们了（本节提供代码实例）。

2.1 剖析一个新问题

本书介绍的算法通常是从一个充满了数字，还可能含有字符变量的矩阵(或表格)开始的。表 2-1 展示了一些术语，并在二维表中表示了一个小规模的机器学习数据集。此表提供了一个数据集的基本印象：列代表属性，行代表实例（样本）。针对这个数据集的问题是预测每个用户下一年在线购买图书所需花费的金额。

表 2-1　　　　　　　　　　　一个机器学习问题的数据集

用户 ID	属性 1	属性 2	属性 3	标签
001	6.5	Male	12	$120
004	4.2	Female	17	$270
007	5.7	Male	3	$75
008	5.8	Female	8	$600

数据是按照行和列组织的。每行代表一个实例（也被例子、样本或观察）。在表 2-1 中列被指定相应的列名，用来标明在一个机器学习问题中所起的作用。标明为"属性"的

那些列用来预测在买书上所花费的金额。在标明为"标签"的列，读者可以看到去年每个顾客在购书上花费的金额。

> **注意** 通常机器学习数据集的列对应着一个属性，行对应一个实例，但也有例外。例如，有些文本挖掘问题的数据矩阵是相反的形式：列对应一个实例，行对应一个属性。

在表 2-1 中一行代表一个顾客，该行的数据与此顾客相关。第一列叫作用户 ID 是每行唯一的识别符。实际问题中可能有唯一识别符也可能没有。例如，网站通常为网站的访问者建立一个相应的用户 ID，并且在此用户访问网站期间，用户的所有行为都与此用户 ID 绑定。如果用户在此网站上没有注册，则用户的每次访问都将获得一个不同的用户 ID。通常每个实例会被分配一个 ID，这个是构建的预测的主体。第 2、3、4 列称为属性，代替更具体的名字，如身高、性别等。这主要是为了突出它们在预测过程中所起到的作用。属性是在具体实例中预测时所用的数据。

标签是需要预测的数据。在这个例子中，用户 ID 是一个简单的数字，属性 1 是身高，属性 2 是性别，属性 3 是此人去年阅读的书的数量。标签列上的数字代表每人去年在线购书的花费。那么不同类型的数据分别代表什么样的角色呢？一个机器学习算法是如何利用用户 ID、属性和标签列的呢？最简短的回答是：忽略用户 ID，使用属性来预测标签。

唯一的用户 ID 只是起到记账的作用，在某些情况下可以根据用户 ID 检索到用户的其他数据。通常机器学习算法不直接使用唯一的用户 ID。属性是挑选出来用于预测的。标签是观察得到的结果，机器学习基于此来构建预测模型。

预测通常不使用用户 ID，因为它太特殊了。它一般只属于一个实例。一个机器学习的技巧是构建的模型要有泛化能力（可以解决新的实例，而不仅仅把过去的例子都记下来）。为了达到这个目的，算法必须能够关注不止一行数据。如果用户 ID 是数字的，并且是按照用户登录的时间依次进行分配的，那么可能是一个例外。这样就指示了用户的登录日期，如果用户 ID 比较接近就证明了用户是在比较接近的时间登录的，以此为条件可以把用户划分为不同的组。

构建预测模型的过程叫作训练。具体的方法依赖于算法，第 3 章和第 5 章会详述，但基本上采用迭代的方式。算法假定属性和标签之间存在可预测的关系，观察出错的情况，做出修正，然后重复此过程直到获得一个相对满意的模型。技术细节后续会介绍，这里只是介绍一下基本思想。

名字的含义

属性和标签有不同的名字。机器学习的初学者往往被这些名词所迷惑，不同的作者可能会采用不同的名字，甚至一篇文章的段落与段落之间都会采用不同的名字。

属性（用来进行预测的变量）也称为：
- 预测因子；

- 特征；
- 独立变量；
- 输入。

标签通常也称为：
- 结果；
- 目标；
- 依赖变量；
- 响应。

2.1.1 属性和标签的不同类型决定模型的选择

表 2-1 中的属性可以分成两类：数值变量和类别（或因素、因子）变量。属性 1（身高）是一个数值变量，也是常见的属性类型。属性 2 是性别，可以是男性或女性。这种类型的属性叫作类别变量或因素变量。类别变量的一个特点是不同值之间没有顺序关系。"男性＜女性"是没有意义的。类别变量可以是二值的，如男性和女性，也可以是多值的，如美国的州（AL、AK、AR……WY）。关于属性还有其他差别（如整数与浮点数），但这些差别对机器学习算法的影响并不像数值变量和类别变量的影响那么大。主要原因是很多机器学习算法只能处理数值变量，不能处理类别变量或因素变量（factor variable）。例如，惩罚线性回归算法只能处理数值变量，SVM、核方法、K 最近邻也是同样。第 4 章将提到将类别变量转换为数值变量的方法。这些变量的特性将会影响算法的选择以及预测模型的努力方向的开发，因此这也是面临一个新的问题时需要考虑的因素之一。

这种二分法同样适用于标签。表 2-1 所示的标签是数值的：去年在线购书所花费的金额。在其他问题中，标签可能是类别的。例如，如果表 2-1 的任务是预测哪些人下一年的花费超过 200 美元，那么问题就变了，解决问题的方法也就随之改变了。预测哪些顾客的花费会超过 200 美元的新问题会产生新的标签。这些标签会在两个值中选一个。表 2-2 显示了表 2-1 中的标签与新的逻辑命题"花费 >200 美元"下的新标签之间的关系。表 2-2 所示的新标签采用两值之一：真或假。

表 2-2 数值标签与类别标签

表 2-1 标签	>$200?
$120	False
$270	True
$75	False
$600	True

如果标签是数值，就叫作回归问题；如果标签是类别，就叫作分类问题。如果分类结果只取两个值，就叫作二元分类问题；如果取多个值，就叫作多类别分类问题。

在很多情况下，问题的类型是由设计者选择的。刚刚的例子是把一个回归问题转换为二元分类问题，只需要对标签做简单的变换。这实际上是面临一个问题时可能做的一种权衡。例如，分类目标可能更好地支持两种行为选择的决策问题。

分类问题也可能比回归问题简单。例如，考虑两个地形图的复杂度差异，一个地形图只有一个等高线，如100英尺（约30.48米）的等高线，而另一个地形图每隔10英尺（约3米）就有一个等高线。只有一个等高线的地形图将地图分成高于100英尺的区域和低于100英尺的区域，因此相比另一个地形图含有更少的信息。一个分类器试图算出一个等高线，不再考虑与这条分界线的远近距离之类的问题，而回归的方法试图要绘制一个完整的地形图。

2.1.2 新数据集的注意事项

初始审视数据集的时候，还需要考查数据集的其他特性。下面是一个检查清单和为了熟悉数据集需要考察的一系列事情，这也有利于熟悉数据和明确后续想遵循的预测模型的开发流程。这些都是很简单的事情，但是直接影响后续步骤。此外，通过这个过程可以了解此数据集的特性。

需要检查的事项

- 行数和列数；
- 类别变量的数目，每个变量的唯一值的数量；
- 缺失值；
- 属性和标签的统计特性。

第一个要确认的是数据的规模。将数据读入二维数组，则外围数组的维度是行数，内部数组的维度是列数。2.2节将会展示针对某一数据集应用此方法来描述将要开发的算法的特性。

接下来就要确定每行有多少缺失的值。按行处理数据的原因是，处理有缺失值的数据的最简单方法是直接抛弃缺失数据的行（如至少少了一个值的行）。在很多情况下，这样做会对结果产生影响，但在抛弃的行不多的情况下，并不伤大局。通过统计有缺失数据的行数（除具体缺失的项的总数之外），就可以知道如果采用最简单的方法，则实际必须抛弃多少数据。

如果有大量的数据，例如读者正在收集互联网上的数据，那么丢失的数据相比于获得的数据总量应该是微不足道的。但是，如果读者处理的是生物数据，这些数据都比较昂贵，而且有多种属性，那么抛弃这些数据的代价就太大了。在这种情况下，需要找到方法把丢失的值填上，或者使用能够处理丢失数据的算法。把丢失的数据填上的方法一般叫作遗失值插补（imputation）。遗失值插补的最简单方法是用每行所有此项的值的平均值来填充遗失的值。更复杂的方法要用到第 4 章和第 6 章介绍的预测模型之一。用预测模型的时候，是把含有遗失值的那列属性当作标签，当然在进行这一步之前要确保将初始问题的标签移除。

接下来将介绍分析数据集的完整过程，并引入刻画数据集的一些方法，这些都将帮助读者确定如何解决建模的问题。

2.2 分类问题：用声呐发现未爆炸的水雷

本节将介绍在深入研究分类问题上需要做的几个考察点。首先是简单的测量：数据的规模、数据的类型、缺失的数据等。接着是数据的统计特性、属性之间的关系、属性与标签之间的关系。本节的数据集来自 UC Irvine 数据仓库。数据来源于实验：测试声呐是否可以用于检测在港口军事行动后遗留下来的未爆炸的水雷。声呐信号又叫作啁啾信号（chirped signal），即在一个脉冲期间信号频率会增加或降低。此数据集的测量值代表声呐接收器在不同的地点接收到的返回信号，其中大约一半的样本返回的声呐信号反映的是岩石的形状，而另一半是金属圆筒的形状（水雷）。下文就用"岩石与水雷数据集"来代表这个数据集。

2.2.1 岩石与水雷数据集的物理特性

对新数据集所做的第一件事是确定数据集的规模。代码清单 2.1 展示的是获取岩石与水雷数据集规模的代码。在本章的后续内容，读者将多次遇到此数据集，主要用来作为介绍算法的例子，此数据集来源于 UC Irvine 数据仓库。在此例中，确定数据集的行数、列数的代码十分简单。数据集文件是由逗号分隔的，一次实验数据占据文本的一行。文件处理十分简单：读入一行，按逗号对数据进行分割，将结果列表存入输出列表即可。

代码清单 2.1　估量新数据集规模（rockVmineSummaries.py）

```
__author__ = 'mike_bowles'

#read data from uci data repository
xList = list_read_rvm()

print('Number of Rows of Data = ' + str(len(xList)))
print('Number of Columns of Data = ' + str(len(xList[1])))

Printed Output:
Number of Rows of Data = 208
Number of Columns of Data = 61
```

如代码输出所示，此数据集为 208 行，61 列（每行 61 个字段）。这对我们后续的工作有什么影响吗？数据集的规模（行数，列数）至少在以下几个方面会影响读者对数据的处理。首先，根据数据的规模，读者可以对训练所需的时间有一个大致的判断。对于像岩石与水雷这种小数据集，训练时间会少于 1 min，这有利于在训练过程中不断调整和迭代。如果数据集规模增加到 1 000×1 000，那么惩罚线性回归的训练时间将不到 1 min，而集成方法训练时间需要几分钟。如果数据集的行、列增加到万级规模，则惩罚线性回归的训练时间将达到 3 ~ 4 h，而集成方法则长达 12 ~ 24 h。更长的训练时间将会影响读者的开发进度，因为读者通常需要迭代几次来对算法进行调整或优化。

另外一个重要观察是，如果数据集的列数大于行数，那么采用惩罚线性回归的方法有很大的可能获得最佳预测，反之亦然。在第 3 章有实际的例子，会加深读者对这个结论的理解。

根据应做事项的清单，接下来要做的是确定哪些列是数值型的，哪些列是类别型的。代码清单 2.2 展示针对岩石与水雷数据集完成上述分析的代码。代码依次检查每一列，确定数值型（整型或浮点型）的条目数、非空字符串的条目数和内容为空的条目数。分析的结果是：前 60 列都是数值型，最后一列都是字符串。这些字符串值是标签。通常类别型变量用字符串表示，如此例所示。在某些情况下，二元类别变量可以表示成 0、1 数值变量。

代码清单 2.2　确定每个属性的性质（rockVmineContents.py）

```
__author__ = 'mike_bowles'

#read rvm data from uci url
xList = list_read_rvm()


nrow = len(xList)
ncol = len(xList[1])


type = [0]*3
colCounts = []

for col in range(ncol):
    for row in xList:
        try:
            a = float(row[col])
            if isinstance(a, float):
                type[0] += 1
        except ValueError:
```

```
                if len(row[col]) > 0:
                    type[1] += 1
                else:
                    type[2] += 1
        colCounts.append(type)
        type = [0]*3

print('Col#' + '\t\t' + 'Number' + '\t\t' +
                'Strings' + '\t\t ' + 'Other\n')
iCol = 0
for types in colCounts:
    print(str(iCol) + '\t\t' + str(types[0]) + '\t\t' +
                str(types[1]) + '\t\t' + str(types[2]))
        iCol += 1
Printed Output:
Col#        Number          Strings         Other
0           208             0               0
1           208             0               0
2           208             0               0
3           208             0               0
4           208             0               0
5           208             0               0
6           208             0               0
7           208             0               0
8           208             0               0
9           208             0               0
10          208             0               0
11          208             0               0
12          208             0               0
13          208             0               0
14          208             0               0
15          208             0               0
16          208             0               0
17          208             0               0
18          208             0               0
19          208             0               0
20          208             0               0
.           .               .               .
.           .               .               .
.           .               .               .
```

40	208	0	0
41	208	0	0
42	208	0	0
43	208	0	0
44	208	0	0
45	208	0	0
46	208	0	0
47	208	0	0
48	208	0	0
49	208	0	0
50	208	0	0
51	208	0	0
52	208	0	0
53	208	0	0
54	208	0	0
55	208	0	0
56	208	0	0
57	208	0	0
58	208	0	0
59	208	0	0
60	0	208	0

2.2.2 岩石与水雷数据集的统计概要

在确定了哪些属性是类别型、哪些是数值型之后，接下来是获得数值型属性的描述性统计信息，以及每个类别型属性中唯一类别的计数。代码清单 2.3 展示了这两个处理过程的示例代码。

代码清单 2.3　数值型和类别型属性的统计概要（rVMSummaryStats.py）

```
__author__ = 'mike_bowles'
import numpy as np

#read data from uci data repository
xList = list_read_rvm()

nrow = len(xList)
ncol = len(xList[1])

type = [0]*3
```

```
colCounts = []

#generate summary statistics for column 3 (e.g.)
col = 3
colData = []
for row in xList:
    colData.append(float(row[col]))

colArray = np.array(colData)
colMean = np.mean(colArray)
colsd = np.std(colArray)
print("Mean = " + '\t' + str(colMean) + '\t\t' +
            "Standard Deviation = " + '\t ' + str(colsd))

#calculate quantile boundaries
ntiles = 4

percentBdry = []

for i in range(ntiles+1):
    percentBdry.append(np.percentile(colArray, i*(100)/ntiles))

print("\nBoundaries for 4 Equal Percentiles")
print(percentBdry)
print(" \n")

Printed Output:
 Mean =         0.053892307692307684
Standard Deviation =         0.04641598322260027
Boundaries for 4 Equal Percentiles
[0.0058, 0.024375, 0.04405, 0.0645, 0.4264]


Boundaries for 10 Equal Percentiles

[0.0058, 0.0141, 0.022740000000000003, 0.027869999999999995, 0.03622,
0.04405, 0.050719999999999, 0.059959999999999, 0.07794000000000001,
0.10836, 0.4264]


Unique Label Values
{'M', 'R'}
```

```
Counts for Each Value of Categorical Label
['M', 'R']
[111, 97]
```

代码的第一部分提取数值型数据的某一列,然后产生它的统计信息。计算此属性的均值和方差。对这些统计信息的了解可以加强读者在开发预测模型时的直觉。

代码的第二部分主要是为了找到异常值。基本过程如下,假设读者正试图在的数值列表 [0.1, 0.15, 0.2, 0.25, 0.3, 0.35, 0.4, 4] 中确定是否有异常值,显然最后一个数 "4" 明显偏离其他数字的取值范围。

发现这种异常值的一种方法是将一组数字按照百分位数进行划分。例如,第 25 百分位数是含有最小的 25% 的数,第 50 百分位数是含有最小的 50% 的数。把这种分组可视化的最简单的方法是假想把这些数据按顺序排列。上述的例子已经按序排好,这样就可以很容易地看到百分位数的边界。一些经常被用到的百分位数通常被赋予特殊的名字。将数组按照四分之一、五分之一、十分之一划分的百分位数通常被分别叫作四分位数 (quartiles)、五分位数 (quintiles) 和十分位数 (deciles)。

通过上述数组很容易定义四分位数,因为此数组已按序排好,共有 8 个元素。第 1 个四分位数含有 0.1 和 0.15,剩下的以此类推。可以注意到这些四分位数的跨度。第 1 个是 0.05 (0.15-0.1),第二个四分位数的跨度也大致相同,而最后一个四分位数的跨度却是 3.6,这个跨度比其他四分位数的跨度大 100 倍。

代码清单 2.3 中四分位数边界的计算过程与之类似。程序计算四分位数,然后显示了最后一个四分位数的跨度要比其他的宽很多。为了更加准确,又计算了十分位数,同样证明了最后一个十分位数的跨度要远远大于其他的十分位数。有些情况下最后一个分位数变宽是正常的,因为通常数据的分布在尾部会变得稀疏。

2.2.3 用分位数图展示异常点

更具体地研究异常点(异常值)的一个方法是画出数据分布图,然后与可能的合理分布进行比较,判断相关的数据是否匹配。代码清单 2.4 展示如何使用 Python 的 probplot 函数来帮助确认数据中是否有异常点。结果图展示了数据的经验百分位边界与高斯分布的同样的百分位的边界对比。如果此数据服从高斯分布,则画出来的点应该是一条直线。图 2-1 显示来自岩石与水雷数据集的第 4 列(第 4 属性)的一些点远离这条直线。这说明此数据集尾部的数据要多于高斯分布尾部的数据。

代码清单 2.4　岩石与水雷数据集的第 4 属性的分位数图(qqplotAttribute.py)

```
__author__ = 'mike_bowles'
```

2.2 分类问题：用声呐发现未爆炸的水雷

```
import numpy as np

import scipy.stats as stats

#read rocks v mines data
xList = list_read_rvm()
nrow = len(xList)
ncol = len(xList[1])

type = [0]*3
colCounts = []

#generate summary statistics for column 3 (e.g.)
col = 3
colData = []
for row in xList:
    colData.append(float(row[col]))

stats.probplot(colData, dist="norm", plot=plt)
plt.show()
```

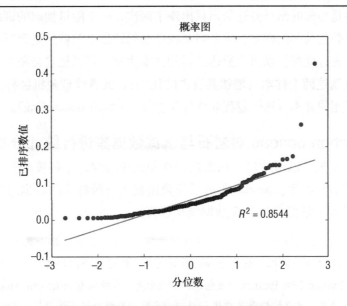

图 2-1　岩石与水雷数据集第 4 属性的分位数图

那么，如何利用这些信息呢？异常点在建模或预测期间都会带来麻烦。基于此数据集训练完一个模型后，可以查看一下此模型预测错误的情况，然后确认此错误是否与这些异常点有关。如果确实有关，则可以采取步骤进行校正。例如，读者可以复制这些预测模型中表现不好的样本，以加强这些样本在数据集中的比重。读者也可以把这些不好的样本分离出来，然后单独训练。如果读者认为预测模型在真正部署的时候是不会遇到此类异常数据的话，也可以把这些样本排除出数据集。一个可行办法是，在对数据集进行探究的阶段，先产生四分位数边界，然后看一看潜在的异常点，来了解读者可能（或可能不会）遇到多少问题这样在评估性能数据的时候，可以通过分位数图（quantile-quantile，Q-Q）确定哪些数据可以称为异常点，以用于错误分析。

2.2.4 类别属性的统计特征

上述分析过程只适用于数值属性。那么类别属性呢？读者可能想知道一共可以分为几类，分属各类的数目。想获得这些信息主要是基于以下原因：性别属性有两个值（男、女），但是如果属性是美国的州，则有 50 个可能的类别。随着属性数目的增加，处理的复杂度也在增加。绝大多数二元决策树算法（集成方法的基础）对于其可以处理的类别数是有限制的。由布雷曼和卡特勒（此算法的发明人）写的流行的随机森林算法包支持 32 个类别。如果一个属性超过 32 个类别，则需要进行合并。

有时在训练过程中会随机抽取数据集的一个子集，然后在此子集上训练一系列的模型。例如，类别属性是美国的州且爱达荷州只出现了两次，一个随机抽取的训练用的数据子集中很可能不含有爱达荷州的样本。读者需要在这些问题发生前就预见到可能会出现这样的问题，然后着手进行处理。以两个爱达荷州的样本为例，可以把它与蒙大拿州或怀俄明州合并，也可以复制这两个样本（增加其所占的比例），或者管理随机抽样的过程，保证抽取到含有爱达荷州的样本（这个过程叫作分层抽样，stratified sampling）。

2.2.5 用 Python pandas 对岩石与水雷数据集进行统计分析

Python pandas 包可以帮助自动化数据检查和处理过程，已经被证实在数据早期阶段的检查和预处理特别有用。pandas 包可以将数据读入一种特定的数据结构，叫作数据框（data frame）。数据框依据 CRAN-R 数据结构建模。

> **注意** pandas 包的安装可能会有困难，主要原因是它有一系列的依赖，每个依赖必须安装正确的版本，而且相互之间要匹配，或者诸如此类的问题。绕过这个问题的一个简单方法是直接安装 Anaconda Python Distribution 分发包，此分发包可以直接从 Continuum Analytics 处下载。安装过程十分简单，只要按指令依次进行就可以安装好数据分析、机器学习所需的大量包。

读者可以把数据框当成一个表格或者类似矩阵的数据结构，如表 2-1 所示。数据框定义的行代表一个实例（一次实验、一个样本、一次测量等），列代表一个具体的属性。此结构像矩阵,但又不是矩阵,因为不同列的元素很可能是不同类型的。形式上,矩阵里的所有元素都是来自一个域的(如实数、二进制数、复数)。但对于统计学来说,矩阵的限制太严格了,因为在统计方面,一个样本往往是多种不同类型的值的混合。

在表 2-1 的样例中第一个属性列是实数,第二个属性列是类别变量,第三个属性列是整数变量。在一个列内,所有元素的取值都是同一类型,但是列与列之间是不同的。数据框通过索引的方式访问某个具体元素,类似于在 Python 中访问一个 numpy 数组或二维数组里的元素。类似地,采用索引切片(index slicing)可以访问整行或整列。而且,在 pandas 数据框中,可以通过名字对行或列进行寻址。这对于小规模或中等规模的数据是十分方便的。(搜索"pandas introduction"会找到关于使用 pandas 的入门指导的链接。)

代码清单 2.5 展示了如何从 UC Irvine 数据仓库网站读取岩石与水雷数据的 CSV 文件。这里展示的只是完整输出的一部分,自行运行代码就可以获得完整输出。

代码清单 2.5　用 Python pandas 读入和汇总数据(pandasReadSummarize.py)

```
__author__ = 'mike_bowles'

#read rocks versus mines data into pandas data frame
rocksVMines = pd_read_rvm()

#print head and tail of data frame
print(rocksVMines.head())
print(rocksVMines.tail())

#print summary of data frame
summary = rocksVMines.describe()
print(summary)

Printed Output:
        V0      V1      V2      V3      V4      V5      V6      V7
1   0.0453  0.0523  0.0843  0.0689  0.1183  0.2583  0.2156  0.3481  ...
2   0.0262  0.0582  0.1099  0.1083  0.0974  0.2280  0.2431  0.3771  ...
3   0.0100  0.0171  0.0623  0.0205  0.0205  0.0368  0.1098  0.1276  ...
4   0.0762  0.0666  0.0481  0.0394  0.0590  0.0649  0.1209  0.2467  ...

       V58     V59     V60
0   0.0090  0.0032       R
```

```
1    0.0052  0.0044        R
2    0.0095  0.0078        R
3    0.0040  0.0117        R
4    0.0107  0.0094        R

[5 rows x 61 columns]
         V0      V1      V2      V3      V4      V5      V6      V7
203  0.0187  0.0346  0.0168  0.0177  0.0393  0.1630  0.2028  0.1694 ...
204  0.0323  0.0101  0.0298  0.0564  0.0760  0.0958  0.0990  0.1018 ...
205  0.0522  0.0437  0.0180  0.0292  0.0351  0.1171  0.1257  0.1178 ...
206  0.0303  0.0353  0.0490  0.0608  0.0167  0.1354  0.1465  0.1123 ...
207  0.0260  0.0363  0.0136  0.0272  0.0214  0.0338  0.0655  0.1400 ...

         V8     V58     V59    V60
203  0.0193  0.0157           M
204  0.0062  0.0067           M
205  0.0077  0.0031           M
206  0.0036  0.0048           M
207  0.0061  0.0115           M

[5 rows x 61 columns]
                 V0          V1          V2          V3          V4
count    208.000000  208.000000  208.000000  208.000000  208.000000
mean       0.029164    0.038437    0.043832    0.053892    0.075202
std        0.022991    0.032960    0.038428    0.046528    0.055552
min        0.001500    0.000600    0.001500    0.005800    0.006700
25%        0.013350    0.016450    0.018950    0.024375    0.038050
50%        0.022800    0.030800    0.034300    0.044050    0.062500
75%        0.035550    0.047950    0.057950    0.064500    0.100275
max        0.137100    0.233900    0.305900    0.426400    0.401000

                V57         V58         V59
count    208.000000  208.000000  208.000000
mean       0.007949    0.007941    0.006507
std        0.006470    0.006181    0.005031
min        0.000300    0.000100    0.000600
25%        0.003600    0.003675    0.003100
50%        0.005800    0.006400    0.005300
75%        0.010350    0.010325    0.008525
max        0.044000    0.036400    0.043900
```

```
[8 rows x 60 columns]

Output truncated. To see the full output run the code or python
notebook found in the book's code repo.
```

读入数据后，程序的第一部分输出头数据和尾数据。注意到所有的头数据都有 R 标签，所有的尾数据都有 M 标签。对于这个数据集，第一部分是 R 标签（岩石），第二部分是 M 标签（水雷）。在检查数据的时候首先要注意到此类信息。在第 6 章中会看到，确定模型优劣的时候有时需要对数据进行抽样，那么抽样时就需要考虑到数据的这种存储结构。最后的代码输出实数属性列的统计信息。

pandas 可以自动计算出均值、方差、分位数。由于 describe 函数输出的总结（统计信息）本身是一个数据框，因此可以自动化属性值的筛选过程以发现异常点。要做到这一点，可以比较不同分位数之间的差异。对于同一属性列，如果存在某一段差异严重异于其他段差异的情况，则说明存在异常点。这就值得进一步探究这些异常点牵扯到多少行数据。这些异常点涉及的数据很可能是少量的，这些都需要仔细检查。

2.3 对岩石与水雷数据集属性进行可视化

可视化可以提供对数据的直观感受，这有时很难通过表格的形式来把握。本节将介绍很有用的可视化方法。分类问题和回归问题的可视化会有些不同。读者在 2.4.1 节将看到回归问题的可视化方法。

2.3.1 用平行坐标图进行可视化

对于具有多个属性的问题，有一种可视化方法叫作平行坐标图（parallel coordinates plot）。图 2-2 展示了平行坐标图的基本样式。图右的数字向量（[1 3 2 4]）代表了数据集中某一行属性的值。这个数字向量的平行坐标图如图 2-2 中的折线所示。这条折线是根据属性的索引值和属性值画出来的。整个数据集的平行坐标图对于数据集中的每一行属性都有对应的一条折线。如果基于标签对折线标示不同的颜色，则更有利于观测到属性值与标签之间的某种类型的系统关系。根据属性的索引绘制行中的实数值属性。（搜索"平行坐标"获取更多示例。）

代码清单 2.6 展示了如何获得岩石与水雷数据集的平行坐标图。图 2-3 展示了结果。折线根据所对应的标签被赋予了不同的颜色：R（岩石）是蓝色，M（水雷）是红色。有时候图绘制出来后标签（类别）之间可以很明显地区分出来。著名的"鸢尾花数据集"类别之间就可以很明显地区分出来，这是机器学习算法进行分类应该达到的效果。对应岩石与水雷数据集则看不到明显的区分。但是有些区域蓝色和红色的折线还是分开的。沿着图的底部，蓝色的线要突出一点儿，在属性索引 30～40，蓝色的线要比红色的线高一些。[①]
这些观察将有助于对某些预测结果进行解释和确认。

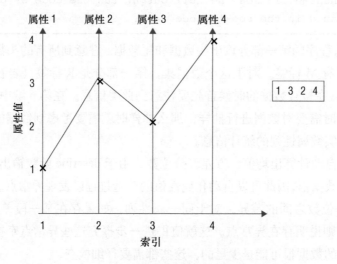

图 2-2　构建平行坐标图

代码清单 2.6　实数值属性的可视化：平行坐标图（linePlots.py）

```
__author__ = 'mike_bowles'

#read rocks versus mines data into pandas data frame
rocksVMines = pd_read_rvm()

for i in range(208):
    #assign color based on color based on "M" or "R" labels
    if rocksVMines.iat[i,60] == "M":
        pcolor = "red"
    else:
        pcolor = "blue"

    #plot rows of data as if they were series data
    dataRow = rocksVMines.iloc[i,0:60]
    dataRow.plot(color=pcolor, alpha=0.5)
plt.xlabel("Attribute Index")
```

---

① 建议读者自行运行代码，观察输出的彩色平行坐标图，就可以看到文中所述的效果。本书后面的图例也有同样的问题。——译者注

```
plt.ylabel(("Attribute Values"))
plt.show()
```

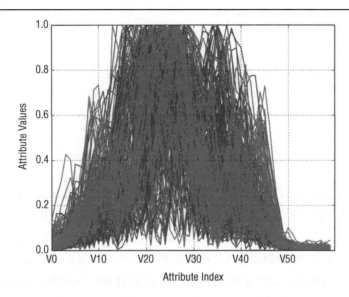

图2-3　岩石与水雷数据集属性的平行坐标图

2.3.2　对属性和标签间关系进行可视化

另外一个需要了解的问题是属性之间的关系。了解这种属性对之间关系的快速方法是绘制属性与标签的交会图（cross-plot）。代码清单2.7展示了产生代表性属性对的交会图所需的内容。这些交会图（又叫作散点图，scatter plot）展示了这些属性对之间关系的密切程度。

代码清单2.7　属性对的交会图（corrPlot.py）

```
__author__ = 'mike_bowles'

#read rocks versus mines data into pandas data frame
rocksVMines = pd_read_rvm()

#calculate correlations between real-valued attributes
dataRow2 = rocksVMines.iloc[1,0:60]
dataRow3 = rocksVMines.iloc[2,0:60]

plt.scatter(dataRow2, dataRow3)
```

```
plt.xlabel("2nd Attribute")
plt.ylabel(("3rd Attribute"))
plt.show()

dataRow21 = rocksVMines.iloc[20,0:60]

plt.scatter(dataRow2, dataRow21)

plt.xlabel("2nd Attribute")
plt.ylabel(("21st Attribute"))
plt.show()
```

图 2-4 和图 2-5 展示了来自岩石与水雷数据集的两对属性的散点图。岩石与水雷数据集的属性是声呐返回信号的抽样值。声呐返回的信号又叫啁啾信号，它是一个脉冲信号，开始在低频，然后右脉冲持续时间内上升到高频。这个数据集的属性是声波由岩石或水雷反射回来的时间上的抽样。这些返回的声学信号携带的时间与频率的关系与发出的信号是一样的。数据集的 60 个属性是返回的信号在 60 个不同的时间点的抽样（因此是 60 个不同的频率）。读者可能会估计相邻的属性会比时间上彼此分离的属性更相关，因为在相邻时间上的取样在频率上的差别应该不大。

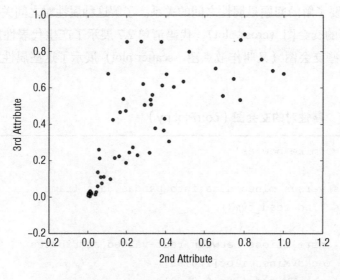

图 2-4　岩石与水雷数据集第 2 属性与第 3 属性的交会图

这种直观感受在图 2-4 和图 2-5 中得到了证实。图 2-4 中的点要比图 2-5 中的点更集中在一条直线上。基本上,如果散点图上的点沿着一条"瘦"直线排列,则说明这两个变量强相关;如果这些点形成一个球形,则说明这些点互不相关。

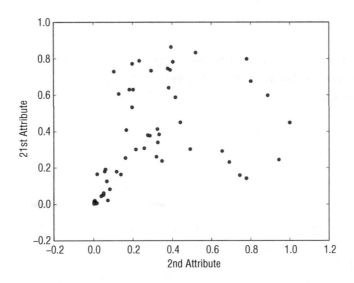

图 2-5　岩石与水雷数据集第 2 属性与第 21 属性的交会图

应用同样的原则,读者可以画出任何一个属性与目标(标签)的散点图,来研究两者之间的相关性。若对应标签是实数(回归问题),则画出的散点图会与图 2-4 和图 2-5 十分相似。岩石与水雷数据集是一个分类问题,目标是二值的,但是遵循同样的步骤。

代码清单 2.8 展示了如何画出标签和第 35 个属性的散点图。为什么选用第 35 个属性作为展示属性与标签相关性的例子?灵感来自于平行坐标图 2-3。这个平行坐标图显示岩石数据与水雷数据在属性索引值 35 左右有所分离,则标签与索引值 35 附近的属性之间的相关性也应该显示这种分离,正如图 2-6 和图 2-7 所示。

代码清单 2.8　分类问题的标签和实数值属性之间的相关性(targetCorr.py)

```
__author__ = 'mike_bowles'
from random import uniform

#read rocks versus mines data into pandas data frame
rocksVMines = pd_read_rvm()
#change the targets to numeric values
target = []
for i in range(208):
    #assign 0 or 1 target value based on "M" or "R" labels
```

```python
        if rocksVMines.iat[i,60] == "M":
            target.append(1.0)
        else:
            target.append(0.0)

    #plot rows of data as if they were series data
dataRow = rocksVMines.iloc[0:208,35]
plt.scatter(dataRow, target)

plt.xlabel("Attribute Value")
plt.ylabel("Target Value")
plt.show()

#
#To improve the visualization, this version dithers the points a little
# and makes them somewhat transparent
target = []
for i in range(208):
    #assign 0 or 1 target value based on "M" or "R" labels
    # and add some dither
    if rocksVMines.iat[i,60] == "M":
        target.append(1.0 + uniform(-0.1, 0.1))
    else:
        target.append(0.0 + uniform(-0.1, 0.1))

    #plot rows of data as if they were series data
dataRow = rocksVMines.iloc[0:208,35]
plt.scatter(dataRow, target, alpha=0.5, s=120)

plt.xlabel("Attribute Value")
plt.ylabel("Target Value")
plt.show()
```

如果将 M 用 1 表示，R 用 0 表示，就会得到如图 2-6 所示的散点图。从图 2-6 中可以看到一个交会图中常见的问题。当其中一个变量只取有限的几个值的时候，很多点就会重叠在一起。如果这种点很多，就只能看到一条很粗的线，分辨不出这些点是如何沿线分布的。

代码清单 2.8 绘制了图 2-7，通过两个小技巧克服了上述的问题。首先，给每个点都加上一个小的随机数，产生了少量的离散值（这里是对标签值进行了处理）。标签值最初是 0 或 1。在代码中可以看到，标签值加上了一个在 -0.1 ~ 0.1 均匀分布的随机数，这样就把这些点分散开，又不至于把这两条线混淆。其次，这些点绘制的时候取 alpha=0.5，这样这些点是部分不透明的。在散点图中，若多个点落在一个位置，就会形成一个更黑的区域，有时需要对数据做一些微调使读者能看到想看到的。

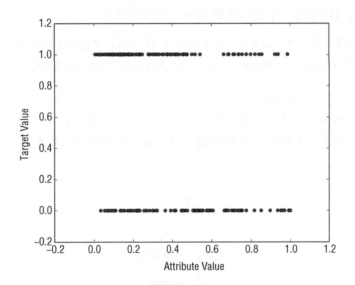

图 2-6　标签－属性交会图

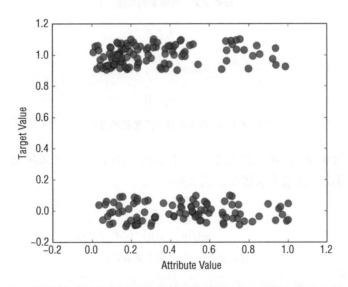

图 2-7　经过扰动和半透明处理的标签－属性图

从图 2-7 可以看到这两个小技巧的效果。注意，第 35 个属性在左上方的点更加集中，而在下方的数据从右到左分布得更加均匀。上面的数据对应着水雷的数据，下面的数据对应着岩石的数据。由图可知，可以以此建立一个分类器，判断第 35 个属性是大于还是小于 0.5。如果大于 0.5，就判断为岩石；如果小于 0.5，就判断为水雷。如图所示，第 35 个属性值小于 0.5 的样本中水雷的分布更密集，而且属性值小于 0.5 的样本中岩石的分布更稀疏。这样就可以获得一个比随机猜测好一些的结果。

> **注意** 在第 5 章和第 7 章将会看到更系统地构建分类器的方法。它们会用到所有的属性。当看到它们是如何做决策的时候，回顾本章的例子就会理解为什么它们的选择是明智的。

两个属性（或一个属性和一个标签）的相关程度可以由皮尔逊相关系数（Pearson's correlation coefficient）来量化。给定两个等长的向量 u 和 v（见公式 2.1 和公式 2.2）。首先 u 的所有元素都减去 u 的均值（见公式 2.3），对 v 也做同样的操作。

$$u = \begin{matrix} u_1 \\ u_2 \\ \vdots \\ u_n \end{matrix}$$

公式 2.1　向量 u 的元素

$$\bar{u} = avg(u)$$

公式 2.2　向量 u 的均值

$$\Delta u = \begin{matrix} u_1 - \bar{u} \\ u_2 - \bar{u} \\ \vdots \\ u_n - \bar{u} \end{matrix}$$

公式 2.3　向量 u 中每个元素都减去均值

以与对应向量 u 定义 Δu 相同的方式，针对第二个向量 v，定义向量 Δv。u 和 v 之间的皮尔逊相关系数如公式 2.4 所示。

$$corr(u,v) = \frac{\Delta u^T \times \Delta v}{\sqrt{(\Delta u^T \times \Delta u) \times (\Delta v^T \times \Delta v)}}$$

公式 2.4　皮尔逊相关系数定义

代码清单 2.9 展示了对图 2-3 和图 2-5 中的属性对计算皮尔逊相关系数的 Python 实现。相关系数和图中展示的结果是一致的，索引值距离比较近的属性也比距离更远的属性间相关系数高。

代码清单 2.9　对属性 2 和属性 3、属性 2 和属性 21 分别计算皮尔逊相关系数（corrCalc.py）

```python
__author__ = 'mike_bowles'
from math import sqrt
from Read_Fcns import pd_read_rvm
from scipy.stats.stats import pearsonr

rocksVMines = pd_read_rvm()

#calculate correlations between real-valued attributes
dataRow2 = np.array(rocksVMines.iloc[1,0:60])
dataRow3 = np.array(rocksVMines.iloc[2,0:60])
dataRow21 = np.array(rocksVMines.iloc[20,0:60])

mean2 = 0.0; mean3 = 0.0; mean21 = 0.0
numElt = len(dataRow2)
for i in range(numElt):
    mean2 += dataRow2[i]/numElt
    mean3 += dataRow3[i]/numElt
    mean21 += dataRow21[i]/numElt

var2 = 0.0; var3 = 0.0; var21 = 0.0
for i in range(numElt):
    var2 += (dataRow2[i] - mean2) * (dataRow2[i] - mean2)/numElt
    var3 += (dataRow3[i] - mean3) * (dataRow3[i] - mean3)/numElt
    var21 += (dataRow21[i] - mean21) * (dataRow21[i] - mean21)/numElt

corr23 = 0.0; corr221 = 0.0
for i in range(numElt):
    corr23 += (dataRow2[i] - mean2) * \
              (dataRow3[i] - mean3) / (sqrt(var2*var3) * numElt)
    corr221 += (dataRow2[i] - mean2) * \
               (dataRow21[i] - mean21) / (sqrt(var2*var21) * numElt)

print('Correlation between attribute 2 and 3')
print(corr23, '\n')

print('Correlation between attribute 2 and 21')
print(corr221, '\n')
```

```
print('Now that you see how the calculation is done, using the python \
pearsonr function will save you time')
print(pearsonr(dataRow2, dataRow3))

Printed Output:
Correlation between attribute 2 and 3
0.7709381211911223

Correlation between attribute 2 and 21
0.46654808078868865

Now that you see how the calculation is done, using the python pearsonr
function will save you time
(0.7709381211911221, 5.79499196668097e-13)
```

2.3.3 用热图对属性和标签的相关性进行可视化

对于少量的相关性，将相关性结果输出或者画成散点图都是可以的。但是，对于大量的数据，很难用这种方法对相关性进行整体的把握。如果问题有一百以上的属性，那么很难把散点图压缩到一页。

获得大量属性之间相关性的一种方法是，计算出每对属性的皮尔逊相关系数后，将相关性构成一个矩阵，矩阵的第 i,j 元素对应的是第 i 个属性与第 j 个属性的相关性，然后把这些矩阵元素画到热图（heat map）上。代码清单 2.10 是热图的代码实现，图 2-8 展示的就是这种热图。沿着斜对角线的浅色区域证明索引值相近的属性的相关性较高。正如上文所提到的，这与数据产生的方式有关。索引相近说明是在很短的时间间隔内抽样的，因此声呐信号的频率也接近，频率相近说明目标（标签）也类似。

代码清单 2.10　属性相关性可视化（sampleCorrHeatMap.py）

```
__author__ = 'mike_bowles'

#read rocks versus mines data into pandas data frame
rocksVMines = pd_read_rvm()

#calculate correlations between real-valued attributes

corMat = DataFrame(rocksVMines.corr())
```

```
#visualize correlations using heatmap
plt.pcolor(corMat)
plt.show()
```

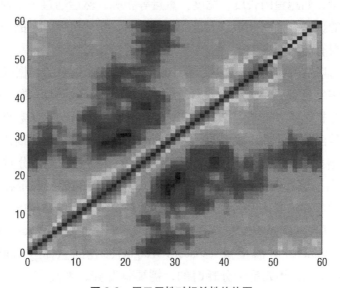

图 2-8 展示属性对相关性的热图

属性之间完全相关（相关系数为 1）意味着数据可能有错误，如同样的数据录入两次。如果多个属性间的相关性很高（相关系数大于 0.7），即多重共线性（multicollinearity），则往往会导致预测结果不稳定。属性与标签的相关性不同，如果属性和标签相关，则通常意味着两者之间具有可预测的关系。

2.3.4 对岩石与水雷数据集探究过程的小结

在探究岩石与水雷数据集的过程中，本节介绍了一系列的工具以加深读者对数据集的理解和直观感受。本节深入细节，如这些工具的来源、用法等。2.4 节将用同样的工具来分析本书后续机器学习算法用到的其他数据集。因为这些工具都已介绍过，所以 2.4 节将针对不同的问题，对工具所做的改变进行介绍。

2.4 以因素变量进行实数值预测：鲍鱼的年龄

探究未爆炸水雷数据集的工具同样可以用于回归问题。在给定物理测量值的情况下，预测鲍鱼的年龄是此类问题的一个实例。鲍鱼的属性中包括因素属性。下面将说明属性中含有因素属性后与上例有什么不同。

鲍鱼数据集的问题是通过多次测量来预测鲍鱼的年龄。当然，可以对鲍鱼进行切片，然后数年轮获得鲍鱼年龄的精确值，就像通过数树的年轮得到树的年龄一样。但是问题是在显微镜下对鲍鱼切片和数年轮的方法代价比较大并且耗时。因此更方便和经济的方法是做一些简单的测量，如鲍鱼的长度、宽度、重量等指标，然后通过一个预测模型对其年龄做一个相对准确的预测。预测分析有大量的科学应用，学习机器学习的一个好处是可以将其应用到一系列很有趣的问题上。

鲍鱼数据集可以从 UC Irvine 数据仓库中获得。此数据集中的数据以逗号分隔，没有列头。每个列的名字存储在另外一个文件中。代码清单 2.11 将鲍鱼数据集读入 pandas 数据框，然后进行分析，这些分析与 2.2 节中的一样。对于岩石与水雷数据集，列名（属性名）更加通用，是由数据的性质决定的。为了能够在直觉上就可以判断出提出的预测模型是否可接受，理解鲍鱼数据集各个列名（属性名）的不同意义是十分重要的。因此，可以在代码中将列名（属性名）直接复制到代码中，与相关的数据绑定在一起，帮助直观感受下一步机器学习算法应该怎么做预测。建立预测模型所需的数据的列包括性别(Sex)、长度（Length）、直径（Diamater）、高度（Height）、整体重量（Whole Weight）、去壳后重量（Shucked Weight）、脏器重量（Viscera Weight）、壳的重量（Shell Weight）、环数（Rings）。获得最后一列环数是十分耗时的，需要锯开壳，然后在显微镜下观察计数得到。这是监督机器学习方法通常需要的准备工作。基于一个已知答案的特殊数据集构建预测模型，然后用这个预测模型预测未知答案的数据。

代码清单 2.11　鲍鱼数据集的读取与总结（abaloneSummary.py）

```
__author__ = 'mike_bowles'

from Read_Fcns import pd_read_abalone
#read abalone data
abalone = pd_read_abalone()

print(abalone.head())
print(abalone.tail())

#print summary of data frame
summary = abalone.describe()
print(summary)

#box plot the real-valued attributes
#convert to array for plot routine
```

```
array = abalone.iloc[:,1:9].values
plt.boxplot(array)
plt.xlabel("Attribute Index")
plt.ylabel(("Quartile Ranges"))
plt.show()

#the last column (rings) is out of scale with the rest
# - remove and replot
array2 = abalone.iloc[:,1:8].values
plt.boxplot(array2)
plt.xlabel("Attribute Index")
plt.ylabel(("Quartile Ranges"))
plt.show()

#removing is okay but renormalizing the variables generalizes better.
#renormalize columns to zero mean and unit standard deviation
#this is a common normalization and desirable for other operations
#(like k-means clustering or k-nearest neighbors
abaloneNormalized = abalone.iloc[:,1:9]

for i in range(8):
    mean = summary.iloc[1, i]
    sd = summary.iloc[2, i]
    abaloneNormalized.iloc[:,i:(i + 1)] = (
                abaloneNormalized.iloc[:,i:(i + 1)] - mean) / sd

array3 = abaloneNormalized.values
plt.boxplot(array3)
plt.xlabel("Attribute Index")
plt.ylabel(("Quartile Ranges - Normalized "))
plt.show()

Printed Output:
  Sex  Length  Diameter  Height  Whole wt  Shucked wt  Viscera weight
0  M   0.455   0.365     0.095   0.5140    0.2245      0.1010
1  M   0.350   0.265     0.090   0.2255    0.0995      0.0485
2  F   0.530   0.420     0.135   0.6770    0.2565      0.1415
3  M   0.440   0.365     0.125   0.5160    0.2155      0.1140
4  I   0.330   0.255     0.080   0.2050    0.0895      0.0395
```

```
   Shell weight  Rings
0      0.150     15
1      0.070      7
2      0.210      9
3      0.155     10
4      0.055      7
     Sex  Length  Diameter  Height  Whole weight  Shucked weight  \
4172   F   0.565     0.450   0.165        0.8870          0.3700
4173   M   0.590     0.440   0.135        0.9660          0.4390
4174   M   0.600     0.475   0.205        1.1760          0.5255
4175   F   0.625     0.485   0.150        1.0945          0.5310
4176   M   0.710     0.555   0.195        1.9485          0.9455
      Viscera weight  Shell weight  Rings
4172          0.2390        0.2490     11
4173          0.2145        0.2605     10
4174          0.2875        0.3080      9
4175          0.2610        0.2960     10
4176          0.3765        0.4950     12
            Length     Diameter      Height     Whole wt    Shucked wt
count  4177.000000  4177.000000  4177.000000  4177.000000  4177.0000
mean      0.523992     0.407881     0.139516     0.828742     0.359367
std       0.120093     0.099240     0.041827     0.490389     0.221963
min       0.075000     0.055000     0.000000     0.002000     0.001000
25%       0.450000     0.350000     0.115000     0.441500     0.186000
50%       0.545000     0.425000     0.140000     0.799500     0.336000
75%       0.615000     0.480000     0.165000     1.153000     0.502000
max       0.815000     0.650000     1.130000     2.825500     1.488000

       Viscera weight  Shell weight        Rings
count     4177.000000   4177.000000  4177.000000
mean         0.180594      0.238831     9.933684
std          0.109614      0.139203     3.224169
min          0.000500      0.001500     1.000000
25%          0.093500      0.130000     8.000000
50%          0.171000      0.234000     9.000000
75%          0.253000      0.329000    11.000000
max          0.760000      1.005000    29.000000
```

代码清单 2.11 不仅展示了产生统计信息的代码，而且展示了输出的统计信息。第一部分输出了数据集的头和尾，为节省空间只显示了头。当读者自己运行代码的时候，就可以看到全部的输出。绝大多数数据框中的数据是浮点数。第一列是性别，标记为 M(雄性)、F(雌性)和 I(不确定)。鲍鱼的性别在出生的时候是不确定的，成熟一些之后才能确定，因此小鲍鱼的性别是不确定的。鲍鱼的性别是一个三值的类别变量。类别属性需要特别注意。一些算法只能处理实数值的属性（如支持向量机、K 最近邻、惩罚线性回归，这些将在第 4 章介绍）。第 4 章会讨论把类别属性转换成实数值属性的技巧。代码清单 2.11还展示了对实数值属性的按列统计概要信息。

不仅可以列出统计概要，还可以像代码清单 2.11 那样产生每个实数值属性（列）的箱线图（box plot）。第一个箱线图如图 2-9 所示。箱线图又叫作盒须图（box and whisker plot）、盒式图或盒状图。这些图显示了一个小长方形，有一个红线穿过它。红线代表此列数据的中位数（第 50 百分位数），长方形的顶和底分别表示第 25 百分位数和第 75 百分位数（或者第一四分位数、第三四分位数）。读者可以比较输出的统计信息和箱线图中的线段来证实这一点。在盒子的上方和下方有小的水平线，叫作盒须（whisker）。它们距盒子的上边和下边分别是 1.4 倍的四分位间距，四分位间距是第 75 百分位数和第 25 百分位数之间的距离，也就是从盒子顶边到底边的距离。换句话说，盒须分别到盒子顶边和底边的距离是盒子高度的 1.4 倍。这个盒须的 1.4 倍距离是可以调整的，详见箱线图的相关文档。在某些情况下，盒须的间距比 1.4 倍距离近，这说明数据的值并没有扩散到计算得到的盒须的位置。在这种情况下，盒须被放在最极端的点上。

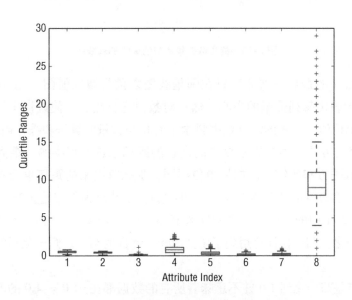

图 2-9　鲍鱼数据集的实数值属性箱线图

在另外一些情况下，数据扩散到远远超出计算得到的盒须的位置，这些点被认为是异常点。

图 2-9 所示的箱线图作为一种发现异常点的方法，比把数据输出的方法更快更直接，但是由于最后一个环数属性（最右边的盒子）的取值范围，其他属性都被"压缩"了（很难看清楚）。一种解决方法是简单地把取值范围最大的那个属性删除。结果如图 2-10 所示。这个方法也并不令人满意，因为没有实现根据取值范围来自动缩放（自适应）。

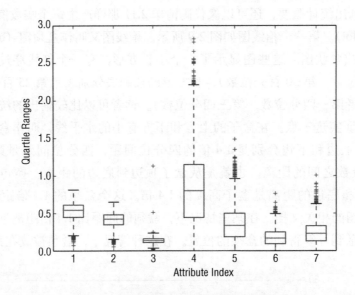

图 2-10　鲍鱼数据集实数值属性的箱线图

代码清单 2.11 的最后一部分代码在画箱线图之前将属性值归一化（normalization）。此处的归一化指确定每列数据的中心，然后对数值进行缩放，使属性 1 的一个单位值与属性 2 的一个单位值是一样的。在数据科学中有相当数量的算法和操作需要这种归一化。例如，k 均值聚类方法是根据行数据之间向量的距离来进行聚类的。距离是对应坐标上的点相减然后取平方和的结果。如果单位不同，那么算出来的距离也会不同。到一个杂货店的距离以英里为单位是 1 英里（约 1 609 米），以英尺为单位是 5 280 英尺（约 1 609 米）。代码清单 2.11 中的归一化是把属性数值都转换为均值为 0、标准差为 1 的分布。这是最通用的归一化。归一化计算用到了函数 summary() 的结果。归一化后的效果如图 2-11 所示。

注意，标准差归一化到 1.0 并不意味着所有的数据都在 −1.0～1.0 的范围内。盒子的顶边和底边基本都会在 −1.0 和 1.0 附近，但是还有很多数据在这个边界外。

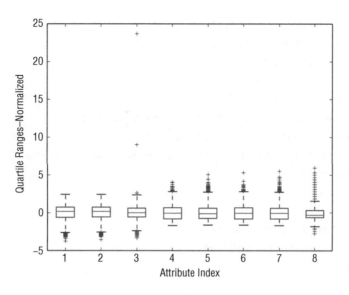

图 2-11　归一化鲍鱼数据集属性的箱线图

2.4.1　回归问题的平行坐标图——鲍鱼年龄问题的属性关系可视化

接下来看一下属性之间、属性与标签之间的关系。对于岩石与水雷数据集，被赋予了颜色的平行坐标图以图形化方式展示了这两种关系。针对鲍鱼年龄问题，上述方法需要做一些修正。岩石与水雷是分类问题。对于此类问题，平行坐标图中折线代表了一行数据，折线的颜色表明了其所属的类别。这有利于可视化属性和所属类别之间的关系。鲍鱼年龄问题是一个回归问题，应该用颜色的深浅来对应标签值的高低。也就是实现由标签的实数值到颜色值的映射，需要将标签的实数值压缩到 [0.0,1.0] 区间内。代码清单 2.12 由函数 summary() 来获得最大值和最小值实现这种转换，结果如图 2-12 所示。

代码清单 2.12　鲍鱼数据的平行坐标图（abaloneParallelPlot.py）

```
__author__ = 'mike_bowles'

from math import exp
from Read_Fcns import pd_read_abalone

abalone = pd_read_abalone()

#get summary to use for scaling
summary = abalone.describe()
```

```
min_rings = summary.iloc[3,7]
max_rings = summary.iloc[7,7]
nrows = len(abalone.index)

for i in range(nrows):
    #plot rows of data as if they were series data
    data_row = abalone.iloc[i,1:8]
    label_color = (abalone.iloc[i,8] - min_rings) / (max_rings - \
        min_rings)
    data_row.plot(color=plt.cm.RdYlBu(label_color), alpha=0.5)

plt.xlabel("Attribute Index")
plt.ylabel(("Attribute Values"))
plt.show()

#renormalize using mean and standard variation, then compress
#with logit function

mean_rings = summary.iloc[1,7]
sd_rings = summary.iloc[2,7]

for i in range(nrows):
    #plot rows of data as if they were series data
    data_row = abalone.iloc[i,1:8]
    norm_target = (abalone.iloc[i,8] - mean_rings)/sd_rings
    label_color = 1.0/(1.0 + exp(-norm_target))
    data_row.plot(color=plt.cm.RdYlBu(label_color), alpha=0.5)

plt.xlabel("Attribute Index")
plt.ylabel(("Attribute Values"))
plt.show()
```

图 2-12 的平行坐标图展示了鲍鱼年龄（壳的环数）和用于预测年龄的属性之间的直接关系。折线使用的颜色标尺从深红棕色、黄色、浅蓝色到深蓝色。图 2-11 的箱线图显示了整个数据集的最大值和最小值与大量数据相距甚远。这有一个压缩的效果，导致绝大多数的数据分布在颜色标尺的中间部分。尽管如此，图 2-12 还是能够显示每个属性和环数的显著相关性。在属性值相近的地方，折线的颜色也比较接近，会集中在一起。这些相关性都暗示可以构建相当准确的预测模型。与属性和标签之间普遍良好的相关性相反，

有一些微弱的蓝色折线与深橘色的区域混合在一起,说明有些实例可能很难正确预测。

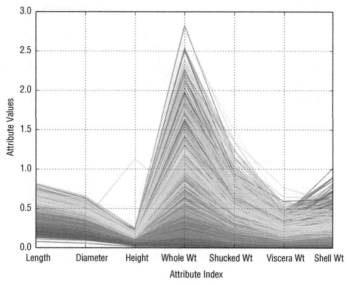

图 2-12　鲍鱼数据被赋予了颜色的平行坐标图

改变颜色映射关系可以从不同的层面来可视化标签值之间的关系。代码清单 2.11 的最后一部分用到了箱线图中用过的归一化。此归一化不是让所有的值都落到 0～1 范围内。首先,让取负值的数据与取正值的数据基本一样多。代码清单 2.11 中使用分对数变换(logit transform)实现数值到(0,1)的映射。分对数变换如公式 2.5 所示,这个函数如图 2-13 所示。

$$logit\ transform(x) = 1/(1+e^{-x})$$

公式 2.5　分对数转换公式

如图 2-13 所示,分对数变换将很大的负数映射成 0(接近),很大的正数映射成 1(接近),0 映射成 0.5。在第 4 章读者还会看到分对数变换函数,在将线性函数与概率联系起来的时候,它起到了关键的作用。

图 2-14 展示了归一化之后的结果。转换后可以更充分地利用颜色标尺中的各种颜色。注意到针对整体重量和去壳后重量这两个属性,有些深蓝的线(对应具有大环数的品种)混入了浅蓝线的区域,甚至是黄色、浅红的区域。这意味着,当鲍鱼的年龄较大的时候,仅仅这些属性不足以准确地预测出鲍鱼的年龄(环数)。好在其他属性(如直径、壳的重量)可以很好地把深蓝的线区分出来。这些观察都有助于读者分析预测错误的原因。

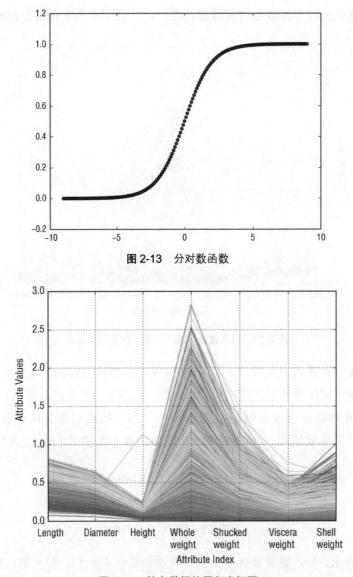

图 2-13 分对数函数

图 2-14 鲍鱼数据的平行坐标图

2.4.2 将相关性热图用于回归问题——鲍鱼年龄问题的属性对相关性的可视化

现在看一下不同属性之间的相关性和属性与目标之间的相关性。代码清单 2.13 展示了针对鲍鱼数据产生相关性热图和相关矩阵的代码。遵循的方法与"岩石与水雷"数据一样,但有一个重要差异:因为鲍鱼年龄问题是进行实数值预测,所以在计算相关性的时候可以在相关矩阵中包括目标值。

代码清单 2.13 鲍鱼数据的相关性计算（abaloneCorrHeat.py）

```
__author__ = 'mike_bowles'

abalone = pd_read_abalone()

#calculate correlation matrix
corr_mat = DataFrame(abalone.iloc[:,1:9].corr())
#print correlation matrix
print(corr_mat)
#visualize correlations using heatmap
plt.pcolor(corr_mat)
plt.show()
Printed Output:

                  Length  Diameter    Height  Whole weight  Shucked wt
Length          1.000000  0.986812  0.827554      0.925261    0.897914
Diameter        0.986812  1.000000  0.833684      0.925452    0.893162
Height          0.827554  0.833684  1.000000      0.819221    0.774972
Whole weight    0.925261  0.925452  0.819221      1.000000    0.969405
Shucked weight  0.897914  0.893162  0.774972      0.969405    1.000000
Viscera weight  0.903018  0.899724  0.798319      0.966375    0.931961
Shell weight    0.897706  0.905330  0.817338      0.955355    0.882617
Rings           0.556720  0.574660  0.557467      0.540390    0.420884

                Viscera weight  Shell weight     Rings
Length                0.903018      0.897706  0.556720
Diameter              0.899724      0.905330  0.574660
Height                0.798319      0.817338  0.557467
Whole weight          0.966375      0.955355  0.540390
Shucked weight        0.931961      0.882617  0.420884
Viscera weight        1.000000      0.907656  0.503819
Shell weight          0.907656      1.000000  0.627574
Rings                 0.503819      0.627574  1.000000
```

图 2-15 展示了相关性热图。在这个图中，红色代表强相关，蓝色代表弱相关。目标（壳上环数）是最后一项，即相关性热图的第一行和最右列。蓝色说明这些属性与目标弱相关。浅蓝说明目标与壳重量存在相关性。这个结果与在平行坐标图中看到的一致。如图 2-15 所示，在偏离对角线的单元内，红棕色的值代表这些属性高度相关。这一个结论

与平行坐标图的结论有一些矛盾,因为在平行坐标图中,目标与属性的一致性是相当强的。代码清单 2.13 展示了具体的相关值(相关系数)。

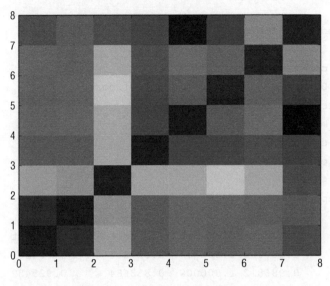

图 2-15　鲍鱼数据的相关性热图

在本节看到如何将用于分类问题(岩石与水雷)的工具修改后用于回归问题(鲍鱼年龄问题)。修改主要是因为这两类问题的本质差别:回归问题标签是实数值,而二元分类问题的标签是二值变量。2.5 节将采用同样的手段来分析全部是数值属性的回归问题。因为是回归问题,所以可以采用与分析鲍鱼数据同样的工具。因为所有属性都是数值型,所以分析的时候可以包含所有属性,例如计算相关性和沿实数线绘图的时候。

2.5　用实数值属性进行实数值预测:评估红酒口感

红酒口感数据集包括将近 1 500 种红酒的数据。对于每一种红酒,都有一系列化学成分的测量指标,包括酒精含量、挥发性酸含量和亚硝酸盐含量。每个红酒都有一个口感评分值,由 3 个专业评酒员的评分的平均值决定。问题是构建一个预测模型,输入化学成分的测量值,来预测口感评分值,使之与评酒员的评分一致。

代码清单 2.14 展示了获得红酒数据集统计信息的代码。代码输出数据集的数值型统计信息,在代码清单的最后部分可以看到。代码还产生了归一化属性的箱线图,可以直观发现数据集中的异常点。图 2-16 展示了箱线图,数值型统计信息和箱线图都显示了含有大量的边缘点,在对此数据集进行训练的时候要记住这一点。当分析经过训练的预测模型的性能的时候,这些边缘点很可能是理解模型预测错误的一个重要来源。

代码清单 2.14　红酒数据统计信息（wineSummary.py）

```python
__author__ = 'mike_bowles'

#read wine data into pandas data frame
wine = pd_read_wine()

print(wine.head())

#generate statistical summaries
summary = wine.describe()
print(summary)

wineNormalized = wine
ncols = len(wineNormalized.columns)

for i in range(ncols):
    mean = summary.iloc[1, i]
    sd = summary.iloc[2, i]
    wineNormalized.iloc[:,i:(i + 1)] = \
        (wineNormalized.iloc[:,i:(i + 1)] - mean) / sd

array = wineNormalized.values
plt.boxplot(array)
plt.xlabel("Attribute Index")
plt.ylabel(("Quartile Ranges - Normalized "))
plt.show()
```

Printed Output:

	fixed acidity	volatile acidity	citric acid	resid sugar	chlorides
0	7.4	0.70	0.00	1.9	0.076
1	7.8	0.88	0.00	2.6	0.098
2	7.8	0.76	0.04	2.3	0.092
3	11.2	0.28	0.56	1.9	0.075
4	7.4	0.70	0.00	1.9	0.076

	free sulfur dioxide	total sulfur dioxide	density	pH	sulphates
0	11.0	34.0	0.9978	3.51	0.56
1	25.0	67.0	0.9968	3.20	0.68

2	15.0		54.0	0.9970	3.26	0.65
3	17.0		60.0	0.9980	3.16	0.58
4	11.0		34.0	0.9978	3.51	0.56

	alcohol	quality
0	9.4	5
1	9.8	5
2	9.8	5
3	9.8	6
4	9.4	5

	fixed acidity	volatile acidity	citric acid	residual sugar
count	1599.000000	1599.000000	1599.000000	1599.000000
mean	8.319637	0.527821	0.270976	2.538806
std	1.741096	0.179060	0.194801	1.409928
min	4.600000	0.120000	0.000000	0.900000
25%	7.100000	0.390000	0.090000	1.900000
50%	7.900000	0.520000	0.260000	2.200000
75%	9.200000	0.640000	0.420000	2.600000
max	15.900000	1.580000	1.000000	15.500000

	chlorides	free sulfur dioxide	tot sulfur dioxide	density
count	1599.000000	1599.000000	1599.000000	1599.00000
mean	0.087467	15.874922	46.467792	0.996747
std	0.047065	10.460157	32.895324	0.001887
min	0.012000	1.000000	6.000000	0.990070
25%	0.070000	7.000000	22.000000	0.995600
50%	0.079000	14.000000	38.000000	0.996750
75%	0.090000	21.000000	62.000000	0.997835
max	0.611000	72.000000	289.000000	1.003690

	pH	sulphates	alcohol	quality
count	1599.000000	1599.000000	1599.000000	1599.000000
mean	3.311113	0.658149	10.422983	5.636023
std	0.154386	0.169507	1.065668	0.807569
min	2.740000	0.330000	8.400000	3.000000
25%	3.210000	0.550000	9.500000	5.000000
50%	3.310000	0.620000	10.200000	6.000000
75%	3.400000	0.730000	11.100000	6.000000
max	4.010000	2.000000	14.900000	8.000000

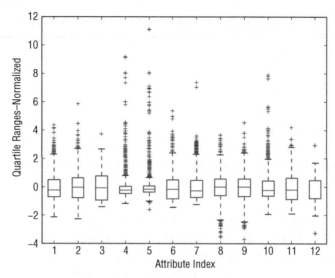

图 2-16 归一化红酒数据的属性与目标的箱线图

被赋予了颜色的平行坐标图更易于观察属性与目标的相关程度。代码清单 2.15 展示了生成平行坐标图的代码。图 2-17 展示了平行坐标图。图 2-17 受到了取值范围较小的变量压缩图的影响。

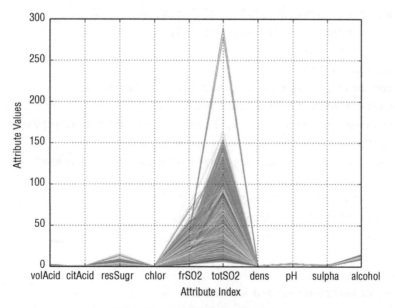

图 2-17 红酒数据的平行坐标图

为了克服这个问题,代码清单 2.15 对红酒数据进行了归一化,然后重画了平行坐标图。图 2-18 展示了归一化之后的平行坐标图。

代码清单 2.15　产生红酒数据的平行坐标图（wineParallelPLot.Py）

```
__author__ = 'mike_bowles'

from math import exp

wine = pd_read_wine()

#print column names in order to have the full versions
print(wine.columns)

#change column names to shorter ones to fit graph
wine.columns = ['fixAcid', 'volAcid', 'citAcid',
    'resSugr', 'chlor', 'frSO2', 'totSO2',
    'dens', 'pH', 'sulpha', 'alcohol', 'quality']

#generate statistical summaries
summary = wine.describe()
nrows = len(wine.index)
tasteCol = len(summary.columns)
meanTaste = summary.iloc[1,tasteCol - 1]
sdTaste = summary.iloc[2,tasteCol - 1]
nDataCol = len(wine.columns) -1
for i in range(nrows):
    #plot rows of data as if they were series data
    dataRow = wine.iloc[i,1:nDataCol]
    normTarget = (wine.iloc[i,nDataCol] - meanTaste)/sdTaste
    labelColor = 1.0/(1.0 + exp(-normTarget))
    dataRow.plot(color=plt.cm.RdYlBu(labelColor), alpha=0.5)

plt.xlabel("Attribute Index")
plt.ylabel(("Attribute Values"))
plt.show()

wineNormalized = wine
ncols = len(wineNormalized.columns)

for i in range(ncols):
    mean = summary.iloc[1, i]
```

```
        sd = summary.iloc[2, i]
        wineNormalized.iloc[:,i:(i + 1)] = \
            (wineNormalized.iloc[:,i:(i + 1)] - mean) / sd

#Try again with normalized values
for i in range(nrows):
    #plot rows of data as if they were series data
    dataRow = wineNormalized.iloc[i,1:nDataCol]
    normTarget = wineNormalized.iloc[i,nDataCol]
    labelColor = 1.0/(1.0 + exp(-normTarget))
    dataRow.plot(color=plt.cm.RdYlBu(labelColor), alpha=0.5)

plt.xlabel("Attribute Index")
plt.ylabel(("Attribute Values"))
plt.show()

Printed Output:

Index(['fixed acidity', 'volatile acidity', 'citric acid',
   'residual sugar', 'chlorides', 'free sulfur dioxide',
   'total sulfur dioxide', 'density', 'pH', 'sulphates',
   'alcohol', 'quality'], dtype='object')
```

归一化红酒数据的平行坐标图给出了一个更好的同步视图，通过它可以观察出在所有坐标方向上与目标的相关性。图 2-18 展示了属性间清晰的相关性。在图的最右边，深蓝的线（口感评分值高）聚集在酒精含量属性的高值区域；在图的最左边，深红的线（口感评分值低）聚集在挥发性酸含量属性的高值区域。这些都是最明显的相关属性。在第 5 章和第 7 章的预测模型中将根据属性在预测中做的贡献进行评分，将会看到预测模型是如何支撑上述这些可视化的。

图 2-19 展示了属性之间、属性与目标之间的相关性热图。在这个热图中，暖色对应强相关（颜色标尺的选择与平行坐标图中正好相反）。红酒数据的相关性热图显示口感评分值（最后一列）与酒精含量（倒数第二列）高度正相关，但是与其他几个属性（包括挥发性酸含量等）高度负相关。

分析红酒数据所用的工具在前面都已经介绍和使用过。红酒数据集展示了这些工具可以揭示的信息。平行坐标图和相关性热图都说明酒精含量高则口感评分值高，然而挥发性酸含量高则口感评分值低。在第 5 章和第 7 章中可以看到，预测模型中的一部分工作是研究各种属性对预测的重要性。红酒数据集是一个很好的例子，展示了如何通过探究数据来知晓向哪个方向努力来构建预测模型,以及如何评价此预测模型。下一节将探究多类别分类问题的数据集。

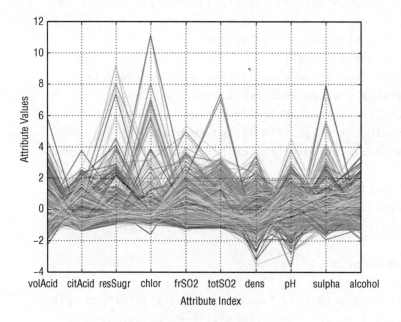

图 2-18　归一化红酒数据的平行坐标图

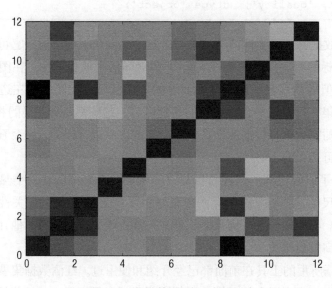

图 2-19　红酒数据的相关性热图

2.6 多类别分类问题：玻璃分类

多类别分类问题与二元分类问题类似，不同之处在于它有几个离散的输出，而不是只有两个离散的输出。回顾探测未爆炸水雷的问题，它的输出只有两种可能性：声呐探测的物体是岩石或者水雷。而红酒口感评分问题根据其化学成分会产生几个可能的输出结果（其口感评分值为 3 分~ 8 分）。但是对于红酒口感评分问题，口感评分值存在有序的关系。打 5 分的红酒要好于打 3 分的，但是要劣于打 8 分的。对于多类别分类问题，输出结果是不存在这种有序关系的。本节描述的玻璃问题提供了一个多类别分类问题的示例。

本节将根据玻璃的化学成分来判断玻璃的类型，目标是确定玻璃的用途。玻璃的用途包括建筑房间用的玻璃、车辆上的玻璃和容器用的玻璃等。确定玻璃的用途类型是为了鉴证。例如在一个车祸或犯罪现场会有玻璃的碎片，确定这些玻璃碎片的用途和来源有助于确定谁是过失方或者谁是罪犯。代码清单 2.16 展示了生成玻璃数据集的统计信息的代码。图 2-20 展示归一化玻璃数据的箱线图，箱线图显示有相当数量的异常点。

代码清单 2.16　玻璃数据集的统计信息（glassSummary.py）

```
__author__ = 'mike_bowles'

glass = pd_read_glass()

print(glass.head())

#generate statistical summaries
summary = glass.describe()
print(summary)
ncol1 = len(glass.columns)


glassNormalized = glass.iloc[:, 1:ncol1]
ncol2 = len(glassNormalized.columns)
summary2 = glassNormalized.describe()

for i in range(ncol2):
    mean = summary2.iloc[1, i]
    sd = summary2.iloc[2, i]
    glassNormalized.iloc[:,i:(i + 1)] = \
        (glassNormalized.iloc[:,i:(i + 1)] - mean) / sd
```

```
array = glassNormalized.values
plt.boxplot(array)
plt.xlabel("Attribute Index")
plt.ylabel(("Quartile Ranges - Normalized "))
plt.show()

Printed Output:
    Id        RI       Na      Mg     Al     Si      K     Ca    Ba   Fe  Type
0    1   1.52101    13.64    4.49   1.10  71.78   0.06   8.75   0.0  0.0    1
1    2   1.51761    13.89    3.60   1.36  72.73   0.48   7.83   0.0  0.0    1
2    3   1.51618    13.53    3.55   1.54  72.99   0.39   7.78   0.0  0.0    1
3    4   1.51766    13.21    3.69   1.29  72.61   0.57   8.22   0.0  0.0    1
4    5   1.51742    13.27    3.62   1.24  73.08   0.55   8.07   0.0  0.0    1
              Id         RI          Na          Mg          Al          Si
count   214.00000  214.00000   214.00000   214.00000   214.00000   214.00000
mean    107.50000    1.51836    13.40785     2.68453     1.44490    72.65093
std      61.92064    0.00303     0.81660     1.44240     0.49927     0.77454
min       1.00000    1.51115    10.73000     0.00000     0.29000    69.81000
25%      54.25000    1.51652    12.90750     2.11500     1.19000    72.28000
50%     107.50000    1.51768    13.30000     3.48000     1.36000    72.79000
75%     160.75000    1.51915    13.82500     3.60000     1.63000    73.08750
max     214.00000    1.53393    17.38000     4.49000     3.50000    75.41000

                 K           Ca          Ba          Fe        Type
count   214.000000   214.000000  214.000000  214.000000  214.000000
mean      0.497056     8.956963    0.175047    0.057009    2.780374
std       0.652192     1.423153    0.497219    0.097439    2.103739
min       0.000000     5.430000    0.000000    0.000000    1.000000
25%       0.122500     8.240000    0.000000    0.000000    1.000000
50%       0.555000     8.600000    0.000000    0.000000    2.000000
75%       0.610000     9.172500    0.000000    0.100000    3.000000
max       6.210000    16.190000    3.150000    0.510000    7.000000
```

玻璃数据属性的箱线图显示存在相当数量的异常点,至少与上述例子相比,异常点数量是比较多的。有几个因素可能会导致玻璃数据集出现异常点。首先,这是一个分类问题,在属性值和类别之间不需要存在任何连续性,也就是说不应期望各种类别之间的属性值是相互接近的。玻璃数据的另外一个比较独特的地方是数据是非平衡的。规模最大的类中有 76 个样本,而规模最小的类中只有 9 个样本。统计的时候,平均值可能是由规模最大的类的属性值决定的，因此不能期望其他的类别也有相似的属性值。采取激进的方法来区分类别可能会达到较好的结果，但也意味着预测模型需要跟踪不同类别之间复杂的边界。在第 3 章中可以了解到，如果给定足够多的数据，那么集成方法可以比惩罚线性回归方法产生更复杂的决策边界。在第 5 章和第 7 章中可以看到在这个数据集中哪种方法可以获得更好的效果。

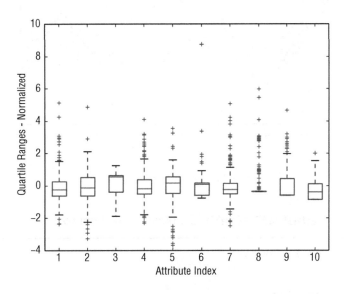

图 2-20　玻璃数据的箱线图

平行坐标图可能对此数据集揭示了更多信息。图 2-21 展示了其平行坐标图。数据根据输出类别用不同的颜色进行标记。有些类别的区分度很好。例如，深蓝色的线聚集度很好，在某些属性上与其他类别的区分度也很好。深蓝的线在某些属性上经常处于数据的边缘，也就是说，它们是这些属性上的异常点。浅蓝的线在某些属性上也与深蓝的线一样，处于边缘地带，数量上要比深蓝的少，但不是所有相同的属性都是如此。中间的棕色的线聚集性也很好，但其取值基本在中心附近。代码清单 2.17 展示了产生玻璃数据的平行坐标图的代码。针对岩石与水雷问题，平行坐标图的线用不同的颜色代表两种目标类别。在回归问题（红酒口感评分、鲍鱼年龄预测）中，标签（目标类别）取实数值，平行坐标图的线取一系列不同的颜色。在多类别分类问题中，每个颜色代表一个类别，共有 6 个类别，即 6 种颜色。标签是 1～7，没有 4。颜色的选择与回归问题中的方式类似——将目标类别（标签）除以其最大值，然后再基于此数值选择颜色。图中的线条选择了 6 种颜色。

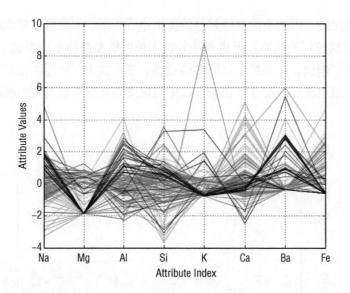

图 2-21 玻璃数据的平行坐标图

代码清单 2.17 玻璃数据的平行坐标图（glassParallelPlot.py）

```
__author__ = 'mike_bowles'

glass = pd_read_glass()

glassNormalized = glass
ncols = len(glassNormalized.columns)
nrows = len(glassNormalized.index)
summary = glassNormalized.describe()
nDataCol = ncols - 1

#normalize except for labels
for i in range(ncols - 1):
    mean = summary.iloc[1, i]
    sd = summary.iloc[2, i]
    glassNormalized.iloc[:,i:(i + 1)] = \
        (glassNormalized.iloc[:,i:(i + 1)] - mean) / sd

#Plot Parallel Coordinate Graph with normalized values
for i in range(nrows):
    #plot rows of data as if they were series data
    dataRow = glassNormalized.iloc[i,1:nDataCol]
```

```
        labelColor = glassNormalized.iloc[i,nDataCol]/7.0
        dataRow.plot(color=plt.cm.RdYlBu(labelColor), alpha=0.5)

plt.xlabel("Attribute Index")
plt.ylabel(("Attribute Values"))
plt.show()
```

图 2-22 展示了玻璃数据的相关性热图。相关性热图显示属性之间绝大多数是弱相关的，说明属性之间绝大多数是相互独立的，这是一件好事情。目标类别没有出现在热图中，因为目标类别只取几个离散值中的一个。不包括目标类别无疑减少了相关性热图所能揭示的信息。

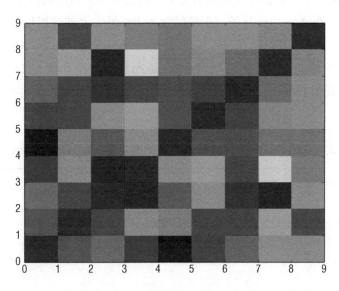

图 2-22　玻璃数据的相关性热图

对玻璃数据的研究揭示了一个有趣的问题。具体来说，箱线图以及平行坐标图暗示如果给定足够多的数据，那么采用集成方法是一个很好的选择。用一系列的属性将一个类别从其他类别中区分出来，显然在类别之间会有复杂的边界。哪种算法会产生最佳的预测性能还有待进一步观察。本章介绍的分析数据的方法已圆满完成了任务。它们可以帮助读者加深对问题的理解，通过各种权衡后可以更好地预判哪种算法可以获得最佳的性能。

2.7　用 PySpark 理解大规模数据集

大规模数据集和小规模数据集的唯一差别是数据集的规模。这为什么是一个问题？数据集可能大到不能完全放入内存中，甚至硬盘都装不下。因此对数据进行探究就十分困难了。这就要 PySpark 出场了。

PySpark 允许读者将本章学到的技术应用到真正的大规模数据集上。所需的代码相当简单。为了完成这个工作，后台做了很多事情，但是对于数据科学家来说，这些都是顺理成章的。

在计算集群上处理大规模数据集是件让人头疼的事情，但是有几种解决办法。云计算供应商，如 Amazon、Google、Microsoft 和 DataBricks 提供服务，可以很容易地将数据上传到云，然后在 Spark 上运行。具体的处理过程因供应商的不同而不同，并且随着技术的进步而改变。一般来说，流程越来越简单。目前描述如何上传数据超出了本书的范围，原因有两个：具体的方法依赖于供应商，而且它们也一直在变化。

在接下来的例子中，读者将看到数据集上传到云后，如何用机器学习算法来处理这些数据。方法是将在 Python 中运行的数据集转换为 PySpark 上的数据集，然后使用 PySpark 的机器学习工具。

代码清单 2.18 展示了如何使用 PySpark 生成与代码清单 2.11、代码清单 2.14 和代码清单 2.16 相同的统计概要。这些计算都是在整个数据集上完成的，即使数据集分布在数台计算机上。

代码清单 2.18　用 PySpark 生成数据集的统计信息（SparkDataFrameProperties.py）

```python
__author__ = 'mike_bowles'

from Read_Fcns import pd_read_abalone
from pyspark.sql import SparkSession
spark = SparkSession.builder.appName("explore").getOrCreate()

import pandas as pd
from pandas import DataFrame

abalone_df = pd_read_abalone()
abalone_sp_df = spark.createDataFrame(abalone_df)
#look at some of the properties of the spark data frame you've just
#created
print('Number of rows = ', abalone_sp_df.count())
print('Number of columns = ', len(abalone_sp_df.columns))
print('Column Names', abalone_sp_df.columns, '\n\n')

#generate sample rows from spark dataframe
abalone_sp_df.show()
```

```
Printed Output:

Number of rows = 4177
Number of columns = 9

Column Names ['Sex', 'Length', 'Diameter', 'Height', 'Whole weight',
'Shucked weight', 'Viscera weight', 'Shell weight', 'Rings']

Printed Output:
+---+------+--------+------+------------+-------------------+
|Sex|Length|Diameter|Height|Whole weight|    Shucked weight|
+---+------+--------+------+------------+-------------------+
|  M| 0.455|   0.365| 0.095|       0.514|             0.2245|
|  M|  0.35|   0.265|  0.09|      0.2255|             0.0995|
|  F|  0.53|    0.42| 0.135|       0.677|             0.2565|
|  M|  0.44|   0.365| 0.125|       0.516|             0.2155|
|  I|  0.33|   0.255|  0.08|       0.205|             0.0895|
|  I| 0.425|     0.3| 0.095|      0.3515|              0.141|
|  F|  0.53|   0.415|  0.15|      0.7775|              0.237|
|  F| 0.545|   0.425| 0.125|       0.768|              0.294|
|  M| 0.475|    0.37| 0.125|      0.5095|             0.2165|
|  F|  0.55|    0.44|  0.15|      0.8945|             0.3145|
|  F| 0.525|    0.38|  0.14|      0.6065|0.19399999999999998|
|  M|  0.43|    0.35|  0.11|       0.406|             0.1675|
|  M|  0.49|    0.38| 0.135|      0.5415|             0.2175|
|  F| 0.535|   0.405| 0.145|      0.6845|             0.2725|
|  F|  0.47|   0.355|   0.1|      0.4755|             0.1675|
|  M|   0.5|     0.4|  0.13|      0.6645|              0.258|
|  I| 0.355|    0.28| 0.085|      0.2905|              0.095|
|  F|  0.44|    0.34|   0.1|       0.451|              0.188|
|  M| 0.365|   0.295|  0.08|      0.2555|0.09699999999999999|
|  M|  0.45|    0.32|   0.1|       0.381|             0.1705|
+---+------+--------+------+------------+-------------------+
only showing top 20 rows and first 6 columns to see the full output
run the jupyter notebook for this chapter.
+-------+----+-------------------+-------------------+
|summary| Sex|             Length|           Diameter|
+-------+----+-------------------+-------------------+
|  count|4177|               4177|               4177|
|   mean|null| 0.5239920995930093| 0.4078812544888676|
| stddev|null|0.12009291256479956|0.09923986613365948|
|    min|   F|              0.075|              0.055|
|    max|   M|              0.815|               0.65|
+-------+----+-------------------+-------------------+
```

```
+------------------+------------------+------------------+---------+
|     Shucked weight|      Viscera weight|       Shell weight|    Rings|
+------------------+------------------+------------------+---------+
|              4177|              4177|              4177|     4177|
|0.35936748862820195|0.18059360785252573|0.23883085946851815|9.93368446|
| 0.2219629490332201|0.10961425025968448|0.13920266952238614|3.22416903|
|             0.001|            5.0E-4|            0.0015|         |
| 1.4880000000000002|              0.76|             1.005|       29|
+------------------+------------------+------------------+---------+
```

代码清单2.18中的计算可以在大数据集上有效地完成,而之前见过的一些工具则做不到。例如,绘制包含数百万个变量的平行坐标图可能过于耗时。总是有效的方法是对数据集进行采样,并取足够少的样本,使结果能够在单个处理器上完成,如代码清单2.19所示。

代码清单2.19　用PySpark对数据集采样(SamplingSparkDataFrame.py)

```
__author__ = 'mike_bowles'

from Read_Fcns import pd_read_abalone
from pyspark.sql import SparkSession
spark = SparkSession.builder.appName("explore").getOrCreate()

import pandas as pd
from pandas import DataFrame

abalone_df = pd_read_abalone()
abalone_sp_df = spark.createDataFrame(abalone_df)

print('Number of rows before sampling = ', abalone_sp_df.count())
abalone_smaller = abalone_sp_df.sample(0.5)
print('Number of rows after sampling = ', abalone_smaller.count())

Printed Output:
Number of rows before sampling = 4177
Number of rows after sampling = 2058
```

任何数据集都可以被采样,样本可以被检测,用来绘制平行坐标图和热图等。随之而来的问题是判断这些样本是否具有代表性。通常取几个样本,读者就能得到答案。

2.8 小结

本章介绍了用于探究新数据集的一些工具，有助于读者了解如何建立预测模型。这些工具从简单地获取数据集的规模开始，包括确定数据集属性和目标的类型等。这些关于数据集的基本情况会对数据集的预处理、预测模型的训练提供帮助。本章还包括一些统计概念，帮助读者加深对数据集的理解。这些概念包括简单的统计信息（均值、方差、分位数）、二阶统计信息（例如属性间的相关性、属性与目标间的相关性）。当目标是二值的时候，计算属性与目标的相关性的方法与目标是实数（回归问题）的时候有所不同。本章也介绍了一些可视化技巧：利用分位数图来显示异常点和利用平行坐标图来显示属性和目标之间的相关性。上述方法和技巧都可以应用到本书后续的内容，用来验证算法以及算法之间的对比。

第 3 章
构建预测模型：平衡性能、复杂度和大数据

本章讨论影响机器学习模型性能的因素，并且给出了针对不同类型的机器学习问题性能的技术定义。比如在电子商务应用方面，好的性能意味着返回正确的搜索结果，或者访问者会经常单击展示的广告网站。对于基因问题，好的性能意味着发现与遗传疾病相关的基因。本章将描述针对不同问题的相关性能指标。

选择并拟合一个预测算法的最终目的是获得尽可能的最佳性能。能够达到的性能涉及3方面的因素：问题的复杂度、预测模型的复杂度以及可获得的数据的规模和丰富程度。

在本章中读者了解到在复杂问题上获得高性能需要复杂的模型，但复杂的模型需要大量丰富的数据集来进行充分的训练。当读者的问题不太复杂或者没有太多可用的数据时，一个不太复杂的模型将是最好的选择。这个过程包括两个方面。首先，需要模型的复杂度易于调整；其次，需要一种方法来评估其性能。本章将通过具体的例子来讨论这两个问题，并且更关注于性能的评估。接下来将更详细地介绍具体的预测模型。

> **注意** 读者还将看到被称为"偏差-方差权衡"的复杂模型和简单模型之间的权衡，简单模型具有高偏差误差，复杂模型具有高方差。

本章将通过可视化的例子来展示问题与模型复杂度之间的关系，并给出设计和开发方面的技术指导。

3.1 基本问题：理解函数逼近

本书涵盖的算法关注一类特定的预测问题。这些预测问题包括两种类型的变量：
（1）要预测的变量（如网站访问者是否会单击一个广告）；
（2）用来进行预测的变量（如网站访问者在人口统计方面的背景信息或网站访问者的历史访问行为）。

这类问题被称作函数逼近问题（function approximation problem），因为目标是构建一个模型，以第二类变量作为输入来预测第一类变量。

在一个函数逼近的问题中，模型设计者一般从带有标签的历史样本集合开始。例如，网络日志文件会记录访问者是否会单击呈现的广告。数据科学家接着要找到可以用于构建

预测模型的其他数据。例如，为了预测网站访问者是否会单击广告，数据科学家可能尝试利用访问者看到广告前浏览过的网页信息。如果用户在网站注册过，那么历史购买数据或网页浏览记录都可以用于预测。

要预测的变量一般有多种名称，如目标、标签和结果。用于预测的输入变量也有多种名称，包括预测因子、回归因子、特征和属性。这些词在下文中会无差别地交替使用，实际场景中也经常不作区分。决定使用哪种属性进行预测称作特征工程（feature engineering）。数据清洗以及特征工程通常占用了数据科学家 80%～90% 的时间。

特征工程一般需要一个由人工参与并迭代的过程来完成特征选择，尝试不同的特征组合，通过实验决定可能最优的特征组合。本书涵盖的算法将为每个属性赋予一个重要度得分。这些得分表明了属性在进行预测时的相对重要性，有助于加速特征工程的过程。

3.1.1 使用训练数据

数据科学家往往是从一个训练集开始进行算法开发的。训练集包括结果样例以及由数据科学家选择的特征组合。训练集包括两类数据：

- 要预测的结果；
- 可用于预测的特征。

表 3-1 给出了一个训练集的样例。最左侧一列为实际结果（网站访问者是否单击了链接）；后三列是预测访问者是否会在将来单击链接的特征。

表 3-1　训练集样例

结果：是否单击链接	特征 1：性别	特征 2：在网站上的花销	特征 3：年龄
是	M	0	25
否	F	250	32
是	F	12	17

预测因子（特征、属性等）可以以矩阵的形式来表示（见公式 3.1），本书的约定符号中，预测因子被称作 X，形式如下：

$$X = \begin{matrix} x_{11} & x_{12} & \cdots & x_{1n} \\ x_{21} & x_{22} & \cdots & x_{2n} \\ \vdots & \vdots & & \vdots \\ x_{m1} & x_{m2} & \cdots & x_{mn} \end{matrix}$$

公式 3.1　预测因子（特征）集合的表示符号

回到表 3-1 中的数据集，x_{11} 对应于 M(性别)，x_{12} 对应于 0.00（在网站上的花销），x_{21} 对应于 F（性别），诸如此类。

有时对于一个特定记录，使用统一的符号来指代所有属性会很方便。比如 x_i（使用单个索引标识）指的是 X 的第 i 行。对于表 3-1 中的数据集，x_2 指的是包含值 F、250、32 的行向量。

严格来讲，X 不是矩阵，因为预测因子的数据类型可能不完全相同。一个正常的矩阵包含的变量应该是相同类型的，但预测因子通常是不同类型的。以预测广告单击为例，预测因子可能包含网站访问者的人口背景数据，如婚姻状态、年收入等。年收入是一个实数值，婚姻状态是一个类别变量。这意味着，婚姻状态不能进行数值运算，如相加或者相乘，并且单身、已婚、离异之间也不存在顺序关系。X 中的同一列的数据类型相同，但是不同列的数据类型可能不同。

类似于婚姻状态、性别或者居住状态这类属性有不同的名称，如因子属性或者类别属性。类似于用数字表示年龄或者收入的属性被称作数值型或者实数型属性。这两类属性之间的区别很重要，因为一些算法可能只能处理其中的一种类型。例如，线性方法（包括本书提到的算法）要求数值型属性。PySpark 算法要求所有特征都是数字的。第 4 章涵盖线性方法，将介绍把类别属性转换为数值属性的方法，以便将线性方法应用到包含类别变量的问题中，读者还将学习使用 PySpark 函数将类别变量转换为数值属性的方法。

X 每一行对应的预测目标值排列起来可以用列向量 Y 来表示，如公式 3.2 所示。

$$Y = \begin{matrix} y_1 \\ y_2 \\ \vdots \\ y_m \end{matrix}$$

公式 3.2 目标向量的表示符号

预测目标 y_i 对应于输入 x_i，即 X 的第 i 行的预测结果。参见表 3-1 中的数据，y_1 对应于"是"，y_2 对应于"否"。

预测目标也可能有多种不同的形式。一种是实数值类型，比如预测消费者的花费。当预测目标是实数值时，这类问题被称作回归问题（regression problem）。线性回归指的是使用线性方法来解决此类回归问题（本书同时涵盖了线性以及非线性的回归方法）。

如果预测目标只包含两个值，如表 3-1 所示，那么对应问题被称作二元分类问题（binary classification problem）。预测用户是否会单击广告是一个二元分类问题。如果预测目标含有多个不同的离散值，那么该问题被称作多类别分类问题（multiclass classification problem）。预测用户会单击多个广告中的哪一个被称作多类别分类问题。

基本问题是找到一个预测函数 pred()，该函数使用属性来预测输出结果，如公式 3.3 所示。

$$y_t \sim pred(x_t)$$

公式 3.3　预测的基本公式

函数 pred() 利用属性 x_i 来预测 y_i。本书将介绍生成 pred() 函数的几种方法。这些算法是跨多个平台的。在本书中，读者将看到用 Python 和 PySpark 如何使用这些算法。如果读者想要用其他语言来实现，那么本书也会帮助读者更好地实现这个目标。

3.1.2　评估预测模型的性能

好的性能意味着利用属性 x_i 生成的预测尽量接近 y_i，这种"接近"对不同问题具有不同的含义。对于回归问题，y_i 是一个实数，性能可以使用均方误差（MSE）或者平均绝对误差（MAE）来度量，如公式 3.4 所示。

$$\text{MSE} = \left(\frac{1}{m}\right)\sum_{i=1}^{m}(y_i - pred(x_i))^2$$

公式 3.4　一个回归问题的性能度量

在回归问题中，预测目标（y_i, x_i）都是实数，所以通过两者的数值差异来描述误差是合理的。MSE 的计算公式 3.4 对误差求平方，然后取平均来生成对误差的整体评价。MAE 是对误差的绝对值取平均（见公式 3.5），不是对误差平方求平均。

$$\text{MAE} = \left(\frac{1}{m}\right)\sum_{i=1}^{m}|y_i - pred(x_i)|$$

公式 3.5　回归性能的另一种度量指标

如果问题是分类问题，那么读者需要使用其他的性能指标。最常用的指标是误分类率，即使用 pred() 函数进行预测产生误差的样本所占的比例。3.3.1 节将介绍如何计算误分类率。

我们主要利用函数 pred() 来进行预测，需要评估其在新样本（未见过的）上的错误程度。算法在新数据（这些数据不能用于训练函数 pred()）上的表现如何？本章将介绍在新数据上进行性能估算的最好方法。

本节介绍了预测问题的基本类型，阐明构建预测模型为何等同于构建将属性（或者特征）映射到输出结果的函数。本章也给出了对预测误差进行评估的方法。以上步骤涉及若干难点，下面将描述这些难点并进行处理，阐述如何在问题及数据受限的情况下得到最佳模型。

3.2　影响算法选择及性能的因素——复杂度及数据

有几个因素影响预测算法的整体性能。这些因素包括问题的复杂度、所用模型的复杂度以及可用的训练数据量。下面将描述这些因素是如何共同影响来预测性能的。

3.2.1　简单问题和复杂问题的比较

3.1 节描述了性能评估的几种方式，强调在新数据上的性能表现更为重要。设计预测模型的目的是在新样本上（如网站新用户）实现准确预测。数据科学家需要对算法性能进行评估，从而对客户有合理的预期，并在多个算法之间进行对比。对模型进行评估的最佳经验是从训练数据集中预留部分数据。这些预留的数据包含标签，因此可以与模型生成的预测结果进行对比。统计学家将这种对比结果称作样本外误差（out-of-sample error），因为计算误差的样本并没有在训练中用到。（3.1.2 节深入讨论该过程的运行机制。）请谨记只有在新样本上计算得到的性能才能算是模型的性能。

影响性能的一个因素是问题的复杂度。图 3-1 展示了一个相对简单的在两个维度上的分类问题。有两组数据点：深色的和浅色的数据点。深色的点是从二维高斯分布中随机抽样获得的，两个维度的中心都是在 (1,0)，都有单位方差。浅色的点也是从高斯分布中抽样获得的，有相同的方差，但是中心在 (0,1)。问题的输入属性对应于图中的两个坐标轴：x_1 以及 x_2。分类任务对应在 (x_1, x_2) 的二维平面上画一些分界线来分离浅色的点以及深色的点。这种情况下最好的解决方案是在图中画一条 45 度线——$x_1=x_2$ 的直线。从概率意义上讲，这是最好的分类器。因为一条直线尽可能地分离了浅色的点以及深色的点，所以线性分类器和非线性分类器一样适用。本书要讲的线性方法将会很好地解决该类问题。

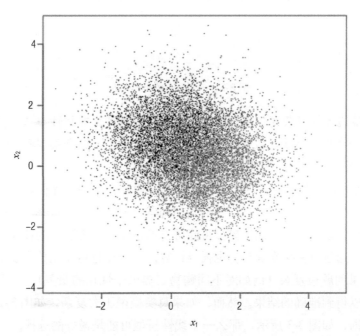

图 3-1　一个简单的分类问题

图 3-2 展示了一个更加复杂的问题。图中的点通过随机抽样来生成。与图 3-1 中的随机抽样不同，图 3-2 中浅色的点来自几个不同的分布，深色的点也来自几个不同的分布，这被称作混合模型（mixture model）。这两个问题的目标是相同的：在 (x_1, x_2) 的平面上画一条边界线来分离浅色的点与深色的点。如图 3-2 所示，很明显一条直线的效果肯定不如一条曲线的效果。第 6 章中提到的集成方法将很好地解决此类问题。

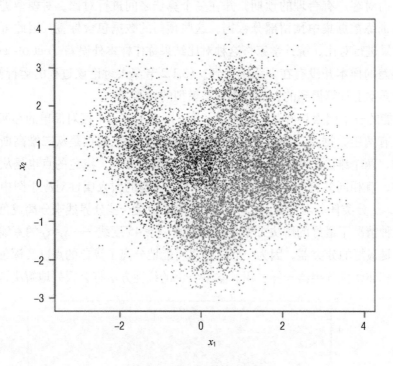

图 3-2　一个复杂的分类问题

然而，决策边界的复杂度并不是决定使用线性方法还是非线性方法以提供更好性能的唯一因素，另一个重要因素是数据集的规模。图 3-3 显示了数据集规模对性能的影响。图 3-3 中的点是从图 3-2 中抽样得到的，抽样比为 1%。

图 3-2 包含充足的数据，可以通过视觉来确定边界，这些边界很好地区分了浅色的点和深色的点。如果没有这么多数据，则不同类别的点就很难在视觉上进行区分。在这种情况下，相比非线性模型，一个线性模型可能可以给出相同或者更好的性能。如果数据少的话，则边界很难通过可视化来确定，也很难计算。本例通过可视化技术展示了拥有大量数据的价值。如果问题很复杂（例如对不同购物者提供个性化的服务），一个拥有大量数据的复杂模型可以得到准确的结果。然而，如果真实模型不太复杂，如图 3-1 所示，或者没有足够多的数据，如图 3-3 所示，那么一个线性模型可能是最好的选择。

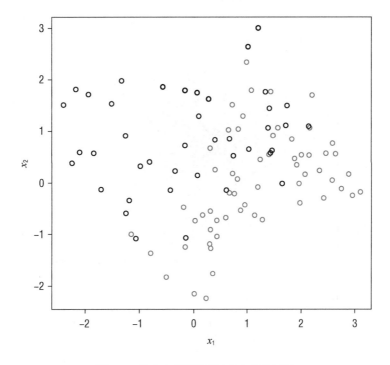

图 3-3　没有太多数据时的复杂分类问题

3.2.2　简单模型和复杂模型的比较

前面通过可视化技术对简单问题和复杂问题进行了比较。本节将描述解决这些问题的不同模型如何工作以及它们之间的差异。直觉上，一个复杂的模型应该适合解决复杂的问题，但是前面的可视化例子表明了在数据有限的情况下，对于复杂的问题，简单的模型可能要好于复杂的模型。

另一个重要概念是现代机器学习算法往往生成模型族，而不只是单个模型。本书提到的每个算法都可以生成数百甚至数千个不同的模型。一般来说，第 6 章中提到的集成方法可以比第 4 章中提到的线性方法产生更复杂的模型，但是两种方法都可以生成不同复杂度的模型（通过第 4 章和第 6 章对线性方法和集成方法的深入讨论，该结论会更加清晰）。

图 3-4 显示了用于拟合 3.2.1 节的简单问题的线性模型。图 3-4 中的线性模型由 Glmnet 算法生成（第 4 章会提到）。拟合这些数据的线性模型粗略地将数据分为两份，图中的分界线如公式 3.6 所示。

$$x_2 = -0.01 + 0.99 x_1$$

公式 3.6　拟合简单问题的线性模型

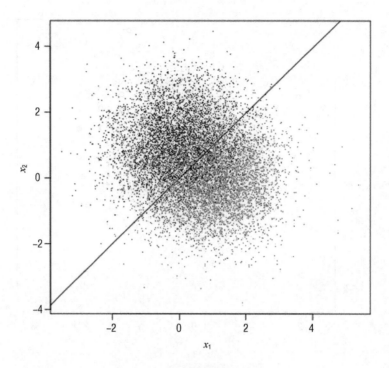

图 3-4 拟合简单数据的线性模型

该分界线非常接近于 $x_2=x_1$ 的分界线，从概率意义上讲，$x_2=x_1$ 也可能是最佳的分界线。该边界从直观视觉角度来看也是合理的。用更复杂的模型来拟合这个简单问题并不能进一步提升性能。

对拥有更复杂的决策边界的复杂问题采用复杂模型将优于采用简单的线性模型。图 3-5 显示了当用线性模型拟合需要非线性决策边界的数据的情景。在这种情况下，线性模型会将浅色的点误分为深色的点，反之亦然。

图 3-6 显示了复杂模型如何更好地处理复杂数据。生成该决策边界的模型是一个包含 1 000 个二元分类决策树的集成模型，该模型是通过梯度提升算法（gradient boosted algorithm）训练得到的（第 6 章将会详细介绍梯度提升决策树算法）。非线性决策边界较好地划分了深色的点较密集的区域和浅色的点较密集的区域。

虽然倾向于得到如下结论，即最好的策略是用复杂模型解决复杂问题、用简单模型解决简单问题，但是读者必须考虑问题的另一个维度。正如在前面提到的，读者必须考虑数据的规模，图 3-7 和图 3-8 显示了从复杂问题抽样 1% 的数据。图 3-7 显示了一个线性模型，图 3-8 显示了一个集成模型。我们统计一下误分类的数据点数，目前数据集中共有 100 个数据点，图 3-7 所示的线性模型误分类了 11 个点，误分类率为 11%。图 3-8 所示的复杂模型误分类了 8 个点，误分类率为 8%。它们的性能基本相当。

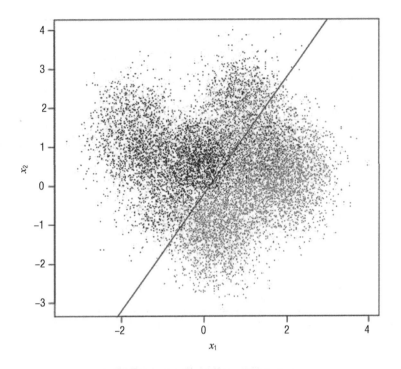

图 3-5　拟合复杂数据的线性模型

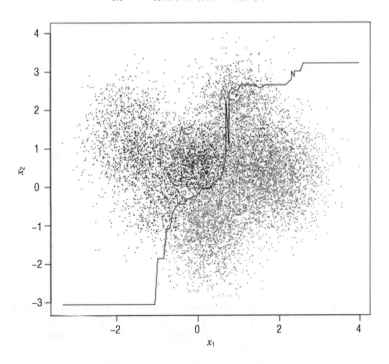

图 3-6　拟合复杂数据的集成模型

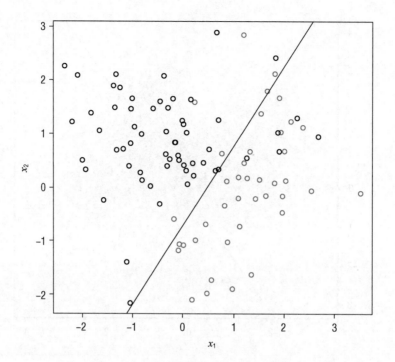

图 3-7 拟合少量复杂数据样本的线性模型

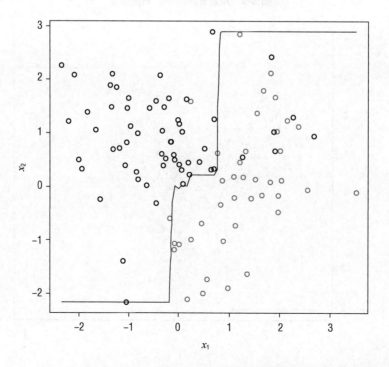

图 3-8 拟合少量复杂数据样本的集成模型

3.2.3 影响预测算法性能的因素

这些结果说明了数据规模的重要性。虽然对于复杂问题进行准确预测需要大量的数据，但是数据规模并不是一个很精确的评价尺度。数据的分布也很重要。

公式 3.1 将数据描绘为一个矩阵，该矩阵有一定的行（高）和一定的列（宽）。矩阵的元素个数是行数与列数的乘积。当数据用于预测时，行数和列数会对预测产生重要的影响。添加一列意味着添加一个新的属性，添加一行意味着添加一条使用当前属性表示的新样本。为了理解添加一个新行和一个新列的不同，可以考虑一个线性模型，该线性模型使用来自公式 3.1 的属性以及来自公式 3.2 的标签。

假设一个模型使用公式 3.7 所示的形式表示。

$$y_i \sim x_i \times \beta$$
$$= x_{i1} \times \beta_1 + x_{i2} \times \beta_2 + \cdots + x_{im} \times \beta_m$$

公式 3.7 属性和输出的线性关系

这里，x_1 是一行属性，β 是要学习的系数（列向量）。添加一列对应于添加一个要学习的新的 β 参数。这种添加的系数也称作自由度（degree of freedom）。增加额外的自由度会使模型变得复杂。前面的例子表明复杂模型需要更多的数据。出于这种考虑，通常考虑行数与列数的比例，即纵横比（aspect ratio）。生物数据集以及自然语言处理数据集一般是包含大量列的数据集，这些数据集虽然有很多样本，但往往也不足以训练好一个复杂的模型。在生物学里，基因数据集很容易会包含 10 000 ~ 50 000 个属性。即使通过数以万计的单个实验（多行的数据），基因数据也不足以训练一个复杂的集成模型。线性模型可以得到相当甚至更好的性能。基因数据很昂贵。一次实验（一行数据）就可能花费 5 000 美元，整个数据集的花费会高达 5 000 万美元。文本相对容易收集和存储，但也可能比基因数据更宽（列数更多）。对于某些自然语言处理问题，属性是词，每一行对应一篇文档。属性矩阵中的每一个元素表示词在文档中出现的次数。列的数目对应于文档的词汇量大小。根据预处理的情况（如移除常见的词，如 a、and 以及 of），最后的词汇量可能会从数千到数万。如果考虑 n-gram，那么文本的属性矩阵会更加庞大。n-gram 是相邻的 2 个、3 个或者 4 个词等（或者这些词足够紧密甚至可以构成短语）。当考虑相邻的 2 个、3 个或者 4 个词时，自然语音处理的属性空间可能会超过百万规模。此时，线性模型相对于复杂的集成方法，可能会得到相当甚至更好的性能。

3.2.4 选择算法：线性或者非线性

刚刚看到的可视化例子说明了使用线性或者非线性模型所做的权衡。对于列数比行数多的数据集或者相对简单的问题，倾向于使用线性模型。对于行数比列数多很多的复杂问题，倾向于使用非线性模型。另一个考虑因素是训练时间。线性方法要比非线性方法的训练时间短（当读完第 4 章以及第 6 章并且实际操作过一些例子时，在选择方法方面就会有更多的经验）。

选择一个非线性模型（如集成方法）需要训练大量不同复杂度的不同模型。例如，在图 3-6 中，生成决策边界的集成模型在训练时大约会生成 1 000 个不同的模型。这些模型有不同的复杂度。一些模型会对如图 3-6 所展示的边界给出粗糙程度近似的边界。之所以选择图 3-6 所示的生成决策边界的集成模型，是因为对应的模型在样本外数据集上的效果最好。以上过程对许多现代的机器学习算法同样适用。3.4.1 节会给出具体的例子。

本节使用的数据集以及分类器结果都可以很好地进行可视化，因此读者能够直观地看到影响预测模型性能的因素。一般使用数值评价指标来度量性能而非依赖于图形化的方式。3.3 节描述基于数值指标的评价方法、使用评价指标要考虑的因素以及如何使用评价指标来评估部署模型的性能。

3.3 评测预测模型的性能

本章介绍了针对预测模型进行性能度量的需要注意的两大方面。第一个方面是对不同的问题使用不同的指标（如对于回归问题使用 MSE，对于分类问题使用误分类率）。在相关文献（以及机器学习竞赛）中，读者也可以看到使用接收者操作特征曲线（ROC 曲线）和曲线下面积(AUC)的评价指标的情况。除了性能评价，这些指标对于性能优化也很重要。

第二个方面是在样本外数据上进行误差估计的技术。样本外数据误差指的是在新数据上的误差。在给定问题复杂度和数据规模的情况下，利用这些技术比较不同的算法，然后选择最佳的模型复杂度是设计实践的一个重要环节。本章后续会对上述过程进行详细讨论，并且该过程会在本书的其余部分广泛运用。

3.3.1 不同类型问题的性能评测

回归问题的性能指标相对比较直观。在回归问题中，真实目标以及预测值都是实数。误差可以很自然地被定义为目标值与预测值的差异。生成误差的统计概要对性能对比以及问题诊断都非常有用。常用的误差统计信息是均方误差(MSE)以及平均绝对误差(MAE)。代码清单 3.1 对比了 MSE、MAE 和均方根误差（也写作 RMSE，即 MSE 的平方根）的计算。

代码清单 3.1　MSE、MAE 以及 RMSE 的对比（regressionErrorMeasures.py）

```
__author__ = 'mike_bowles'
from math import sqrt
```

```
#here are some made-up numbers to start with
target = [1.5, 2.1, 3.3, -4.7, -2.3, 0.75]
prediction = [0.5, 1.5, 2.1, -2.2, 0.1, -0.5]

error = []
for i in range(len(target)):
    error.append(target[i] - prediction[i])

#print the errors
print("Errors ",)
print(error, '\n')

#calculate the squared errors and absolute value of errors
squaredError = []
absError = []
for val in error:
    squaredError.append(val*val)
    absError.append(abs(val))

#print squared errors and absolute value of errors
print("Squared Error")
print(squaredError, '\n')

print("Absolute Value of Error")
print(absError, '\n')

#calculate and print mean squared error MSE
print("MSE = ", sum(squaredError)/len(squaredError))

#calculate and print square root of MSE (RMSE)
print("RMSE = ", sqrt(sum(squaredError)/len(squaredError)))

#calculate and print mean absolute error MAE
print("MAE = ", sum(absError)/len(absError))

#compare MSE to target variance
targetDeviation = []
targetMean = sum(target)/len(target)
for val in target:
    targetDeviation.append((val - targetMean)*(val - targetMean))
```

```
#print the target variance
print("Target Variance = ", sum(targetDeviation)/len(targetDeviation))

#print the target standard deviation (square root of variance)
print("Target Standard Deviation = ", sqrt(sum(targetDeviation)/
                                    len(targetDeviation)))

Printed Output:
Errors
[1.0, 0.6000000000000001, 1.1999999999999997, -2.5, -2.4, 1.25]

Squared Error
[1.0, 0.36000000000000001, 1.4399999999999993, 6.25, 5.76, 1.5625]

Absolute Value of Error
[1.0, 0.6000000000000001, 1.1999999999999997, 2.5, 2.4, 1.25]

MSE = 2.72875
RMSE = 1.651892853668179
MAE = 1.4916666666666665
Target Variance = 7.570347222222222
Target Standard Deviation = 2.7514263977475797
```

本例从一些人工构造的目标值与预测值开始。首先通过简单相减来计算误差；然后计算 MSE、MAE 和 RMSE。注意，MSE 在量级上与 MAE 和 RMSE 都明显不同，这是因为 MSE 是平方级别的。因此，RMSE 一般是一个更可用的指标。代码清单 3.1 最下面是方差（样本值与全体样本均值的差的平方和的均值）和标准差（方差的平方根）的计算。这些量与预测误差指标 MSE 和 RMSE 进行比较非常有意义。举个例子，如果预测误差的 MSE 与目标的方差几乎相等（或者 RMSE 与目标标准差几乎相等），则说明预测算法效果并不好。读者可以通过简单地对目标值求平均来替换预测算法，就能达到几乎一样的效果。代码清单 3.1 中的预测误差的 RMSE 大约是实际目标标准差的一半，这已经是一个相当不错的性能了。

除计算误差的统计量以外，查看误差的分布直方图、长尾分布（使用分位数或者等分边界）以及正态分布程度等，对于分析误差原因以及误差的程度也非常有用。有时这些探索行为会为定位误差原因以及提升潜在性能带来启发。

分类问题需要被区别对待。分类问题的评价方法一般围绕误分类率——错误分类的样本所占的比例展开。举个例子，预测网站访问者是否会单击链接是一个分类问题。分类算法可以给出预测概率,而不是单纯的决策(输出结果只有"单击"或者"不单击")。本书讨论的算法都会输出概率。

下面展示为什么概率是有用的。如果单击或者不单击的预测以概率的方式给出——假设 80% 的情况下会单击(20% 的情况下不单击)——那么数据科学家可以选择 50% 作为一个阈值来决定是否呈现链接。在某些情况下,设置更高或者更低的阈值可能会带来更好的预测结果。

假设问题是欺诈检测(信用卡、自动支票兑现、保险索赔等)。判断是否欺诈需要呼叫中心代表的人工介入交易或中止。不同的决策对应不同的代价:如果中止了交易,就会有电话费以及客户后续响应的代价;如果没有中止交易,就会有潜在被欺诈的代价。如果采取行动的代价相对于不采取行动的代价非常低,此时基于低的阈值来决定采取行动,就会有更多的交易被介入。

但是人工从哪里开始介入交易,要求客户致电信用卡服务中心以继续后续操作?当算法得到此笔交易存在欺诈的概率为 20%、50% 或者 80% 的时候,中止交易?如果设置介入的阈值为 20%,那么人工会更加频繁地介入——从而避免更多的欺诈——但同时也会激怒更多客户,并且增加呼叫中心代表的工作负担。或许将阈值设高(如 80%)来容忍更多的欺诈更好一些。

对于这种情况的一个有用的方法是使用混淆矩阵(confusion matrix)或者列联表(contingency table)来展示可能的输出结果。图 3-9 展示了混淆矩阵的一个简单的例子。列联表中的数表示基于前一自然段所说的阈值做的决定产生的性能值。图 3-9 的列联表是基于特定的阈值对 135 个测试样例进行预测后的结果。因为矩阵使用 2 列代表可能的预测值,使用 2 行表示每个例子的真实值,所以测试集中的每个样本可以被分配到表中 4 个单元中的 1 个。图 3-9 描述的 2 类对应于"单击"以及"不单击",该分类用于选择呈现的广告。2 类也可以对应于"欺诈"以及"非欺诈"(或者其他结果对),这取决于要解决的具体问题。

实际类别	预测类别	
	阳性(单击)	阴性(不单击)
阳性(单击)	真阳性 10	假阴性 7
阴性(不单击)	假阳性 22	真阴性 96

图 3-9 混淆矩阵的示例

左上角的单元格包含预测结果为"单击"并且预测标签与真实类别标签相一致的样例。这些样本称作真阳性，一般简写为 TP。左下角的单元格对应于预测是"阳性（单击）"但是实际答案是"阴性（不单击）"样例。这些样例称作假阳性，一般简写为 FP。矩阵右侧的列包含被预测为"不单击"的样例。右上角样例的正确答案是"单击"，因此被称作假阴性，一般简写为 FN。右下角的样例被预测为"不单击"，与正确答案相一致，被称作真阴性，一般简写为 TN。

如果概率阈值改变那么会发生什么？考虑一种极端情况：如果概率阈值设为 0.0，那么不论模型预测的概率是多少，结果都会被认为是"单击"。所有例子都会挤在左边一列，右边一列只有 0。TP 的数量会变为 17，FP 的数量会变为 118。如果对 FP 没有惩罚，对 TN 没有奖励，那么这种方案还说得过去，但是，如果假设样本都是"单击"的话就不需要预测算法了。类似的，如果对 FN 没有惩罚，对 TP 没有奖励，则阈值可以设为 1.0，这样所有的例子被分类为"不单击"。这些极端的例子有助于理解，但对实际系统用处不大。下面的例子会演示在岩石与水雷数据集上构建分类器的过程。

岩石与水雷数据集提出了建立一个分类器的问题，对应的问题是使用声呐数据来判断海底物体是岩石还是水雷。（如果想全面讨论或者探究数据集，参见第 2 章。）代码清单 3.2 展示了在岩石与水雷数据集上训练简单分类器的 Python 代码，并且预测了分类器的性能。

代码清单 3.2　在岩石与水雷数据集上评估分类器性能（classifierPerformance_RocksVMines.py）

```python
__author__ = 'mike_bowles'

from Read_Fcns import list_read_rvm
import numpy as np
import random
from sklearn import datasets, linear_model
from sklearn.metrics import roc_curve, auc
import matplotlib.pyplot as plt

def confusionMatrix(predicted, actual, threshold):
    if len(predicted) != len(actual): return -1
    tp = 0.0
    fp = 0.0
    tn = 0.0
    fn = 0.0
    for i in range(len(actual)):
        if actual[i] > 0.5: #labels that are 1.0 (positive examples)
            if predicted[i] > threshold:
```

```
                    tp += 1.0 #correctly predicted positive
                else:
                    fn += 1.0 #incorrectly predicted negative
        else:           #labels that are 0.0 (negative examples)
            if predicted[i] < threshold:
                tn += 1.0 #correctly predicted negative
            else:
                fp += 1.0 #incorrectly predicted positive
    rtn = [tp, fn, fp, tn]
    return rtn

#use scikit learn package to perform linear regression
#read in the rocks versus mines data set from uci.edu data repository
xList, labels = list_read_rvm()

#divide attribute and labels into training and test sets (2/3 and 1/3)
indices = range(len(xList))
xListTest = [xList[i] for i in indices if i%3 == 0 ]
xListTrain = [xList[i] for i in indices if i%3 != 0 ]
labelsTest = [labels[i] for i in indices if i%3 == 0]
labelsTrain = [labels[i] for i in indices if i%3 != 0]

#form train and test data arrays
xTrain = np.array(xListTrain); yTrain = np.array(labelsTrain)
xTest = np.array(xListTest); yTest = np.array(labelsTest)

#check shapes to see what they look like
print("Shape of xTrain array", xTrain.shape)
print("Shape of yTrain array", yTrain.shape)
print("Shape of xTest array", xTest.shape)
print("Shape of yTest array", yTest.shape)

#train linear regression model
rocksVMinesModel = linear_model.LinearRegression()
rocksVMinesModel.fit(xTrain,yTrain)

#generate predictions on in-sample error
trainingPredictions = rocksVMinesModel.predict(xTrain)
print("\nSome values predicted by model", trainingPredictions[0:5], \
    trainingPredictions[-6:-1])
```

```python
#generate confusion matrix for predictions on training set (in-sample
confusionMatTrain = confusionMatrix(trainingPredictions, yTrain, 0.5)
#pick threshold value and generate confusion matrix entries
tp = confusionMatTrain[0]; fn = confusionMatTrain[1]
fp = confusionMatTrain[2]; tn = confusionMatTrain[3]

print("\ntp = " + str(tp) + "\tfn = " + str(fn) + "\n" + "fp = " + \
      str(fp) + "\ttn = " + str(tn) + '\n')

#generate predictions on out-of-sample data
testPredictions = rocksVMinesModel.predict(xTest)

#generate confusion matrix from predictions on out-of-sample data
conMatTest = confusionMatrix(testPredictions, yTest, 0.5)

#pick threshold value and generate confusion matrix entries
tp = conMatTest[0]; fn = conMatTest[1]
fp = conMatTest[2]; tn = conMatTest[3]
print("tp = " + str(tp) + "\tfn = " + str(fn) + "\n" + "fp = " + \
      str(fp) + "\ttn = " + str(tn) + '\n')

#generate ROC curve for in-sample

fpr, tpr, thresholds = roc_curve(yTrain,trainingPredictions)
roc_auc = auc(fpr, tpr)
print( 'AUC for in-sample ROC curve: %f' % roc_auc)

#Plot ROC curve
plt.clf()
plt.plot(fpr, tpr, label='ROC curve (area = %0.2f)' % roc_auc)
plt.plot([0, 1], [0, 1], 'k--')
plt.xlim([0.0, 1.0])
plt.ylim([0.0, 1.0])
plt.xlabel('False Positive Rate')
plt.ylabel('True Positive Rate')
plt.title('In sample ROC rocks versus mines')
plt.legend(loc="lower right")
plt.show()

#generate ROC curve for out-of-sample
```

```python
fpr, tpr, thresholds = roc_curve(yTest,testPredictions)
roc_auc = auc(fpr, tpr)
print( 'AUC for out-of-sample ROC curve: %f' % roc_auc)

#Plot ROC curve
plt.clf()
plt.plot(fpr, tpr, label='ROC curve (area = %0.2f)' % roc_auc)
plt.plot([0, 1], [0, 1], 'k--')
plt.xlim([0.0, 1.0])
plt.ylim([0.0, 1.0])
plt.xlabel('False Positive Rate')
plt.ylabel('True Positive Rate')
plt.title('Out-of-sample ROC rocks versus mines')
plt.legend(loc="lower right")
plt.show()__author__ = 'mike-bowles'

from Read_Fcns import list_read_rvm
import numpy as np
import random
from sklearn import datasets, linear_model
from sklearn.metrics import roc_curve, auc
import matplotlib.pyplot as plt

def confusionMatrix(predicted, actual, threshold):
    if len(predicted) != len(actual): return -1
    tp = 0.0
    fp = 0.0
    tn = 0.0
    fn = 0.0
    for i in range(len(actual)):
        if actual[i] > 0.5: #labels that are 1.0 (positive examples)
            if predicted[i] > threshold:
                tp += 1.0 #correctly predicted positive
            else:
                fn += 1.0 #incorrectly predicted negative
        else:              #labels that are 0.0 (negative examples)
            if predicted[i] < threshold:
                tn += 1.0 #correctly predicted negative
            else:
                fp += 1.0 #incorrectly predicted positive
```

```
        rtn = [tp, fn, fp, tn]
        return rtn

#use scikit learn package to perform linear regression
#read in the rocks versus mines data set from uci.edu data repository
xList, labels = list_read_rvm()

#divide attribute and labels into training and test sets (2/3 and 1/3)
indices = range(len(xList))
xListTest = [xList[i] for i in indices if i%3 == 0 ]
xListTrain = [xList[i] for i in indices if i%3 != 0 ]
labelsTest = [labels[i] for i in indices if i%3 == 0]
labelsTrain = [labels[i] for i in indices if i%3 != 0]

#form train and test data arrays
xTrain = np.array(xListTrain); yTrain = np.array(labelsTrain)
xTest = np.array(xListTest); yTest = np.array(labelsTest)

#check shapes to see what they look like
print("Shape of xTrain array", xTrain.shape)
print("Shape of yTrain array", yTrain.shape)
print("Shape of xTest array", xTest.shape)
print("Shape of yTest array", yTest.shape)

#train linear regression model
rocksVMinesModel = linear_model.LinearRegression()
rocksVMinesModel.fit(xTrain,yTrain)

#generate predictions on in-sample error
trainingPredictions = rocksVMinesModel.predict(xTrain)
print("\nSome values predicted by model", trainingPredictions[0:5], \
      trainingPredictions[-6:-1])

#generate confusion matrix for predictions on training set (in-sample
confusionMatTrain = confusionMatrix(trainingPredictions, yTrain, 0.5)
#pick threshold value and generate confusion matrix entries
tp = confusionMatTrain[0]; fn = confusionMatTrain[1]
fp = confusionMatTrain[2]; tn = confusionMatTrain[3]

print("\ntp = " + str(tp) + "\tfn = " + str(fn) + "\n" + "fp = " + \
```

```
        str(fp) + "\ttn = " + str(tn) + '\n')

#generate predictions on out-of-sample data
testPredictions = rocksVMinesModel.predict(xTest)

#generate confusion matrix from predictions on out-of-sample data
conMatTest = confusionMatrix(testPredictions, yTest, 0.5)

#pick threshold value and generate confusion matrix entries
tp = conMatTest[0]; fn = conMatTest[1]
fp = conMatTest[2]; tn = conMatTest[3]
print("tp = " + str(tp) + "\tfn = " + str(fn) + "\n" + "fp = " + \
        str(fp) + "\ttn = " + str(tn) + '\n')

#generate ROC curve for in-sample

fpr, tpr, thresholds = roc_curve(yTrain,trainingPredictions)
roc_auc = auc(fpr, tpr)
print( 'AUC for in-sample ROC curve: %f' % roc_auc)

#Plot ROC curve
plt.clf()
plt.plot(fpr, tpr, label='ROC curve (area = %0.2f)' % roc_auc)
plt.plot([0, 1], [0, 1], 'k--')
plt.xlim([0.0, 1.0])
plt.ylim([0.0, 1.0])
plt.xlabel('False Positive Rate')
plt.ylabel('True Positive Rate')
plt.title('In sample ROC rocks versus mines')
plt.legend(loc="lower right")
plt.show()

#generate ROC curve for out-of-sample
fpr, tpr, thresholds = roc_curve(yTest,testPredictions)
roc_auc = auc(fpr, tpr)
print( 'AUC for out-of-sample ROC curve: %f' % roc_auc)

#Plot ROC curve
plt.clf()
```

```
plt.plot(fpr, tpr, label='ROC curve (area = %0.2f)' % roc_auc)
plt.plot([0, 1], [0, 1], 'k--')
plt.xlim([0.0, 1.0])
plt.ylim([0.0, 1.0])
plt.xlabel('False Positive Rate')
plt.ylabel('True Positive Rate')
plt.title('Out-of-sample ROC rocks versus mines')
plt.legend(loc="lower right")
plt.show()

Printed Output:

Shape of xTrain array (138, 60)
Shape of yTrain array (138,)
Shape of xTest array (70, 60)
Shape of yTest array (70,)

Some values predicted by model [-0.10240253  0.42090698  0.38593034
  0.36094537  0.31520494] [1.11094176  1.12242751  0.77626699  1.02016858
  0.66338081]

tp = 68.0  fn = 6.0
fp = 7.0   tn = 57.0

tp = 28.0  fn = 9.0
fp = 9.0   tn = 24.0

AUC for in-sample ROC curve: 0.979519
```

代码的第一部分将 Irvine 数据集读入并将其解析为包含标签与属性的记录。下一步将数据划分为两个子集：测试集包含 1/3 的数据，训练集包含剩下 2/3 的数据。标注为"test"的数据集不能用于训练分类器，但会被保留用于评估训练得到的分类器性能。这一步用来模拟分类器在新数据样本上的行为。3.4 节将会讨论各种不同的用于预留数据的方法，并在新数据集上对性能进行评估。

分类器的训练方法是，将标签 M（代表水雷）和标签 R（代表岩石）转换为两个数值（1.0 对应水雷，0.0 对应岩石），然后使用最小二乘法线性回归来拟合一个线性模型。上面的方法理解、实现起来都非常简单，性能也接近于后续讨论的更加复杂的算法。代码清单 3.2 中的程序应用 scikit-learn 中的线性回归包来训练普通的最小二乘法模型。训练的模型用于在训练集和测试集上生成预测。

代码会输出某些代表性预测值。线性回归模型产生的预测值大部分集中在 0.0 ~ 1.0，然而也并非全部。这些预测不只是概率。它们可以通过与阈值比较来预测分类标签。函数 confusionMatrix() 生成了混淆矩阵，类似于图 3-9。该函数以预测值、对应的实际值（标签）以及一个阈值作为输入。函数通过将预测值与阈值进行比较，来决定为每个样例赋"正值"（预测为阳性）或者"负值"（预测为阴性），预测值对应于混淆矩阵中的列。函数根据实际值将样例放到混淆矩阵的对应行中。

每个阈值对应的误差率可以从混淆矩阵中计算得到。总的误差数为 FP 与 FN 的和。样例代码分别在训练集和测试集上计算混淆矩阵，并且输出。在训练集上误分类率为 8%，在测试集上误分类率为 26%。一般来讲，测试集上的性能要差于训练集上的性能。在测试集上的结果更能代表期望的误差率。

当阈值改变时，误分类率也会改变。表 3-2 显示了随着阈值的改变，误分类率是如何改变的。表中数字是基于测试集计算得到的。本书中后续的所有性能描述都是基于测试集的结果。如果误差基于训练集，则会有提示"警告：这些是训练集上的误差"。如果目标是最小化分类错误，则最佳的阈值为 0.25。

表 3-2   误分类率对决策阈值的依赖

决策阈值	误分类率
0.0	28.6%
0.25	24.3%
0.5	25.7%
0.75	30.0%
1.0	38.6%

最佳阈值应该是能够最小化误分类率的值。然而，不同类的错误对应的代价可能是不同的。举个例子，对于岩石与水雷预测问题，如果将岩石预测为水雷，那么可能要花费 100 美元请潜水员下水确认一下；如果将水雷预测为岩石，那么未探明的水雷不被移除的话可能会导致 1 000 美元的人身财产损失。一个 FP 的样本代价为 100 美元，一个 FN 的样本代价为 1 000 美元。有了这样的假设，表 3-3 给出了不同阈值生成的误差代价。将水雷误分为岩石（不对其进行处理可能会威胁到健康安全）的高代价会使最优决策阈值趋向于 0。这意味着会产生更多 FN，因为 FN 的代价不高。完整的分析可能包含移除水雷的代价和随着移除带来的 1 000 美元的收益。如果已经知道这些数值（或者接近于合理的近似），那么它们理应在计算阈值时被考虑到。

表 3-3　　　　　　　　　　　　不同决策阈值的误差代价

决策阈值	假阴性的代价	假阳性的代价	总代价
0.0	1 000	1 900	2 900
0.25	3 000	1 400	4 400
0.5	9 000	900	9 900
0.75	18 000	300	9 900
1.00	26 000	100	26 100

注意到总的 FP 与 FN 的相对代价取决于数据集中正例与负例的比例。岩石与水雷数据集有相同数量的正例与负例（岩石和水雷）。这些都是实验里的常用假设。实际遇到的正例数和负例数可能完全不同。在系统实际部署的场景下，如果正负例数目不同的话，那么读者可能要基于实际比例做一些调整。

数据科学家可能并没有误分类产生的代价，除了使用基于决策阈值的误分类率来刻画性能外，还可以使用其他方法来刻画分类器的整体性能。一种常见的指标称作接收者操作特征（receiver operating characteristic，ROC）曲线。

ROC 从其初始应用中继承了对应的名字——通过处理雷达信号来判断是否有敌机出现。ROC 曲线使用一个图来展示不同的列联表，其绘制的是真阳性率（true positive rate，TPR）随假阳性率（false positive rate，FPR）变化的情况。TPR 代表被正确分类的正样本的比例，如公式 3.8 所示。FPR 是 FP 相对于实际的负样本的比例，如公式 3.9 所示。从列联表中的元素来看，如下面的公式所示计算这些值。

$$TPR = \frac{TP}{TP + FN}$$

公式 3.8　真阳性率

$$FPR = \frac{FP}{TN + FP}$$

公式 3.9　假阳性率

做一个简单的思想实验。如果决策阈值使用非常小的值，那么每个例子都会被预测为正例。此时，TPR=1.0。因为每个样例都被分类为正例，所以没有假阴例（FN=0.0）；FPR=1.0，因为没有例子被分类为负例（TN=0.0）。然而，当决策阈值设得很高时，TP=0，于是 TPR=0，FP=0，因为没有样例被分类为正例。因此，FPR=0。生成图 3-10 和图 3-11 中的图使用了 pylab 的 roc_curve() 和 auc() 函数。图 3-10 展示了训练集上的 ROC 性能曲线，

图 3-11 展示了测试集上的 ROC 性能曲线。

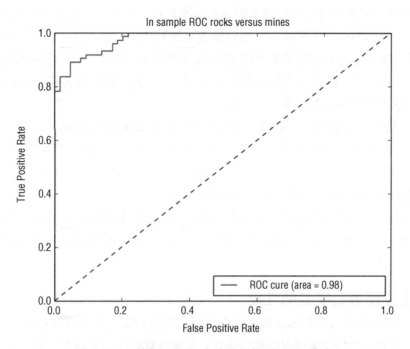

图 3-10　训练集上的岩石与水雷分类器的 ROC 曲线

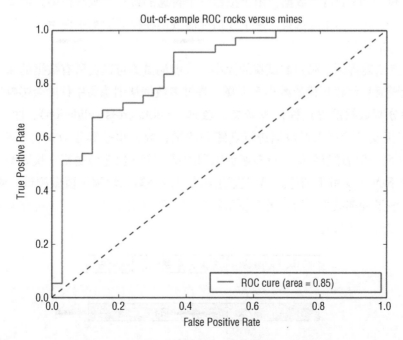

图 3-11　测试集上的岩石与水雷分类器的 ROC 曲线

如果分类器（针对岩石与水雷问题）为随机分类，则 ROC 曲线为一条从左下角到右上角的对角线。这条对角线一般画在图里作为参见点。对于一个完美的分类器，ROC 曲线应该是直接从 (0,0) 上升到 (0,1)，然后横着连到 (1,1) 的直线。显然，图 3-10（在训练集上的结果）要比图 3-11（测试集上的结果）更接近于完美答案。分类器越接近于左上角，效果越好。如果 ROC 曲线掉到对角线的下边，这一般表示数据科学家有可能把预测符号弄反了，那么此时应该认真检查一下代码。

图 3-10 和图 3-11 都展示了曲线下面积值（Area Under the Curve，AUC）。顾名思义，AUC 指的是 ROC 曲线下的面积。一个完美分类器的 AUC 为 1.0，随机猜测的分类器对应的 AUC 为 0.5。图 3-10 和图 3-11 的 AUC 证明基于训练集进行误差估计往往会高估性能。训练集上的 AUC 为 0.98，测试集上的 AUC 为 0.85。

一些用于评估二元分类问题性能的方法也同样适用于多类别分类问题。错误分类误差仍然是有意义的，混淆矩阵也同样可以使用。有许多将 ROC 曲线和 AUC 指标推广到多类别分类的工作中。

3.3.2 模拟部署后模型的性能

3.3.1 节的示例展示了在部署预测模型之后，需要对训练集中没有被包含的数据进行性能测试，以获得预期性能的有价值的估计。示例将数据切分为两个子集。第 1 个子集称作训练集，包含 2/3 的可用数据，用于拟合一个普通的最小二乘法模型。第 2 个子集包含剩下的 1/3 的数据，称作测试集，用于评估性能（不在模型训练中使用）。对于机器学习，以上步骤是标准流程。

目前没有明确规则来确定测试集的大小，一般测试集可以占所有数据的 25% ～ 35%。模型的性能随着训练集规模的减小而下降，将过多数据从训练集中移除会影响性能。

另一种分割数据的方法称作 N 折交叉验证（n-fold cross-validation）。图 3-12 展示了如何基于 N 折交叉验证来对数据进行训练和测试。数据集被等分为 N 份不相交的子集。图中的 N 为 5。然后通过数据进行多遍训练和测试。第一次遍历是第一块数据，被预留用于测试，剩下 N–1 块用于训练。第二次遍历的时候是第二块被预留做测试，剩下 N–1 块用于训练。该过程继续直到所有的数据都被预留一遍（对于图 3-12，5 折交叉验证的样例中，数据会被遍历 5 次）。

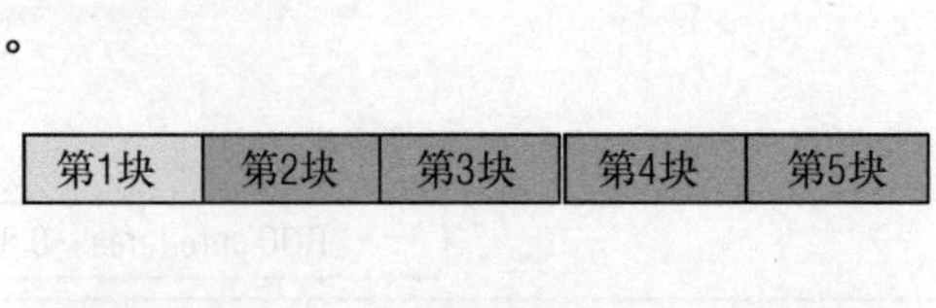

| 第1块 | 第2块 | 第3块 | 第4块 | 第5块 |

| 第1块 | 第2块 | 第3块 | 第4块 | 第5块 |

图 3-12　5 折交叉验证

N 折交叉验证可以产生对预测误差的估计：通过在多份样本上估计误差来估计误差的边界。N 折交叉验证可以使用更多的训练数据，从而产生较低的泛化错误，达到更好的预测性能。举个例子，如果选择 10 折交叉验证，那么每次训练需要留出 10% 的数据进行测试。N 折交叉验证以更多的训练时间作为代价。保留一个固定的集合作为测试集有更快的训练速度，因为它只需要扫描一遍训练数据。当使用 N 折交叉验证的训练时间不可忍受时，使用预留的测试集是一个更好的选择，而且如果训练数据很多的话，那么留出一些数据不会对模型性能造成太大影响。

另一件值得注意的事是测试样本应该能代表整个数据集。3.3 节示例使用的抽样样本不完全是随机样本。它是每隔 3 个样本选 1 个作为测试样本。类似上面的方法，均匀采样一般足够用了。然而读者必须避免给训练集和测试集引入偏差的采样过程。举一个例子，如果给读者一类数据，该数据每天取样一次，数据按照采样日期排列，那么应该避免 7 折交叉验证，即不要使用每隔 7 个点抽样一个点的方法。

如果研究现象有特殊的统计特征，那么可能要更加小心控制抽样过程。此时需要注意在测试样本中保留统计特征。这类例子包括对稀疏事件（如欺诈或者广告单击）进行预测。要建模的事件出现频率非常少，随机抽样可能导致有太多或者太少的样本出现在测试集中，同时导致对性能的错误估计。分层抽样将数据切分为不同的子集，分别在子集中进行抽样然后组合。如果类别标签对应罕见事件，那么读者可能需要分别从欺诈样本和合法样本中抽样，然后组成测试集来匹配训练集。更重要的是，这样得到的数据是模型最终要运行的。

模型经过训练和测试，好的实践经验是将训练集和测试集再合并为一个更大的集合，重新在该集合上训练模型。样本外测试已经可以给出预测误差的期望结果。这是要预留一部分数据的目的。如果能在更多数据上进行训练，那么模型效果会更好，泛化能力也更好。真正要部署的模型应该在所有的数据上进行训练。

本节将提供一些工具来量化模型的预测性能。针对模型以及问题的复杂度，3.4 节将展示如何使用数值比较来替换直观的可视化比较。这种替换使模型的选择过程变得规范。

3.4 模型与数据的均衡

本节使用普通最小二乘（OLS）回归来说明几个问题。首先，OLS 为什么有时会对问题过拟合。过拟合指的是在训练数据和测试数据上的误差存在显著差异，如前面读者看到的 OLS 用于解决岩石与水雷的分类问题。其次，该示例引入两种方法来解决 OLS 的过拟合问题。这些方法会培养读者的直觉，为第 4 章提到的惩罚线性回归方法做铺垫。此外，克服过拟合问题的方法在许多现代机器学习算法中都会用到。现代算法往往会产生大量不同复杂度的模型，然后基于样本外数据的性能来权衡模型复杂度、问题复杂度以及数据集丰富程度，最终决定部署哪个模型。该过程会在本书后续内容中重复使用。

普通的最小二乘回归作为一个原型方法很好地展示了机器学习算法的方方面面。它是一个监督学习算法，包括训练过程以及测试过程。在某些情况下可能会过拟合。最小二乘法与其他现代的函数逼近算法存在一些共性。然而，相比现代机器学习算法，OLS 缺乏一个重要特征。在原始的公式中（我们最熟悉的公式），如果发生过拟合，则没有办法阻止学习过程。这就像让汽车全速运行（当道路宽敞时很好，当紧急情况时就会有问题）。幸运的是，自最小二乘法在二百多年以前被高斯和勒让德发明以来，已有大量的工作都在改进最小二乘法。本节引入的两种常用的方法可以用来解决普通最小二乘法的瓶颈问题：一种称为前向逐步回归（forward stepwise regression），另一种称为岭回归（ridge regression）。

3.4.1 通过权衡问题复杂度、模型复杂度和数据集规模来选择模型

下面的一些示例会展示如何对现代机器学习算法进行调整，从而更好地拟合问题和数据集。第一个示例是对称为前向逐步回归（forward stepwise regression）最小二乘法进行修改。具体工作过程如下，公式 3.1 以及公式 3.2 定义要解决的问题（对应这里的公式 3.10 以及公式 3.11），向量 Y 包含标签，矩阵 X 包含可以用于预测标签的属性。

$$Y = \begin{matrix} y_1 \\ y_2 \\ \vdots \\ y_m \end{matrix}$$

公式 3.10 数值标签向量

$$X = \begin{matrix} x_{11} & x_{12} & \cdots & x_{1n} \\ x_{21} & x_{22} & \cdots & x_{2n} \\ \vdots & \vdots & & \vdots \\ x_{m1} & x_{m2} & \cdots & x_{mn} \end{matrix}$$

公式 3.11 数值属性矩阵

如果这是一个回归问题，那么 Y 是包含实数的列向量，线性问题是找到一个权重列向量 β 以及一个标量 0，如公式 3.12 所示。

目的是选择 β 以更好地逼近 Y，如公式 3.13 所示。

$$\boldsymbol{\beta} = \begin{matrix} \beta_1 \\ \beta_2 \\ \vdots \\ \beta_m \end{matrix}$$

公式 3.12　线性模型的系数向量

如果 $\boldsymbol{X}$ 的列数等于 $\boldsymbol{X}$ 的行数，并且 $\boldsymbol{X}$ 的列之间是相互独立的（不存在相互之间的线性关系），那么 $\boldsymbol{X}$ 可以求逆，符号"~"可以替换为"="。系数向量 $\boldsymbol{\beta}$ 可以使线性模型精确地拟合标签。这看起来太美好而不可能发生。其中的一个问题是出现了过拟合（过拟合指的是在训练数据上预测效果很好，但在新数据上不能复制这个结果）。对于真实问题，这并不是一个好的结果。过拟合的根源在于 $\boldsymbol{X}$ 中有太多的列。解决的方法可能是去掉 $\boldsymbol{X}$ 中的部分列。然而去掉这些列的问题又转化为去掉多少列以及去掉哪几列的问题。蛮力搜索的方法也称作最佳子集选择（best subset selection）。

$$Y \sim X\boldsymbol{\beta} + \begin{matrix} \beta_0 \\ \beta_0 \\ \vdots \\ \beta_0 \end{matrix}$$

公式 3.13　通过属性的线性函数来逼近标签

3.4.2　使用前向逐步回归来控制过拟合

下面的代码简要勾勒了最佳子集选择算法的过程。基本思想是在列的个数上增加一个约束（假设为 nCol），然后从 $\boldsymbol{X}$ 的所有列中抽取特定个数的列构成数据集，对其执行普通最小二乘回归，并且遍历所有列的组合（列数为 nCol），找到在测试集上取得最佳效果的 nCol 值；增加 nCol 值，重复上述过程。以上过程产生最佳的一列子集、两列子集一直到整体矩阵 $\boldsymbol{X}$（含有所有列的子集）。每个子集都有一个性能值与之对应。下一步是决定在部署时使用一列子集的版本、两列子集的版本还是其他的版本。这就可以，直接选择误差最低的版本。

```
Initialize: Out_of_sample_error = NULL
Break X and Y into test and training sets
for i in range(number of columns in X):
    for each subset of X having i+1 columns:
        fit ordinary least squares model
```

```
    Out_of_sample_error.append(least error amoung subsets containing
        i+1 columns)
Pick the subset corresponding to least overall error
```

最佳子集选择算法存在的一个问题是该算法需要大量的计算，即使是中等规模的属性（属性数对应 X 的列数），计算量也是非常大的。例如，10 个属性就对应 2^{10}（1 000）个子集。有几种方法可以避免这种情况。下面的代码展示了前向逐步回归的过程。前向逐步回归的思想是从 1 列子集开始，得到最佳的那一列属性，然后找到最佳的第 2 列属性与之组合，而不是评估所有可能的 2 列子集。前向逐步回归的伪代码如下：

```
Initialize: ColumnList = NULL
Out-of-sample-error = NULL
Break X and Y into test and training sets
For number of column in X:
  For each trialColumn (column not in ColumnList):
    Build submatrix of X using ColumnList + trialColumn
    Train OLS on submatrix and store RSS Error on test data
    ColumnList.append(trialColumn that minimizes RSS Error)
    Out-of-sample-error.append(minimum RSS Error)
```

最佳子集选择和前向逐步回归过程基本类似，都是训练一系列的模型（某些模型是利用 1 列属性，某些模型是利用 2 列属性，诸如此类）。这种方法产生了参数化的模型族（以列数作为参数的所有线性回归模型）。这些模型在复杂度上存在差异，最后的模型通过在预留样本上计算误差进行选择。

代码清单 3.3 展示了在红酒数据集上实现的前向逐步回归的 Python 代码。

代码清单 3.3　前向逐步回归：红酒数据集（fwdStepwiseWine.py）

```python
__author__ = 'mike_bowles'

from Read_Fcns import list_read_wine
import numpy as np
from sklearn import datasets, linear_model
from math import sqrt
import matplotlib.pyplot as plt

def xattrSelect(x, idxSet):
    #takes X matrix and return subset containing columns in idxSet
    xOut = []
```

```
        for row in x:
            xOut.append([row[i] for i in idxSet])
        return(xOut)

#read data into iterable
names, xList,labels = list_read_wine()

#divide attributes and labels into training and test sets
indices = range(len(xList))
xListTest = [xList[i] for i in indices if i%3 == 0 ]
xListTrain = [xList[i] for i in indices if i%3 != 0 ]
labelsTest = [labels[i] for i in indices if i%3 == 0]
labelsTrain = [labels[i] for i in indices if i%3 != 0]

#build list of attributes one-at-a-time - starting with empty
attributeList = []
index = range(len(xList[1]))
indexSet = set(index)
indexSeq = []
oosError = []
for i in index:
    attSet = set(attributeList)
    #attributes not in list already
    attTrySet = indexSet - attSet
    #form into list
    attTry = [ii for ii in attTrySet]
    errorList = []
    attTemp = []
    #try each attribute not in set to see which one gives least oos error
    for iTry in attTry:
        attTemp = [] + attributeList
        attTemp.append(iTry)

        #use attTemp to form training and testing sub matrices
        xTrainTemp = xattrSelect(xListTrain, attTemp)
        xTestTemp = xattrSelect(xListTest, attTemp)

        #form into numpy arrays
        xTrain = np.array(xTrainTemp); yTrain = np.array(labelsTrain)
```

```
                xTest = np.array(xTestTemp); yTest = np.array(labelsTest)

                #use sci-kit learn linear regression
                wineQModel = linear_model.LinearRegression()
                wineQModel.fit(xTrain,yTrain)

                #use trained model to generate prediction and calculate rmsError
                rmsError = np.linalg.norm((yTest-wineQModel.predict(xTest)), 2)\
                /sqrt(len(yTest))
                errorList.append(rmsError)
                attTemp = []

        iBest = np.argmin(errorList)
        attributeList.append(attTry[iBest])
        oosError.append(errorList[iBest])

print("Out of sample error versus attribute set size" )
print(oosError)
print("\n" + "Best attribute indices")
print(attributeList)
namesList = [names[i] for i in attributeList]
print("\n" + "Best attribute names")
print(namesList)

#Plot error versus number of attributes
x = range(len(oosError))
plt.plot(x, oosError, 'k')
plt.xlabel('Number of Attributes')
plt.ylabel('Error (RMS)')
plt.show()

#Plot histogram of out of sample errors for best number of attributes
#Identify index corresponding to min value,
#retrain with the corresponding attributes
#Use resulting model to predict against out of sample data.
indexBest = oosError.index(min(oosError))
attributesBest = attributeList[1:(indexBest+1)]

#Define column-wise subsets of xListTrain and xListTest convert to numpy
xTrainTemp = xattrSelect(xListTrain, attributesBest)
```

```
xTestTemp = xattrSelect(xListTest, attributesBest)
xTrain = np.array(xTrainTemp); xTest = np.array(xTestTemp)

#train and plot error histogram
wineQModel = linear_model.LinearRegression()
wineQModel.fit(xTrain,yTrain)
errorVector = yTest-wineQModel.predict(xTest)
plt.hist(errorVector)
plt.xlabel("Bin Boundaries")
plt.ylabel("Counts")
plt.show()

#scatter plot of actual versus predicted
plt.scatter(wineQModel.predict(xTest), yTest, s=100, alpha=0.10)
plt.xlabel('Predicted Taste Score')
plt.ylabel('Actual Taste Score')
plt.show()
```

代码清单 3.3 包含一个函数用于从 X 矩阵中抽取选择的列（对应于 Python 的列表的形式，该列表每个的元素也是一个列表）。然后该函数将 X 矩阵与标签向量划分为训练集和测试集。之后，代码完成前面描述的算法。对算法的一次遍历首先从属性的一个子集开始。第一次遍历的时候，该子集为空。对于后续的遍历，该子集包含上一次遍历选择的属性。每一次遍历都会选择一个新的属性添加到属性子集中。待添加的属性是通过对每一个未包含的属性进行测试的：选择添加属性以后性能提高最多的属性。每个属性加入属性子集以后，都使用普通的最小二乘法来拟合模型。通过在预留样本上评估模型性能来对每一个属性进行测试。将产生最佳和均方根（root sum of square，RSS）误差的属性加入属性集，也会计算关联的 RSS 误差。

图 3-13 绘制了 RMSE 与用于回归的属性个数之间的函数关系。在 9 个属性全部包含进来以前，误差一直在降低，之后略有些增加。

代码清单 3.4 展示了前向逐步回归应用于红酒口感预测的数值输出。

代码清单 3.4　前向逐步回归的输出

```
Printed Output:

Out of sample error versus attribute set size
[0.7234259255116278, 0.68609931528371 96, 0.6734365033420278,
```

```
0.6677033213897796, 0.6622558568522271, 0.6590004754154625,
0.6572717206143076, 0.65709058062077, 0.6569993096446137,
0.657581894004 3473, 0.657390986901134]

Best attribute indices
[10, 1, 9, 4, 6, 8, 5, 3, 2, 7, 0]

Best attribute names
alcohol, volatile acidity, sulphates, chlorides, total sulfur dioxide,
pH,
free sulfur dioxide, residual sugar, citric acid, density, fixed acidity
```

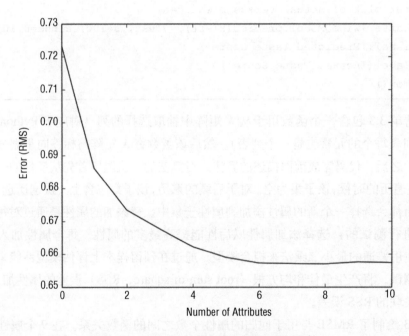

图 3-13　用前向逐步回归预测红酒品质的误差

第一个列表（Python 的列表对象）展示了 RSS 误差。误差一直下降直到将第 10 个元素加入列表，然后误差上升。关联的列索引在下一个列表中给出。最后的列表给出了关联属性的名称（列名）。

3.4.3　评估并理解预测模型

其他几个图对于理解一个训练好的算法的性能非常有帮助，这些图指出了性能提升的途径。图 3-14 展示了测试集上每个点的实际的标签与预测标签的散点图。理想情况下，

图 3-14 中的所有点分布在 45 度的直线上——这条线上的实际的标签与预测的标签是相等的。因为实际的得分是整数，所以散点图分布在水平方向上。如果实际的标签分布在少量的数值上，那么将每个数据点绘制成半透明状会很有用，一个区域的颜色深度就能反映点的聚集程度。对得分在 5 和 6 上的实际红酒口感预测结果非常好，但对更极端的值，实际红酒口感预测结果不好。一般来讲，机器学习算法对边缘数据的预测结果并不好。

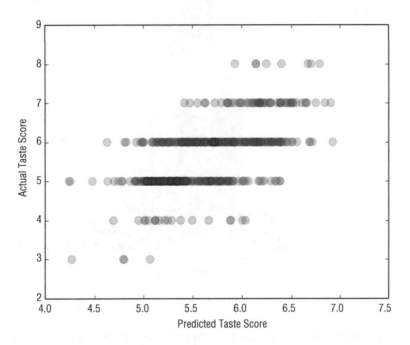

图 3-14　用前向逐步回归预测的口感评分与实际口感评分的对比图

图 3-15 展示了前向步进预测算法对红酒口感预测的误差直方图。有时误差直方图会有两个甚至多个离散的波峰，可能在最右边或者最左边有一个小的波峰。在这种情况下，读者可以继续寻找误差中不同波峰的原因，通过添加能够辨识归类的新属性来降低预测误差。

针对这个输出结果要记住以下几点。首先，我们重新回顾一下整个过程。该过程是指训练一组模型（本例中，模型对应于基于 X 的列子集的普通线性回归）。对这一系列模型进行了参数化（本例中，通过线性模型中的属性个数进行区分），最终选择的要部署的模型在样本外的误差最小。解决方案中引入的属性个数称作复杂度参数。复杂度更高的模型会有更多自由参数，相对于低复杂度的模型更容易对数据产生过拟合。

另外要注意，属性已经根据其对预测的重要性进行了排序。在包含列编号的列表以及属性名的列表中，第一项是第一个选择的属性，第二项是第二个选择的属性，以此类推。

将用到的属性按照顺序排列出来，这是机器学习技术中一个很重要而且非常必要的特征。机器学习任务的早期阶段需要寻找（或者构建）用于预测的最佳属性集。基于重要性的属性排序技术对于上述任务非常有帮助。本书中介绍的其他算法也具备此特点。

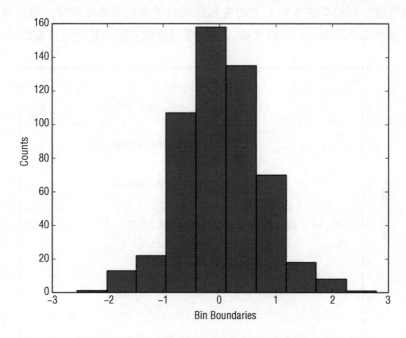

图 3-15 用前向逐步回归预测红酒口感的误差直方图

最后一点是从机器学习技术生成的系列中选择模型。模型越复杂，泛化能力越差。同等情况下，倾向于不太复杂的模型。前面的例子表明从第 9 个模型到第 10 个模型性能几乎没有下降（只在第 4 位有效数字上有变化）。最好的经验是，如果属性添加后带来的性能提升只达到小数点后第 4 位，那么保守起见，可以将这样的属性移除掉。

3.4.4　通过惩罚回归系数来控制过拟合——岭回归

本章描述了另外一种通过修改最小二乘回归来控制模型复杂度从而避免过拟合的方法。这也是第一次对惩罚线性回归方法进行介绍，第 4 章会做更详细的介绍。

普通最小二乘回归的目标是找到能够满足公式 3.14 的标量 β_0 以及向量 $\boldsymbol{\beta}$。

$$\beta_0^*, \boldsymbol{\beta}^* = argmin_{\beta_0, \boldsymbol{\beta}} \left(\frac{1}{m} \sum_{i=1}^{m} (y_i - (\beta_0 + x_i \boldsymbol{\beta}))^2 \right)$$

公式 3.14　OLS 最小化问题

符号 argmin 指的是"能够最小化表达式的 β_0 以及 $\boldsymbol{\beta}$"。结果系数 β_0^* 以及 $\boldsymbol{\beta}^*$ 是最小二

乘回归的解。最佳子集回归以及前向逐步回归通过限制使用的属性个数来控制普通线性回归的复杂度。这相当于施加约束使向量 $\boldsymbol{\beta}$ 中某些项等于 0。另外一种方法称作惩罚系数回归（coefficient penalized regression）。惩罚系数回归是使全体系数变小，而不是将其中一些系数设为 0。一个版本的惩罚线性回归被称作岭回归（ridge regression）。公式 3.15 是岭回归的问题定义。

$$\beta_0^*, \boldsymbol{\beta}^* = argmin_{\beta_0, \beta}\left(\frac{1}{m}\sum_{i=1}^{m}(y_i - (\beta_0 + x_i\boldsymbol{\beta}))^2 + \alpha\boldsymbol{\beta}^T\boldsymbol{\beta}\right)$$

公式 3.15　岭回归最小化问题

公式 3.15 与普通最小二乘回归(见公式 3.14)的差别在添加了 $\alpha\boldsymbol{\beta}^T\boldsymbol{\beta}$ 项上。$\boldsymbol{\beta}^T\boldsymbol{\beta}$ 项是 $\boldsymbol{\beta}$ (系数向量）的欧几里得范数的平方。变量 α 是这类问题的复杂度参数。如果 $\alpha = 0$，那么问题变为普通最小二乘回归。如果 α 变大，$\boldsymbol{\beta}$ （系数向量）接近于 0，那么只有常数项 β_0 用来预测标签。scikit-learn 包给出了岭回归的实现。代码清单 3.5 展示用岭回归来预测红酒口感的回归问题。

代码清单 3.5　用岭回归预测红酒口感（ridgeWine.py）

```python
__author__ = 'mike_bowles'

from Read_Fcns import list_read_wine
import numpy as np
from sklearn import datasets, linear_model
from math import sqrt
import matplotlib.pyplot as plt

#read data into lists
names, xList, labels = list_read_wine()

#divide attributes and labels into training and test sets
indices = range(len(xList))
xListTest = [xList[i] for i in indices if i%3 == 0 ]
xListTrain = [xList[i] for i in indices if i%3 != 0 ]
labelsTest = [labels[i] for i in indices if i%3 == 0]
labelsTrain = [labels[i] for i in indices if i%3 != 0]

xTrain = np.array(xListTrain); yTrain = np.array(labelsTrain)
xTest = np.array(xListTest); yTest = np.array(labelsTest)
```

```
alphaList = [0.1**i for i in [0,1, 2, 3, 4, 5, 6]]

rmsError = []
for alph in alphaList:
    wineRidgeModel = linear_model.Ridge(alpha=alph)
    wineRidgeModel.fit(xTrain, yTrain)
    rmsError.append(np.linalg.norm((yTest-wineRidgeModel.\
                    predict(xTest)), 2)/sqrt(len(yTest)))

print('{:18}'.format("RMS Error"), "alpha")
for i in range(len(rmsError)):
    print(rmsError[i], alphaList[i])

#plot curve of out-of-sample error versus alpha
x = range(len(rmsError))
plt.plot(x, rmsError, 'k')
plt.xlabel('-log(alpha)')
plt.ylabel('Error (RMS)')
plt.show()


#Plot histogram of out of sample errors for best alpha value and
#scatter plot of actual versus predicted
#Identify index corresponding to min value, retrain with the
#corresponding value of alpha
#Use resulting model to predict against out of sample data.
indexBest = rmsError.index(min(rmsError))
alph = alphaList[indexBest]
wineRidgeModel = linear_model.Ridge(alpha=alph)
wineRidgeModel.fit(xTrain, yTrain)
errorVector = yTest-wineRidgeModel.predict(xTest)
plt.hist(errorVector)
plt.xlabel("Bin Boundaries")
plt.ylabel("Counts")
plt.show()
plt.scatter(wineRidgeModel.predict(xTest), yTest, s=100, alpha=0.10)
plt.xlabel('Predicted Taste Score')
plt.ylabel('Actual Taste Score')
plt.show()
```

回忆一下前向逐步回归算法生成了一系列模型：第一个模型只包含一个属性，第二个模型包含两个属性，依此类推，直到最后的模型包含所有的属性。岭回归代码也包含一系列模型。岭回归通过不同的 α 值而不是通过属性个数来控制模型数量。α 参数决定了对 β 的惩罚力度。α 的一系列值按照 10 的倍数进行递减。一般来讲，读者希望 α 按照指数级进行递减，而不是按照一个固定的增量。α 的取值范围一般要设置得足够宽，往往需要通过实验来确定。

图 3-16 绘制了 RMSE 与岭回归的复杂度参数 α 的对应关系。参数从左到右按照从大到小的顺序来排列。一般左边表示复杂度低的模型，右边表示复杂度高的模型。该图显示了与前向逐步回归类似的特点。误差几乎是一样的，但前向逐步回归稍好一些。

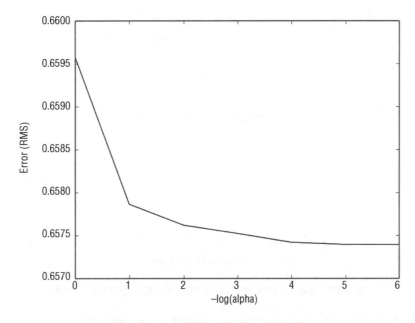

图 3-16　用岭回归预测红酒口感的误差

代码清单 3.6 展示了岭回归的输出。数值显示岭回归与前向逐步回归有几乎相同的特征。结果显示前向逐步回归稍好一些。

代码清单 3.6　岭回归输出

```
RMS Error alpha
(0.65957881763424564, 1.0)
(0.65786109188085928, 0.1)
(0.65761721446402455, 0.010000000000000002)
```

```
(0.65752164826417536, 0.0010000000000000002)
(0.65741906801092931, 0.00010000000000000002)
(0.65739416288512531, 1.0000000000000003e-05)
(0.65739130871558593, 1.0000000000000004e-06)
```

图 3-17 展示了在红酒数据集上使用岭回归预测的得分与实际口感得分的散点图。图 3-18 展示了预测误差的直方图。

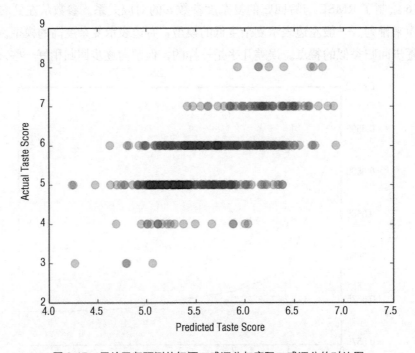

图 3-17 用岭回归预测的红酒口感评分与实际口感评分的对比图

读者也可以使用更通用的方法来解决分类问题。3.1.2 节讨论了若干方法来量化分类器性能。具体方法包括使用错误分类误差、不同预测结果的经济代价以及 ROC 曲线、曲线下面积（AUC）来量化性能。本节使用普通最小二乘回归来构建分类器。代码清单 3.7 展示了相同过程的 Python 代码。与 OLS 不同，它使用岭回归作为回归方法（使用一个控制复杂度的参数）来构建岩石与水雷分类器，使用 AUC 作为分类器的性能度量。代码清单 3.7 中的过程类似于用岭回归对红酒口感进行预测。一个明显的区别是代码清单 3.7 的程序使用测试数据的预测结果以及对应的实际结果作为函数 roc_curve()（scikit-learn 包中的函数）的输入。这使每次训练后计算 AUC 更加简单。这些值经过累加，然后输出，参见代码清单 3.8。

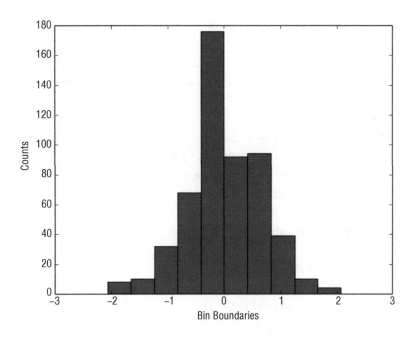

图 3-18　用岭回归预测红酒口感的误差直方图

代码清单 3.7　用岭回归进行岩石与水雷分类（classifierRidgeRocksVMines.py）

```
__author__ = 'mike_bowles'

import numpy as np
from Read_Fcns import list_read_rvm
from sklearn import datasets, linear_model
from sklearn.metrics import roc_curve, auc
import matplotlib.pyplot as plt
#read data from uci data repository
xList, labels = list_read_rvm()

#divide attribute label vector into training and test sets (2/3, 1/3)
indices = range(len(xList))
xListTest = [xList[i] for i in indices if i%3 == 0 ]
xListTrain = [xList[i] for i in indices if i%3 != 0 ]
labelsTest = [labels[i] for i in indices if i%3 == 0]
labelsTrain = [labels[i] for i in indices if i%3 != 0]

xTrain = np.array(xListTrain); yTrain = np.array(labelsTrain)
```

```python
xTest = np.array(xListTest); yTest = np.array(labelsTest)

alphaList = [0.1**i for i in [-3, -2, -1, 0,1, 2, 3, 4, 5]]

aucList = []
for alph in alphaList:
    rocksVMinesRidgeModel = linear_model.Ridge(alpha=alph)
    rocksVMinesRidgeModel.fit(xTrain, yTrain)
    fpr, tpr, thresholds = roc_curve(yTest,rocksVMinesRidgeModel.\
                    predict(xTest))
    roc_auc = auc(fpr, tpr)
    aucList.append(roc_auc)

print('{:18}'.format("AUC"), "alpha")
for i in range(len(aucList)):
    print(aucList[i], alphaList[i])

#plot auc values versus alpha values
x = [-3, -2, -1, 0,1, 2, 3, 4, 5]
plt.plot(x, aucList)
plt.xlabel('-log(alpha)')
plt.ylabel('AUC')
plt.show()

#visualize the performance of the best classifier
indexBest = aucList.index(max(aucList))
alph = alphaList[indexBest]
rocksVMinesRidgeModel = linear_model.Ridge(alpha=alph)
rocksVMinesRidgeModel.fit(xTrain, yTrain)

#scatter plot of actual vs predicted
plt.scatter(rocksVMinesRidgeModel.predict(xTest), yTest, \
            s=100, alpha=0.25)
plt.xlabel("Predicted Value")
plt.ylabel("Actual Value")
plt.show()
```

代码清单 3.8 展示了 AUC 以及对应的 alpha 值（系数惩罚项的因子）。

代码清单 3.8　使用岭回归得到的岩石与水雷分类模型的输出

```
AUC alpha
(0.841113841113841113, 999.9999999999999)
(0.86404586404586403, 99.99999999999999)
(0.9074529074529073, 10.0)
(0.91809991809991809, 1.0)
(0.88288288288288286, 0.1)
(0.8615888615888615, 0.010000000000000002)
(0.85176085176085159, 0.0010000000000000002)
(0.85094185094185093, 0.00010000000000000002)
(0.84930384930384917, 1.0000000000000003e-05)
```

AUC 的值接近于 1 对应更好的性能，接近于 0.5 说明效果不太好。所以使用 AUC 的目标是使其最大化而不是最小化，可以参见之前例子中的 MSE。AUC 在 $\alpha=1.0$ 的时候有一个明显的突起。数据以及图示显示在 α 远离 1.0 的时候，效果有明显的下降。回忆一下随着 α 变小，解方案接近于不受限的线性回归问题的效果。当 α 小于 1.0 时，性能下降表明不受限的解难以达到岭回归的效果。在 3.1.2 节中，读者看到不受限的普通最小二乘回归的结果。AUC 在训练集上的预测性能为 0.98，在测试集上的预测性能为 0.85，非常接近于岭回归相对较小的 α（α 设为 10^{-5}）的 AUC 值。这说明岭回归可以带来性能上的显著提升。

对于岩石与水雷问题，数据集包含 60 个属性，完整数据集总共 208 行数据。将 70 个样本移除作为预留（测试）数据，剩下 138 行用于训练。样本数量大约是属性数量的 2 倍，但是不受限的解（基于普通最小二乘模型）仍然会过拟合数据。在这种情况下，使用 10 折交叉验证是一个很好的选择。使用 10 折交叉验证，每一份数据只有 20 个样本（总样本的 10%）留作测试数据，训练数据相对测试数据就会多很多，从而使性能有一定的提升。该方法将在第 5 章进行讨论。

图 3-19 绘制了 AUC 与 alpha 参数的关系，展示了通过在系数向量上增加欧几里得长度的限制来降低普通最小二乘法解决方案的模型复杂度的效果。

图 3-20 展示了实际分类结果与分类器的预测结果的散点图。该图与红酒预测中的散点图类似。因为实际预测的输出是离散的，所以散点图由两行水平的点组成。

本节介绍并探索了普通最小二乘回归的两种扩展方法。这些方法展示了训练以及选择一个现代预测模型的过程。此外，这些扩展方法帮助引入更普通的惩罚线性回归方法（将在第 4 章中介绍），第 5 章会应用这些方法解决多个问题。

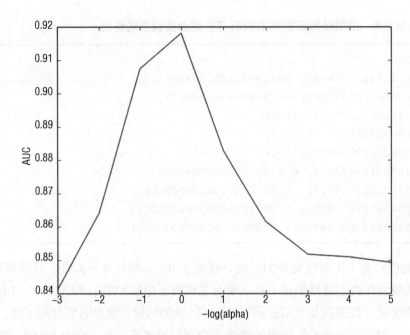

图 3-19　使用岭回归的岩石与水雷分类器的 AUC 曲线

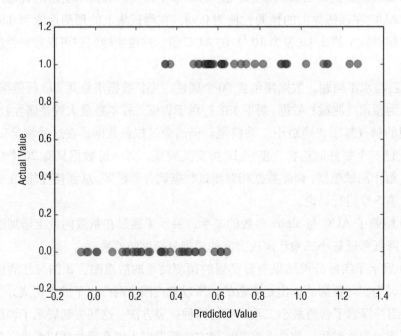

图 3-20　使用岭回归的岩石与水雷分类器的预测结果与实际结果的关系图

3.5　在超大规模数据集上用 PySpark 训练惩罚回归模型

本节末尾的代码清单 3.9 展示了对红酒数据的岭回归的 PySpark 实现以及其性能的图表，读者都已在代码清单 3.5 中看到过这些。两者之间的相似之处可以帮助读者了解到，读者一旦掌握了使用它们的基本知识，就很容易掌握这些技术。但是，在细节上仍然有一些差异值得指出并加以讨论。

普通 Python 版本和 PySpark 版本大致是一致的：
- 读取数据，将其分为训练数据集和测试数据集；
- 定义一系列的惩罚参数（alpha）以产生不同复杂度的模型；
- 根据不同的 alpha 产生不同的模型，在测试数据集上测试其性能。

PySpark 的代码框架实际上直接复制自 Python 版本。

两者之间的区别可以分为几类。一些差异是由底层代码的结构差异决定的。例如，在 Python 版本中，对红酒的预测模型指定命名对象，然后调用 .fit() 函数进行训练。在 PySpark 版本中，为模型及其参数给定一个名称，然后调用 .fit() 函数进行训练，返回一个训练好的模型给另外一个名字命名的对象。在对这两种方法进行一些练习之后，读者就会熟悉这些语法上的细微差别。

数据集大小的差异导致其他一些差异。例如，PySpark 版本有一个 maxIter 变量，该变量控制遍历数据的次数，以便收敛到最终答案。这是因为有了足够大的数据集，所以计算时间无论在时间上还是在金钱上都是沉重的负担。对于 Python 版本来说，这都不是什么大问题。另一个例子是 PySpark 代码中的一部分输入被定义为输入数据集的指定列。在红酒数据集这样的数据环境中，这似乎很奇怪，其中的列已经被选择用于构建预测模型。在许多实际问题中，用于进行预测的数据是更大数据集的一部分，并且可能是读者为获得最佳答案而进行实验的一部分。如果数据集很大，那么复制它们可能会花费太多的存储空间，因此 PySpark 允许读者从更大的数据框中选择指定的列。

算法实现中的差异会导致结果的不同。在图 3-21 中，性能与正则化参数的关系曲线的总体形状大致相同。但是，输出的数值有所不同。这种差异很小，而且它们都在相同的正则化参数值下达到了它们的最低值（这是读者所寻找的）。

代码清单 3.9　对红酒数据集的岭回归的 Spark 实现（linear_regression_w_spark.py）

```
__author__ = 'mike_bowles'

#Import sparksession
from pyspark.sql import SparkSession
from pyspark.ml.feature import VectorAssembler
```

```python
from pyspark.ml.regression import LinearRegression
import matplotlib.pyplot as plt

spark = SparkSession.builder.appName("regress_wine_data").getOrCreate()

#read in abalone data as pandas data frame and create Spark data frame.
import pandas as pd
from pandas import DataFrame
from Read_Fcns import pd_read_wine

wine_df = pd_read_wine()

#Create spark dataframe for wine data
wine_sp_df = spark.createDataFrame(wine_df)
print('Column Names', wine_sp_df.columns, '\n\n')

vectorAssembler = VectorAssembler(inputCols = ['fixed acidity', \
    'volatile acidity', 'citric acid', 'residual sugar', 'chlorides', \
    'free sulfur dioxide', 'total sulfur dioxide', 'density', 'pH', \
    'sulphates', 'alcohol'], outputCol = 'features')
v_wine_df = vectorAssembler.transform(wine_sp_df)
vwine_df = v_wine_df.select(['features', 'quality'])

splits = vwine_df.randomSplit([0.66, 0.34])
xTrain_sp = splits[0]
xTest_sp = splits[1]

alphaList = [0.1**i for i in [0,1, 2, 3, 4, 5, 6]]

rmsError = []
for alph in alphaList:
    wine_ridge_sp = LinearRegression(featuresCol = 'features', \
        labelCol='quality', maxIter=100, regParam=alph, \
        elasticNetParam=0.0)
    wine_ridge_sp_model = wine_ridge_sp.fit(xTrain_sp)
    test_result = wine_ridge_sp_model.evaluate(xTest_sp)
    rmsError.append(test_result.rootMeanSquaredError)

print('{:18}'.format("RMS Error"), "alpha")
for i in range(len(rmsError)):
```

```
    print(rmsError[i], alphaList[i])

#plot curve of out-of-sample error versus alpha
x = range(len(rmsError))
plt.plot(x, rmsError, 'k')
plt.xlabel('-log(alpha)')
plt.ylabel('Error (RMS)')
plt.savefig('linear_regression_w_spark.png', dpi=500)
plt.show()

Printed Output:
Column Names ['fixed acidity', 'volatile acidity', 'citric acid',
'residual sugar', 'chlorides', 'free sulfur dioxide',
'total sulfur dioxide', 'density', 'pH', 'sulphates', 'alcohol',
'quality']

RMS Error              alpha
0.6581102654673014 1.0
0.6290665424695905 0.1
0.6265318770170585 0.010000000000000002
0.6263116678129375 0.0010000000000000002
0.6262902244707693 0.00010000000000000002
0.6262880862875198 1.0000000000000003e-05
0.6262878725310369 1.0000000000000004e-06
```

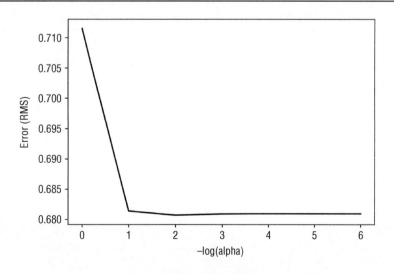

图 3-21 用 PySpark 版本的岭回归预测红酒口感的误差

3.6 小结

本章讨论了几个话题，这些话题都是学习后续章节的基础。首先，本章提供了关于问题复杂度与模型复杂度的可视化展示，讨论了这些因素以及数据集大小是如何来决定一个给定问题的预测性能的。首先调整模型的复杂度，然后评估其性能，可以帮助读者针对给定问题找到这些因素的最佳平衡点。本章先回顾了与问题类型（回归问题、分类问题和多类别分类问题）相关的预测性能的一些指标。这些涵盖了函数逼近问题中的大部分问题类型。本章描述了两种评估测试数据性能的方法（样本外数据和 N 折交叉验证）。本章最后介绍了使用机器学习技术的基本框架，机器学习技术先产生一系列具有不同复杂度的参数化模型族，然后根据这些模型在样本外数据集上的性能，选择其中最优的一个用于部署。基于这个框架，举了两个对普通最小二乘回归方法进行修正的例子：前向逐步回归和岭回归。

读者已经看到了 Python 和 PySpark 的工作方式有多么相似。这应该会让读者对将所学应用到非常大的数据集上充满信心。大数据集确实增加了一些让人头疼的困难，但是建立模型和调整模型的算法过程是非常相似的。

第 4 章
惩罚线性回归

正如第 3 章所述，线性回归在实际应用时需要对普通最小二乘法进行一些修改。普通最小二乘法只在训练数据上最小化误差，难以顾及所有的数据。第 3 章的例子展示了普通最小二乘法在测试数据集上的效果要远远差于在训练数据集上的效果。第 3 章也展示了普通最小二乘法的两种扩展方法：前向逐步回归和岭回归。这两种方法都涉及减少用于训练最小二乘法的数据集规模，并使用测试集误差来确定产生最佳性能的数据集。

前向逐步回归基于普通最小二乘法，首先只使用一列属性来构建预测模型，即选择预测效果最好的一列属性。然后逐步将新的属性添加到现有模型中。

岭回归引入了一种完全不同的限制条件。岭回归对参数的规模进行惩罚，从而对解进行限制。岭回归和前向逐步回归在样例问题上的效果要明显好于普通最小二乘法（OLS）。

本章将介绍一族用于解决普通最小二乘法过拟合问题的方法。这些方法称作惩罚线性回归方法。惩罚线性回归方法也包括第 3 章介绍的算法。岭回归是惩罚线性回归的一个特例。岭回归通过对回归系数的平方和进行惩罚来避免过拟合，其他惩罚线性回归算法使用不同形式的惩罚项。本章将介绍惩罚线性回归方法如何确定解的特征以及解的可用信息类型的。

4.1 为什么惩罚线性回归方法如此有用

下面几个特点使惩罚线性回归方法非常有效：
- 模型训练足够快；
- 有变量的重要性信息；
- 部署时评估足够快；
- 在各种问题上性能可靠，尤其对样本并不明显多于属性的属性矩阵，或者非常稀疏的属性矩阵；
- 希望模型为稀疏解（只使用部分属性进行预测的吝啬模型）；
- 问题可能需要线性模型来解决。

这些是作为机器学习模型设计者应该了解的关于线性模型的特点。

4.1.1 模型训练足够快

训练时间的重要性体现在几个方面。一方面是模型的构建往往迭代进行。读者会发现特征选择以及特征工程需要反复训练。读者可以挑选一些看起来合理的特征来训练模型并且在测试集数据上评估模型,如果想继续提升性能,可以做一些修改,然后重复尝试上述过程。如果基本的训练可以很快完成,那么读者就不需要浪费太多时间来等待结果。这会使开发过程加快。另一方面是如果条件环境发生改变,那么读者可能需要重新训练模型使之仍然能工作。如果读者在分类网络消息,那么模型可能需要与当前的最新词汇保持同步。如果读者在训练面向金融市场的自动交易模型,那么条件会一直改变。即使不考虑特征重构,训练时间的多少也会决定读者的响应速度。

4.1.2 有变量的重要性信息

本书涵盖的两类算法可以导出变量的重要性信息。变量的重要性信息包含模型中每个属性的排序。排序表明属性对模型的价值,排序高的属性要比排序低的属性对模型的预测精确度贡献更大。变量重要性是一个关键信息。该信息在特征工程中有助于对属性进行剪枝。好的特征会排到列表前面,不太好的特征会排到列表最后。除特征工程外,了解哪些变量对预测有影响可以帮助理解模型,向其他人(如老板、客户、公司中的相关专家等)解释模型。人们的期望与变量重要性越接近,人们对模型的预测结果越有信心。如果一些排序比较奇怪,那么读者可能对问题会有新的认识。关于变量重要性的讨论可以给读者的开发团队在如何提升模型性能方面带来新的启发。

训练快速和变量重要性方面的优势使得惩罚线性回归成为尝试新问的好方法。这些方法可以使读者快速了解问题,并帮助读者了解哪些特征是有用的。

4.1.3 部署时评估足够快

对一些问题来说,快速评估是一个关键的性能参数。在某些电子市场(如互联网广告、自动交易),谁先得到答案谁就会先获利。在其他应用(如垃圾邮件过滤)上,尽管不是严格的得到或是失去的问题,时间上的花费仍然是一个需要考虑的重要因素。不论哪种算法的评估速度都很难超越线性模型。预测时,线性模型仅需要对包含的每个属性进行一次相乘和一次相加操作。

4.1.4 性能可靠

性能可靠意味着惩罚线性回归方法对不同数据分布及不同数据规模的问题都会产生合理的解。对于某些问题,这可能是最佳性能。在某些情况下,需要一些技巧才能胜过其他竞争者。本章将讨论一些技巧,读者可以使用这些技巧来提高线性模型的性能。第 6 章将再次讨论这个话题,并介绍一些联合使用惩罚线性回归和集成方法来提升性能的方法。

4.1.5 稀疏解

稀疏解意味着模型中的许多系数等于 0，这也意味着在线预测时相乘以及相加的次数会减少。更重要的是，稀疏模型（有少量非零系数）更容易解释。当模型某些系数为零的时候，更容易看出模型中的哪些属性驱动预测结果。

4.1.6 问题可能需要线性模型

最后一个使用惩罚线性回归的原因是线性模型可能是解决方案本身的需要。保险支付额的计算可以作为需要线性模型的一个例子，其中合同往往包含支付公式，而公式本身又包含变量以及系数。如果使用集成模型，那么可能包含一千个决策树，每个决策树又有一千个参数，这样的模型几乎不可能用文字解释清楚。医药测试是监管机构需要使用线性形式进行统计推断的另一个例子。

4.1.7 使用集成方法的时机

不使用惩罚线性回归的主要原因是使用其他技术可能获得更好的性能，比如使用集成方法。正如第 3 章指出的，集成方法对复杂问题（如高度不规则的决策面）并且可以利用大量数据来应对问题的复杂度的情况下，在性能上表现最佳。此外，集成方法在度量变量的重要性的时候，可以生成更多关于属性与预测结果关系的信息。例如，集成方法可以发现二阶甚至更高阶的重要性信息，即哪些变量组合的重要性大于这些变量单独的重要性的总和。这些信息可以在惩罚线性回归的基础上来进一步提升性能。第 6 章将详细介绍这些问题。

4.2 惩罚线性回归：对线性回归进行正则化以获得最优性能

正如第 3 章所讨论的，本书关注一类称作函数逼近（function approximation）的问题。对于函数逼近问题，训练模型的起始点包含大量示例或实例的数据集。每个实例包含结果（又称为目标、标签、终点等）和用于预测结果的多个属性。第 3 章给出了一个简单的示例性的例子。表 4-1 是修改后的形式。

表 4-1　训练集样例

收入：2013 年花费 (美元)	特征 1：性别	特征 2：2012 年花费(美元)	特征 3：年龄
100	M	0.0	25
225	F	250	32
75	F	12	17

表 4-1 中的输出（2013 年的花费）是实值，所以该问题是一个回归问题。性别属性 (特

征 1) 只能取两个值, 所以该属性为类别属性 (或者因素属性)。其他两个属性是数值属性。函数逼近问题的目标是构建一个从属性到结果（输出）的关系函数, 在某种意义下最小化误差。第 3 章已经讨论过一些误差计算方法, 这些备选方案都可以用于量化整体误差。

表 4-1 所示的数据集经常被表示为包含一个结果列向量（表 4-1 的第一列）和其他属性列（表 4-1 中的其他 3 列）的矩阵。属性用来预测结果。数据科学家通常将表 4-1 所示的数据结构称为数据框（data frame）。在一个数据框中，每列中的数据都属于同一类型：实值、整数、字符串, 有时还有布尔型等。在 Python pandas 和 PySpark（以及 R 编程语言）中都可以找到数据框。数据框与矩阵在形式上相似，但是一个矩阵中的所有元素都是同一类型的：实值、整数或者布尔型。一个矩阵不可以把实数与类别变量混在一起。

这里有一个要点需要记住：线性方法只能操作数值属性。表 4-1 中包含非数值数据, 因此线性方法不能直接应用。幸运的是, 将表 4-1 中的非数值数据转换为数值数据相对简单。在有两个类别的情况下, 如表 4-1 所示, 性别有 M 和 F 两个选项, 可以简单地用 0.0 来代替 M, 1.0 代替 F, 然后就可以应用线性回归了。在 4.4.4 节读者会学习到将类别属性转换为数值属性的更普遍的编码技术。

如果属性全部为实数值（不论是最初问题的定义, 还是将类别属性转换为实数值），那么线性回归问题的数据可以通过两个对象来表示：Y 和 X, 其中 Y 是一个包含结果的列向量, X 是一个实数值属性矩阵。公式 4.1 展示了一个大写字母 Y 如何表示一列数字 y_i。

$$Y = \begin{pmatrix} y_1 \\ y_2 \\ \vdots \\ y_n \end{pmatrix}$$

公式 4.1 结果向量

对于表 4-1 中的例子, Y 是结果列。公式 4.2 展示了一个大写字母 X 如何表示数值 x_{ij} 的矩阵（矩阵网格）。

$$X = \begin{pmatrix} x_{11} & x_{12} & \cdots & x_{1m} \\ x_{21} & x_{22} & \cdots & x_{2m} \\ \vdots & \vdots & & \ddots \\ x_{n1} & x_{n2} & \cdots & x_{nm} \end{pmatrix}$$

公式 4.2 属性矩阵

对于表 4-1 中的例子, X 是将结果列排除后的剩余列的集合。

Y 的第 i 个元素对应于 X 的第 i 行。X 的第 i 行使用包含下标的 x_i 表示，并由 $x_i = (x_{i1}, x_{i2}, \cdots, x_{im},)$。普通最小二乘法的目标是最小化 y_i（X 的第 i 行属性）和线性函数 x_i 之间的误差，即找到公式 4.3 中定义的实数向量 β 以及标量 β_0，从而使来自 Y 的每个元素 y_i 可以通过公式 4.4 来逼近。

$$\beta = \begin{pmatrix} \beta_1 \\ \beta_2 \\ \vdots \\ \beta_m \end{pmatrix}$$

公式 4.3　模型系数 β 向量

$$\begin{aligned} y_i \text{的预测} &= x_i\beta + \beta_0 \\ &= x_{i1}\beta_1 + x_{i2}\beta_2 + \cdots + x_{im}\beta_m + \beta_0 \end{aligned}$$

公式 4.4　X 与 Y 的线性关系

读者可以利用自己的经验知识来寻找 β 值。在表 4-1 中，读者可以估计到人们在 2013 年会比 2012 年多消费 10%，即每增加一岁购买量会增加 10 美元，甚至新生儿也会购买 50 美元的书。这些信息就可以构成图书消费的预测公式，如公式 4.5 所示。

$$2013 \text{ 年花费预测} = 50 + 1.1 \times (2012 \text{ 年花费}) + 10 \times \text{年龄}$$

公式 4.5　预测图书花费金额

公式 4.5 没有使用性别属性，因为它是一个类别变量（这方面的处理将在 4.4.4 节中介绍，目前暂时忽略）。公式 4.5 生成的预测并不能精确匹配表 4-1 中的结果（实际金额）。这个简单模型有些误差，实际情况往往如此。

训练线性模型：最小化误差等

手动找到 β 的值通常不是最好的方法，尽管如果来得及处理的话，这是一个很好的检测手段。对于很多问题，由于问题的规模、变量之间复杂的关系使猜测 β 的值变得不可行。通常的做法是通过解最小化问题来找到属性的乘子（β 值）。最小化问题是找到使均方误差最小（但不是 0）的 β 值。

公式 4.4 的两边完全相等就意味着模型已经过拟合了。公式 4.4 的右侧是读者要训练的预测模型。该模型的含义是，为了构建一个预测模型，把每一个属性乘以对应的系数，加起来再加一个常数。训练意味着找到向量 β 以及常量 β_0 的数值。误差被定义为 y_i 的实际值与 y_i 的预测值之间的差异（见公式 4.4）。均方误差是将所有样本的误差归约到一个数。

之所以选择误差的平方是因为误差不区分正负,而平方函数从数学上求解更加方便。普通最小二乘法的定义变为找到 $\boldsymbol{\beta}^*$ 以及 β_0^*(上标 * 表明这些值是 $\boldsymbol{\beta}$ 的最佳值),并能够满足公式 4.6。

$$\beta_0^*, \boldsymbol{\beta}^* = argmin_{\beta_0, \boldsymbol{\beta}} \left(\frac{1}{n} \sum_{i=1}^{n} (y_i - (x_i \times \boldsymbol{\beta} + \beta_0))^2 \right)$$

公式 4.6　OLS 对应的最小化问题

符号 *argmin* 指的是"使表达式最小的参数",加和是在行上进行的,其中一行包括属性值和对应的标签。$()^2$ 中的表达式是 y_i 和用于近似的线性函数值之间的误差。对于 2013 年购书方面的花费预测,加和中的表达式对应于结果列的值减去通过公式 4.4 计算得到的预测值。

公式 4.6 可以用如下文字进行描述:向量 $\boldsymbol{\beta}^*$ 以及常数 β_0^* 是使期望预测的平方误差最小的值,也就是所有数据行($i=1,\cdots,n$)上 y_i 与预测值之间的均方误差。最小化公式 4.5 生成了这个回归模型的普通最小二乘值。该机器学习模型是一组实数,对应于向量 $\boldsymbol{\beta}^*$ 和标量 β_0^* 的数值。

1. 向 OLS 公式中添加一个系数惩罚项

惩罚线性回归问题的数学声明类似于公式 4.5。第 3 章中介绍的岭回归给出了一个惩罚线性回归的例子。岭回归向如公式 4.5 所示的普通最小二乘回归添加了一个惩罚项,该惩罚项如公式 4.7 所示。

$$\frac{\lambda \boldsymbol{\beta}^T \boldsymbol{\beta}}{2} = \frac{\lambda(\beta_1^2 + \beta_2^2 + \cdots + \beta_n^2)}{2}$$

公式 4.7　应用于系数($\boldsymbol{\beta}$)的惩罚项

公式 4.6 的 OLS 问题是选择能最小化误差平方和的 $\boldsymbol{\beta}$。惩罚回归问题在公式 4.6 的右侧添加系数惩罚项(见公式 4.7)。需要综合考虑最小化预测误差的平方和最小化系数的平方和这两个相互冲突的目标。只考虑系数平方和最小化很容易,让每个系数都等于零就可以了,但这样会导致较大的预测误差。类似地,OLS 解决方案使预测误差最小化可能导致系数惩罚项变大,这取决于 λ 的值有多大。

为什么这样做有意义?为了加深理解,回忆一下第 3 章的属性子集的选择过程。属性子集选择通过丢弃一些属性来消除过拟合,实际等同于将这些属性的对应系数设为零。惩罚线性回归做同样的事情,但与子集选择过程直接将一些属性系数设为零不同,惩罚线性回归对每个属性系数都减少一些,因此减少了所有属性的影响力。某些情况也将有助于可视化这种方法。

参数 λ 的取值范围从 0 到正无穷大。如果 $\lambda=0$，惩罚项就消失了，问题变回到普通最小二乘问题。如果 $\lambda \to \infty$，对于 β 的惩罚就变得非常严格，迫使 β 趋于零（注意，β_0 并没有包含在惩罚项中，所以预测变为一个常数值，与输入 x 无关）。

正如第 3 章中的例子所示，岭惩罚项也可以将一些属性排除在外。这个过程是通过为惩罚版的最小化问题生成一系列的解族来实现的，如公式 4.6 所示。这意味着对不同的 λ 值都求解一个惩罚版的最小化问题。每一个解都在样本外数据上进行测试，将最小化样本外误差的解作为最终的解，并用于部署以进行实际的预测。第 3 章展示了使用岭回归的一系列步骤。

2. 其他有用的系数惩罚项——曼哈顿距离和 ElasticNet

岭惩罚项对于惩罚回归来说并不是唯一可用的惩罚项。可以使用任何关于向量长度的指标。读者可以使用多种方式来评估向量的长度。使用不同的长度指标可以改变解的重要特征。岭回归应用欧几里得几何的指标（β 的平方和）。另外一个有用的算法被称作套索（least absolute shrinkage and selection operator，Lasso）回归，该回归使用 β 的绝对值的和或者叫作 L_1 正则化。这个指标也被称为出租车度量或曼哈顿距离（Manhattan distance），因为出租车只能行驶在曼哈顿的方格街道上。套索回归具有一些有用的性质。

岭回归以及套索回归的差异在于对 β（线性系数向量）的惩罚度量上。岭回归使用欧几里得距离的平方，即 β 元素的平方和进行惩罚。套索使用 β 元素绝对值的加和。套索惩罚项如公式 4.8 所示。

$$\lambda \|\beta_1\| = \lambda(|\beta_1| + |\beta_2| + \cdots + |\beta_n|)$$

公式 4.8　套索系数惩罚项公式

两条垂直线被称作正则线。它们被用于定义向量和算子的大小。正则线的脚标 1 表示 L_1 范数，代表绝对值的和，有时也写作小写的形式 l_1。正则线的脚标 2 表示平方和的平方根——欧几里得距离。不同的系数惩罚函数对于解会产生一些重要而有用的变化。一个主要的差异是套索的系数向量 β^* 是稀疏的，意味着对于从大到中等规模的 λ 值，很多系数等于 0。相比之下，岭回归的 β^* 向量值是密集的，大部分不等于 0。

3. 为什么套索惩罚会导致稀疏的系数向量

图 4-1 和图 4-2 说明了这种稀疏性如何直接源于系数惩罚函数的形式。这些图包含两个属性 x_1 与 x_2 的问题。

图 4-1 和图 4-2 都有两组曲线集合。其中一组曲线集合是同心椭圆，代表公式 4.6 中的普通最小二乘误差。椭圆代表等高线，线上的均方误差和为常数。读者可以将这些椭圆

想象为地面上呈椭圆形凹陷的地形图。对越靠近中心的椭圆，误差越小，正如凹陷的洼地高度越靠近洼地的底部越小一样。凹陷的最小点使用 x 进行标记。在没有系数惩罚项时，该点对应于最小二乘法的解。

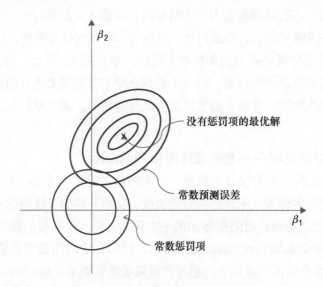

图 4-1　使用系数平方和惩罚项的最优解

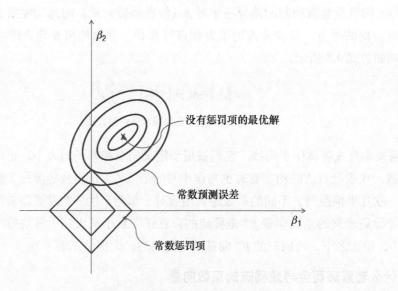

图 4-2　使用系数绝对值和的惩罚项的最优解

图 4-1 和图 4-2 的另外一个曲线集合代表公式 4.7 和公式 4.8 的系数惩罚项——分别是岭惩罚项和套索惩罚项。在图 4-1 中，代表系数惩罚项的曲线是以原点为中心的圆。误

差平方和等于常量，限定了 β_1 和 β_2 是位于圆上的点。常数惩罚项的曲线形状由使用的距离定义的性质所决定——基于平方和的惩罚项对应于圆（在高维空间称作超球面或者 L_1 球面），基于绝对值和的惩罚项对应于菱形（或者 L_1 球面）。小圆（或者菱形）对应于较小的距离函数。形状虽然由惩罚函数的性质决定，但是每条曲线关联的值由非负参数 λ 决定。假设图 4-1 中与 β_1 和 β_2 平方和对应的两条曲线分别为 1.0 和 2.0。如果 $\lambda=1$，那么和 2 个圆圈关联的惩罚项为 1 和 2。如果 $\lambda=10$，那么关联的惩罚项为 10 和 20。图 4-2 中的菱形结果也是一样的。增加 λ 也会增加与图 4-2 相关的惩罚项。

椭圆环（对应于预测误差平方）离不受限的最小值（图中的"×"标记）越远，椭圆环会变得越大。正如公式 4.7 所示，最小化这 2 个函数的和对应于在预测误差最小化和系数惩罚项最小化之间寻求一种平衡。较大的 λ 值会更多地考虑最小化惩罚项（所有系数为 0）。较小的 λ 值会使最小值接近于不受限的最小预测误差（见图 4-1 和图 4-2 中的 x）。

这是系数平方和的惩罚项与绝对值和的惩罚项之间的区别。公式 4.7 和公式 4.8 的最小值往往会落在惩罚常数曲线与预测误差的平方曲线的切点上。图 4-1 和图 4-2 展示了相切的 2 个例子。重要的一点是在图 4-1 中，随着 λ 的变化以及最小点的移动，平方惩罚项产生的切点一般不会落在坐标轴上。β_1 与 β_2 都不为 0。相比之下，在图 4-2 中，绝对值和惩罚项产生的切点落在了 β_2 轴上。在 β_2 轴上，$\beta_1=0$。

稀疏的系数向量相当于算法告知我们可以忽略其中一些变量（属性）。当 λ 足够小时，β_2 与 β_1 的最优值会远离 β_2 轴，这两个值都是非零值。较小的惩罚项会使 β_1 不等于 0，并给出 β_2 与 β_1 的重要性顺序。在某种意义上，β_2 要比 β_1 重要，因为随着 λ 变大，β_2 的值变得不等于 0。回想一下这些系数会乘以属性。如果对应于属性的系数为 0，那么算法告诉我们该属性的重要性要差于非零的属性。通过从大到小遍历 λ 值，读者就可以根据重要性对属性进行排序。下一节会通过一个具体的例子来进行说明，并提供 Python 代码对属性的重要性的比较，而属性重要性是公式 4.8 求解的一部分。

4. ElasticNet 惩罚包含套索惩罚和岭惩罚

在了解如何计算这些系数之前，读者需要知道惩罚回归问题的泛化定义，即 ElasticNet 形式化。惩罚回归问题的 ElasticNet 形式化是使用一个可调节的岭回归和套索回归的混合。ElasticNet 引入一个额外参数 α 用于控制岭惩罚和套索惩罚各自所占的比例。$\alpha=1$ 对应于只使用套索惩罚，不使用岭惩罚。相应的，$\alpha=0$ 对应于只使用岭惩罚。

使用 ElasticNet 形式，在求解线性模型系数之前，λ 和 α 必须同时确定。一般来讲，确定 λ 和 α 参数的方法是先确定 α 值，然后尝试使用不同的 λ 值。读者会在后续看到这样计算的原因。在许多情况下，对 $\alpha=1$ 和 $\alpha=0$ 或者 α 为中间值，算法性能差异并不大。但有时差异会很明显，这样读者需要选择不同的 α 值来确保没有牺牲某些性能。

4.3 求解惩罚线性回归问题

在前几节中，我们看到求解惩罚线性回归问题等价于求解一个优化问题。虽然有大量通用的数值优化算法可以求解公式 4.6、公式 4.8 以及 ElasticNet 的优化问题，但是惩罚线性回归问题的重要性促使研究人员开发专用算法，从而能够非常迅速地生成解。本章将对这些算法进行介绍并且运行相关代码，这样可以帮助读者理解每种算法的运行机制。本章将介绍两种算法：最小角度回归（least-angle regression，LARS）和 Glmnet。之所以选择这两种算法是因为它们之间相互关联，并且和前面已经介绍的方法（如岭回归以及前向逐步回归）密切相关。此外，它们的训练速度都非常快，并且 Python 包中已经有相关实现包。第 5 章会使用这些算法的 Python 包来求解示例问题。

4.3.1 理解最小角度回归及其与前向逐步回归的关系

一种非常快速的算法是 LARS（最小角度回归）算法，该算法由布拉德利·埃夫隆（Bradley Efron）等人开发。LARS 算法可以理解为一种改进的前向逐步回归算法。前向逐步回归算法如下所示。

前向逐步回归算法

- 将 β 的所有值初始化为 0。

每一步

- 使用已经选择的变量找到残差值（误差值）。
- 找到能够最好地解释残差的未使用的变量，将该变量加入选择变量中。

LARS 算法非常类似。LARS 与前向逐步回归算法的主要差异是 LARS 在引入新属性时只是部分引入，而且引入属性的过程并非不可逆。LARS 算法如下所示。

最小角度回归问题

- 将 β 的所有值初始化为 0。

每一步

- 确定与残差相关性最大的属性。
- 如果相关性为正，那么小幅度增加相关性的属性的系数；如果相关性为负，那么小幅度减少相关性的属性的系数。

LARS 算法求解的问题与之前的问题稍微不同，但是它生成的解与套索回归基本相同，即使结果存在差异，差异也相对较小。对 LARS 算法进行详细介绍的原因是该算法与套索回归和前向逐步回归都密切相关，LARS 算法很容易理解并且实现起来相对紧凑。通过研究 LARS 的代码，读者会理解针对更一般的 ElasticNet 回归求解的具体过程。更重要的是，读者可以了解惩罚回归求解的问题和解决方法。LARS 算法的代码实现如代码清单 4.1 所示。

代码清单 4.1　用于预测红酒口感的 LARS 算法（larsWine2.py）

```
from Read_Fcns import list_read_wine
import numpy as np
from sklearn import datasets, linear_model
from sklearn.preprocessing import StandardScaler

from math import sqrt
import matplotlib.pyplot as plt

#read wine data into lists
names, xList, labels = list_read_wine()

#Normalize features
xScaler = StandardScaler()
xNormalized = xScaler.fit_transform(xList)
nrows, ncols = xNormalized.shape
#Normalize labels
labelScaler = StandardScaler()
labelNormalized = labelScaler.fit_transform(np.array(labels).reshape(\
                [-1,1]))

#initialize a vector of coefficients beta
beta = np.zeros([ncols, 1])

#initialize matrix of betas at each step
betaMat = beta.copy()

#initialize list to accumulate features as they become used
nzList = []

#number of steps and step size
nSteps = 350
stepSize = 0.004

for i in range(1, nSteps):

    #calculate residuals
```

```python
        residuals = labelNormalized - np.dot(xNormalized, beta)

        #correlation between attribute columns and residual
        corr = np.mean(xNormalized * residuals, axis=0)

        #locate feature with largest magnitude correlation with residuals
        iStar = np.argmax(np.abs(corr))
        corrStar = corr[iStar]

        #increment or decrement corresponding coefficient (beta)
        #increment if corr is + decrement if it's -
        beta[iStar] += stepSize * corrStar / abs(corrStar)
        betaMat= np.concatenate( (betaMat, beta.copy()), axis=1)

        #form list of non-zero coefficients and accumulate new ones
        nzBeta = [index for index in range(ncols) if beta[index] != 0.0]
        for q in nzBeta:
            if (q in nzList) == False:
                nzList.append(q)

nameList = [names[nzList[i]] for i in range(len(nzList))]

print(betaMat.shape)
print(nameList)
for i in range(ncols):
    #plot range of beta values for each attribute
    coefCurve = betaMat[i,:].reshape([-1,])
    xaxis = range(nSteps)
    plt.plot(xaxis, coefCurve)
plt.xlabel("Steps Taken")
plt.ylabel(("Coefficient Values"))
#plt.savefig('larsWine2.png', dpi=500)
plt.show()

Printed Output:
(11, 350)
alcohol, volatile acidity, sulphates, total sulfur dioxide, chlorides,
fixed acidity, pH, free sulfur dioxide, citric acid, residual sugar,
density
```

代码主要包括 3 个部分，这里先进行简要描述，后续会详细介绍。

(1) 以列表的形式读入数据以及列名称。

(2) 对属性以及标签进行归一化。

(3) 对问题进行求解，得到系数 (β_0^*、β^*)。

第一步是读取列名称、属性值和标签。这些数据结构使用普通的 Python 列表。

第二步是归一化属性。使用的方法与第 2 章中看到的一样。在第 2 章中，属性的归一化目的是将属性转换为同等尺度，从而可以方便地绘制并且可以充分填充坐标。由于同样的原因，归一化通常作为惩罚线性回归的第一步。属性需要具有相同的尺度，以便只根据哪个属性最有用来选择系数值，而不是基于哪个属性具有最大的尺度。例如，同一属性分别以微米和公里为单位，那么以微米为单位相比以公里为单位的情况，只需要非常小的系数就可以在标签上产生很大的差异。归一化对于从惩罚回归中获得合理的结果是必不可少的。

LARS 算法的每一步都会使 β 中的一个变量增加一个固定量。如果属性尺度不同，那么固定增量对不同属性的影响也不同。同样，如果改变其中一个属性的尺度（如从英里改为英尺），那么答案也会显著不同。由于这些原因，惩罚线性回归算法包一般都使用第 2 章的归一化方法，即归一化到零均值（属性值都减去平均值）、单位标准差（属性值用标准方差计算）。算法包一般也会有未归一化的选项，但是很少听说未归一化有什么优势。

第三步以及最后的部分用于求解 β^*、β_0^*。因为算法运行在归一化的变量上，因此不需要截距 β_0^*。截距 β_0^* 一般用于表示标签值与加权属性值之间的差异。因为所有属性已经被归约到零均值，所以标签与加权属性的期望没有偏差，β_0^* 就不再需要了。注意，有两个与 beta 相关的列表被初始化。一个被称作 beta，其中元素个数与属性个数相同，每个表示对应属性的权重。另一个是类似于矩阵（列表的列表），用于存储 LARS 算法每一步生成的 beta 列表。这些都涉及了惩罚线性回归以及现代机器学习算法的重要概念。

1. LARS 如何生成数百个不同复杂度的模型

一般现代机器学习算法，尤其是惩罚线性回归会生成多组解，而不是单个解。回顾公式 4.6、公式 4.8。公式的左侧是 β，右侧除了一个例外，其他都是通过数据所确定的数值。在公式 4.6 和公式 4.8 中，参数 λ 需要通过其他方式来确定。正如这些公式中所指出的，当 $\lambda=0$ 时，问题变为普通最小二乘回归，当 $\lambda \to \infty$，$\beta^* \to 0$。例如公式 4.6 和公式 4.8 所示的问题，β 值取决于参数 λ。

LARS 算法并不会显式处理 λ，但会有同样效果。LARS 算法从 $\beta = 0$ 开始，如果 β 中的某一个系数能够最大程度地减少误差，那么该系数增加小幅增量。被添加的增量会提升 β 整体的绝对值和。如果增量较小并且被用在最佳属性上，该过程就具有求解公式 4.8 对应的最小化问题的效果。读者可以在代码清单 4.1 中追踪该过程。

基本迭代过程只包含从 for 循环开始迭代 n 步的几行代码。迭代是从 β 取某个值开始的。第一次迭代，所有值被设为 0。后续遍历使用上一次迭代的结果。每次迭代包括两步：第一步，使用 β 来计算残差，残差指的是观测结果（真实结果）与预测结果的差异，在该例中，预测方法对属性乘以系数 β 然后加和；第二步是找到每个属性与残差的相关性，从而决定哪个属性对降低残差贡献最大。两个变量的相关性是各自偏差的乘积的期望除以各自标准差的乘积。

相互之间存在缩放关系的变量的相关性可以是 +1 或者 -1，这个取决于它们进行缩放的时候是正向的还是负向的。如果两个变量相互独立，则它们的相关性系数为 0。列表 corr 包含每个属性的计算结果。读者可能注意到，严格来讲，代码忽略了对均值、残差以及归一化属性的标准偏差的计算。之所以还有效是因为属性已经被提前归一化为标准差为 1 的值，并且因为结果值被用于寻找最大相关性，所以将所有值乘以一个常数不会改变对应顺序。

一旦相关性计算完成，决定哪个属性与残差有最大相关性（绝对值最大）就变得简单了。β 列表中的对应元素会增加一点。如果相关性为正，那么增量为正；否则增量为负。之后利用 β 的新值重新进行迭代。

LARS 算法结果的系数曲线如图 4-3 所示。查看方法是沿着图中的迭代方向想象有一个点，在该点上，一条垂直线会穿过所有系数曲线。垂直线与系数曲线相交的值是 LARS 算法在该步得到的系数。如果生成曲线需要 350 步，对应就会有 350 个系数集合。每个集合是针对特定 λ 并对公式 4.8 进行优化的结果。这也产生了一个问题，就是应该使用哪个集合。该问题会马上进行解答。

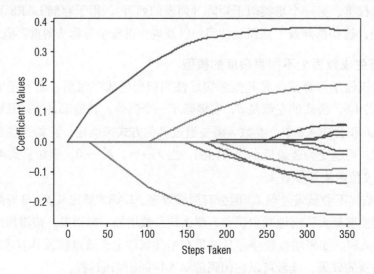

图 4-3　红酒数据上 LARS 回归的系数曲线

注意，对于大约前 25 步，只有一个系数值是非零的。这是使用套索回归的稀疏特性。第一个非 0 属性是酒精含量，在一段时间内，这是 LARS 回归使用的唯一变量。接下来，第二个变量开始出现。该过程一直持续到所有变量被包含到解中。系数远离 0 的过程可以看作变量重要性的表示。如果读者要丢弃一个变量，那么尽量丢弃后面出现的而不是开始出现的变量。

> **重中之重**
>
> 生成变量重要性排序是惩罚线性回归模型的一个重要特征。这使该模型在早期开发过程中可以很方便地使用，因为这将帮助在构建预测模型阶段中决定保留哪个变量和丢弃哪个变量——该过程也被称作特征工程。读者会在后续看到决策树集成方法同样产生变量重要性的度量，但不是所有的机器学习方法都会生成此类信息。读者可以通过尝试所有组合，如含有 1 个变量、含有两个变量等来生成特征的重要性属性。但是，即使对只有 10 个属性的红酒数据集来说，遍历所有可能子集也需要 10 的阶乘次训练，这对算法来说是不现实的。

2. 从数百个 LARS 生成的模型中选择最佳模型

目前对于从红酒的化学属性上来预测红酒口感得分，已经有 350 个可能的解。如何选择最佳的解？为了选择使用哪一条曲线，需要了解 350 个选择中每种选择的优劣。正如第 3 章所讨论的，性能指的是在样本外数据上的性能。第 3 章列出了几种在预留数据上决定性能的方法。代码清单 4.2 展示了执行 10 折交叉验证的代码来决定部署使用的最佳系数集合。

代码清单 4.2　使用 10 折交叉验证确定最佳系数集（larsWineCV.py）

```
__author__ = 'mike-bowles'

from Read_Fcns import list_read_wine
import numpy a np
from sklearn import datasets, linear_model
from math import sqrt
import matplotlib.pyplot as plt

#read data into iterable
names, xList, labels = list_read_wine()

#Normalize columns in x and labels
nrows = len(xList)
ncols = len(xList[0])
```

```python
#read wine data into lists
names, xList, labels = list_read_wine()

#Normalize features
xScaler = StandardScaler()
xNormalized = xScaler.fit_transform(xList)
nrows, ncols = xNormalized.shape

#Normalize labels
labelScaler = StandardScaler()
labelNormalized = labelScaler.fit_transform(np.array(labels).reshape( \
            [-1,1]))

#Build cross-validation loop to determine best coefficient values.

#number of cross validation folds
nxval = 10

#number of steps and step size
nSteps = 350
stepSize = 0.004

#initialize accumulator for errors
mean_sq_err = np.zeros([nSteps,1])

for ixval in range(nxval):
    #Define test and training index sets
    idxTest = [a for a in range(nrows) if a%nxval == ixval]
    idxTrain = [a for a in range(nrows) if a%nxval != ixval]

    #Define test and training attribute and label sets
    xTrain = xNormalized[idxTrain, :]
    xTest = xNormalized[idxTest]
    labelTrain = labelNormalized[idxTrain]
    labelTest = labelNormalized[idxTest]

    #Train LARS regression on Training Data
    nrowsTrain = len(idxTrain)
    nrowsTest = len(idxTest)
```

```python
        #initialize a vector of coefficients beta
        beta = np.zeros([ncols, 1])

        for iStep in range(nSteps):
            #calculate residuals
            residuals = labelTrain - np.dot(xTrain, beta)

            #correlation between attribute columns and residual
            corr = np.mean(xTrain * residuals, axis=0)

            #locate feature w largest magnitude correlation with residuals
            iStar = np.argmax(np.abs(corr))
            corrStar = corr[iStar]

            #update coefficients
            beta[iStar] += stepSize * corrStar / abs(corrStar)

            #calculate out of sample squared errors
            err = labelTest - np.dot(xTest, beta)
            mean_sq_err[iStep,0] += np.mean(err*err) / float(nxval)

cvCurve = mean_sq_err

minPt = np.argmin(cvCurve)
minMse = cvCurve[minPt]
print("Minimum Mean Square Error", minMse)
print("Index of Minimum Mean Square Error", minPt)

xaxis = range(len(cvCurve))
plt.plot(xaxis, cvCurve)

plt.xlabel("Steps Taken")
plt.ylabel(("Mean Square Error"))
#plt.savefig('larsWineCV.png', dpi=500)
plt.show()
```

10 折交叉验证是将输入数据切分为 10 份几乎均等的数据，将其中一份数据移除，使用剩下的数据进行训练，然后在移除的数据上进行测试。通过将这 10 份数据中的每一份依次移除作为测试数据，读者可以对误差和估计的可变性进行良好的估计。

(1) 基于交叉验证利用 Python 代码进行模型选择

代码清单 4.2 中的代码类似于代码清单 4.1 中的代码，不同之处主要在交叉验证循环上（循环 nxval 次）。在这种情况下 nxval=10，也可以设置为其他值。关于交叉验证份数的选择，如果份数较少，那么意味着每次训练使用的数据也较少。如果设为 5 折，那么每次训练时会预留 20% 的数据。如果使用 10 折，那么只会留出 10% 的数据。正如中第 3 章看到的，在较少的数据上训练会降低算法的准确性。然而，切分份数过多也意味着在训练过程中需要多次遍历。这会显著增加训练时间。

在进行交叉验证循环前，一般会初始化一个误差列表，该误差列表包含 LARS 算法中每一步迭代的误差。算法会对所有 10 次交叉验证的每一步误差进行累加。在交叉验证循环中，读者会看到训练集和测试集的定义。这里使用一个取模函数来定义这些集合，特殊情况除外。例如，在某些情况下，读者需要使用分层抽样。比如读者要在一个非平衡的数据集上构建分类器，其中某一类的样本点很少。如果读者希望训练集能够代表整个数据集，那么需要按照类来抽样数据，从而确保样本内和样本外的类的大小比例是一致的。

读者可能倾向于使用一个随机函数来定义训练集和测试集，但是要清楚数据集中的任何模式都可能影响抽样过程（如果观测不是可交换的）。举个例子，如果数据是在每周的工作日进行采集，那么使用 5 折交叉验证的取余函数可能导致一个集合包含周一所有的数据，另一个集合包含周二所有的数据等。

(2) 累加交叉验证中每折的误差并评估结果

一旦训练集和测试集被定义好，LARS 算法的迭代就可以开始。该过程类似于代码清单 4.1，但有一些重要区别。首先，算法的基本迭代在训练集上展开而不是在全体数据集上展开；其次，在迭代的每一步以及对每一份交叉验证的数据，同时使用 β 的当前值、测试属性以及测试标签来确定模型在测试集上的误差（在当前迭代步骤）。读者会在交叉验证循环的最底端看到计算过程。β 每次更新时，在测试集上应用上述过程，并将误差累加到 error 列表中。接着对每个误差列表进行平方取平均就变得很简单。每一步迭代会生成一条均方误差曲线，然后计算 10 次交叉验证的平均值。

读者可能会担心测试数据是否被合理使用。一般要警惕测试数据进入训练过程，有多种方式可能会违背该限制。最主要的是，读者要确保测试数据不能在计算 β 的增量时使用，β 的增量的计算只能使用训练数据。

(3) 关于模型选择以及训练次序的实际考虑

MSE 曲线与 LARS 迭代步数的关系如图 4-4 所示,该曲线展示了一个非常普遍的模式。基本上 MSE 随着迭代步数的增加单调递减。严格来讲，从程序的输出来看，最小值在第 311 步左右。但是该图显示最小值比较稳定，相对周围没有明显突出。在某些情况下，该曲线会在某个点上到达一个明显的最小值，往左或者往右都会显著增加。使用交叉验证来决定 350 个解中，LARS 生成的哪个解应该用于构建预测。在本例中，最小值在第 311 步出现，β 的第 311 个系数集合可以用于实际部署。当部署的最佳解决方案不明确时，关于部署时具体使用哪个解，一般倾向于使用较为保守的方案。对惩罚回归来讲，保守的解意味着系数值较小的解。按照惯例，对样本外性能，简单模型一般在左边，复杂模型一般在右边。简单模型往往有更好的泛化性能，即它们对新数据的预测更为准确。更保守的模型在样本外数据上的性能一般出现在图的左边。

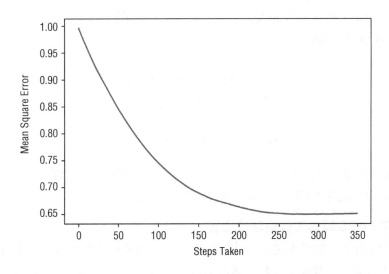

图 4-4　红酒数据上 LARS 算法的交叉验证均方误差

　　代码中的 LARS 算法和交叉验证首先对整个数据集进行遍历，然后运行交叉验证。实际上，很可能先运行交叉验证，然后在整个数据集上训练算法。交叉验证的目的是确定能获得大概怎样的 MSE 性能（或其他）并且了解数据集能够支持学习什么复杂度的模型。第 3 章讨论过数据集大小以及模型复杂度的问题。交叉验证（或者其他基于预留数据进行可靠性能评估的过程）用来确定最佳部署模型的复杂度，决定的是复杂度而不是特定模型（并不是 β 的特定取值）。正如在代码清单 4.2 中所看到的，使用 10 折交叉验证，实际训练了 10 个模型，在 10 个模型中，没有办法决定哪个是最佳模型。好的经验是在完整数据集上进行训练，使用交叉验证确定部署哪个模型。对于代码清单 4.2 中的例子，交叉验证在训练阶段得到 MSE 在第 311 步取到最小值 0.59 的结果。图 4-4 的系数曲线是在整个数据集上训练得到的。因为并不了解 350 个系数集合的哪一个（见图 4-4）应该被部署使用，所以使用交叉验证进行确定。交叉验证会生成对 MSE 的合理估计，明确将第 311 个模型在整个数据集上进行训练后进行部署。

4.3.2 使用 Glmnet：快速且通用

Glmnet 算法是杰罗姆·弗里德曼（Jerome Friedman）教授及其同事在斯坦福大学于 2010 年提出的。Glmnet 算法解决 ElasticNet 问题。回忆一下 ElasticNet 算法引入对惩罚函数的泛化，包括套索惩罚（绝对值加和）以及岭惩罚（平方和）。ElasticNet 通过参数 λ 来决定系数惩罚项相对于拟误差的重要程度。算法同时包括参数 α，该参数用于决定惩罚项与岭回归（$\alpha=0$）以及套索回归（$\alpha=1$）的接近程度。类似于 LARS 算法，Glmnet 算法生成了完整的系数曲线。LARS 算法将系数累加量加入到 β 以使曲线前进，而 Glmnet 算法持续地减少 λ 来推进系数曲线。公式 4.9 展示了弗里德曼论文中的关键公式，即求解 ElasticNet 公式中的系数的关键迭代公式。

$$\tilde{\beta_j} \leftarrow \frac{S\left(\frac{1}{m}\sum_{i=1}^{m}x_{ij}r_i + \tilde{\beta_j}, \lambda\alpha\right)}{1+\lambda(1-\alpha)}$$

公式 4.9 Glmnet 算法按照坐标的更新

公式 4.9 对应于弗里德曼论文中公式 5 与公式 8 的组合。这个公式看上去比较复杂，但是仔细观察会发现与 LARS 方法的相似性和某种关联。

1. Glmnet 与 LARS 算法工作原理的比较

公式 4.9 给出了 β 的基本更新公式。LARS 更新公式是找到与残差相关性最大的属性并小幅增加（或减少）对应的系数。修改后的公式 4.9 稍微复杂些，它使用一个箭头而不是一个等号，箭头指的是"被映射到"。注意到 $\tilde{\beta_j}$ 出现在箭头的两边。箭头右侧是 $\tilde{\beta_j}$ 的旧值，箭头左侧（箭头所指方向）是 $\tilde{\beta_j}$ 的新值。经过若干次迭代，如公式 4.9 所示，$\tilde{\beta_j}$ 停止改变（更准确地说是改变已经变得微不足道了），此时算法对应给定的 λ 和 α 收敛到了最终解。现在是时候讨论系数曲线的下一个点了。

首先应该注意的是加和中的 $x_{ij}r_i$。$x_{ij}r_i$ 在所有 i 上相加的和（在数据的行上）生成了第 j 个属性与残差的相关性。回忆一下 LARS 回归算法的每一步，计算每个属性与残差的相关性。在 LARS 算法中，通过考虑所有相关性来确定哪个属性与残差的相关性最大，增加相关性最大的属性系数。使用 Glmnet 算法，相关性计算稍微不同。

使用 Glmnet 算法，与残差的相关性用于计算系数的变化幅度。但是在导致 $\tilde{\beta_j}$ 改变前需要输入函数 $S()$。函数 $S()$ 是套索系数缩减函数。该函数如图 4-5 所示。正如读者在图 4-5 中所看到的，如果第一个输入小于第二个输入，那么输出为 0。如果第一个输入大于第二个输入，那么输出变为第一个输入减去第二输入的值。这称作软限制。

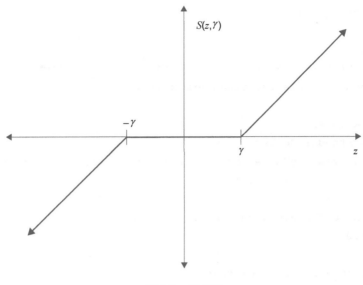

图 4-5　$S()$ 函数

代码清单 4.3 展示了 Glmnet 算法的代码。读者可以看到如何使用用于更新 β 的公式 4.9 来生成 ElasticNet 系数曲线。代码清单 4.3 中注释的公式编号与弗里德曼论文中的一致。论文可以在网上找到，读者如果感兴趣，可以去查阅以获得更多的数学细节。

代码清单 4.3　Glmnet 算法（glmnetWine2.py）

```
__author__ = 'mike_bowles'

from Read_Fcns import list_read_wine
import numpy as np
from sklearn import datasets, linear_model
from math import sqrt
import matplotlib.pyplot as plt
from sklearn.preprocessing import StandardScaler

def S(z, gamma):
    if gamma >= abs(z):
        return 0.0
    return (z/abs(z))*(abs(z) - gamma)

#read wine data into list of attribute rows and list of labels
names, xList, labels = list_read_wine()
nrows = len(xList)
```

```python
ncols = len(xList[0])

#Normalize x
xScaler = StandardScaler()
xNormalized = xScaler.fit_transform(xList)

#Normalize labels
yScaler = StandardScaler()
labelNormalized = yScaler.fit_transform(np.array(labels).reshape( \
                [-1, 1]))

#select value for alpha parameter
alpha = 1.0

#define parameters for iteration
nSteps = 100
lamMult = 0.93 #100 steps gives reduction by factor of 1000 in

#make a pass through the data to determine value of lambda that
# just suppresses all coefficients.
xy = np.mean(xNormalized * labelNormalized, axis=0)
maxXY = np.amax(np.abs(xy))
lam = maxXY/alpha #starting lambda value

#initialize a vector of coefficients beta
beta = np.zeros([ncols, 1])

#initialize matrix of betas at each step
betaMat = beta.copy()

#begin iteration
nzList = [] #betas ordered by entry sequence

for iStep in range(nSteps):
    #make lambda smaller so that some coefficient becomes non-zero
    lam = lam * lamMult
    
    deltaBeta = 100.0
    eps = 0.01
```

```python
        iterStep = 0
        betaInner = beta.copy()
        while deltaBeta > eps:
            iterStep += 1
            if iterStep > 100: break

            #cycle through attributes and update one-at-a-time
            #record starting value for comparison
            betaStart = betaInner.copy()
            for iCol in range(ncols):
                residual = labelNormalized - np.dot(xNormalized, betaInner)
                xjr = np.mean(xNormalized[:, iCol].reshape([-1, 1]) * \
                      residual)
                uncBeta = xjr + betaInner[iCol]
                betaInner[iCol] = S(uncBeta[0], lam * alpha) / (1 + \
                                    lam * (1 - alpha))

            sumDiff = np.sum(np.abs(betaInner - betaStart))
            sumBeta = np.sum(np.abs(betaInner))
            deltaBeta = sumDiff/sumBeta

        print('\r', 'Step', iStep, 'Iteration', iterStep, end='')
        beta = np.array(betaInner.copy()).reshape([-1, 1])

        #add newly determined beta to list
        betaMat = np.concatenate((betaMat, beta.copy()), axis=1)

        #keep track of the order in which the betas become non-zero
        nzBeta = [index for index in range(ncols) if beta[index] != 0.0]
        for q in nzBeta:
            if (q in nzList) == False:
                nzList.append(q)

#print out the ordered list of betas
nameList = [names[nzList[i]] for i in range(len(nzList))]
print('\n\n', nameList)

nPts = betaMat.shape[1]
```

```
    for i in range(ncols):
        #plot range of beta values for each attribute
        coefCurve = betaMat[i,:].reshape([-1,])
        xaxis = range(nSteps +1)
        plt.plot(xaxis, coefCurve)
plt.xlabel("Steps Taken")
plt.ylabel(("Coefficient Values"))
#plt.savefig('glmnetWine2.png', dpi=500)
plt.show()

Printed Output:
Step 99 Iteration 1

alcohol, volatile acidity, sulphates, total sulfur dioxide, chlorides,
fixed acidity, pH, free sulfur dioxide, residual sugar, citric acid,
density
```

2. Glmnet 算法的初始化与迭代

迭代从一个较大的 λ 值开始。λ 足够大使所有 β 等于 0。公式 4.9 指出如何计算 λ 的起始值。对于公式 4.9 的函数 S()，如果第一个输入（x_i,r_i 的相关性）小于第二个输入 $-\lambda\alpha$，则函数输出为 0。迭代从 β 都等于 0 开始，此时残差等于标签值。决定 λ 初始值的流程如下：首先计算每个属性与标签的关联，找到相关性最大的属性，然后求解 λ 的值从而使最大关联刚好等于 $\lambda\alpha$。这是 λ 的最大值，该值导致 β 的所有值都等于 0。

接着迭代从减少 λ 开始，通过使用略微小于 1 的系数去乘以 λ 来完成。弗里德曼建议乘子最好满足 λ^{100} = 0.001，此时乘子大约等于 0.93。如果算法运行很长时间都没有收敛，那么增加 λ 的乘子使其接近于 1。弗里德曼的代码实现将步长从 100 增加到 200（比如），经过 200 步使起始点 λ 从 1 降为初始值的 0.001。在代码清单 4.3 中，读者可以直接控制乘子大小。系数曲线如图 4-6 所示。

图 4-6 展示了代码清单 4.3 生成的系数曲线。该曲线接近于 LARS 生成的曲线（见图 4-3），类似但不相同。LARS 以及套索常常生成相同的曲线，但有时结果不同。决定哪种方法较好的唯一方式是在样本外数据上进行测试，观察哪种方法性能最好。

套索模型的测试与部署过程与 LARS 算法相同，使用第 3 章中的方法在样本外数据上进行测试（如采用 N 折交叉验证）。用样本外数据上的结果来决定模型的最优复杂度，然后在完整训练集上进行训练来构建系数曲线，从中挑出性能最好的步长对应的解。

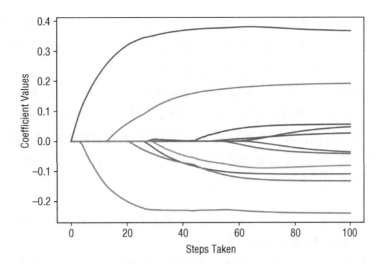

图 4-6　预测红酒口感的 Glmnet 模型的系数曲线

本节介绍了惩罚线性回归模型对应的两个最小化问题的求解方法。我们学习到这两个算法是如何工作的，以及它们之间的关系和实现细节。这些都为读者后续使用相关的 Python 包奠定了基础，也便于理解 4.4 节中关于模型的不同扩展方法。第 5 章将会介绍这些扩展方法实际应用的例子。

4.4　将线性回归扩展到分类问题

目前为止，开发关注于回归问题——要预测的输出为实数值。如何把讨论的方法推广到分类问题——其中输出为两个离散值（或者更多）（如"单击"或者"不单击"）？有多种方法将目前的回归问题推广到分类问题。

4.4.1　用惩罚回归求解分类问题

对二元分类问题，通过将二值转换为实数值往往会获得好结果。该过程将二元分类值编码为 1 和 0（或者 +1 和 -1）。通过这个简单的变换，标签列表变为一串实数值，比如，结果是"单击"和"不单击"分别变为 1.0 和 0.0，之前讨论的算法就可以应用。虽然有很多扩展方法，但上述方法往往是一个不错的选择。该方法要比复杂的方法训练速度更快，这个特性很重要。

代码清单 4.4 给出了在岩石与水雷数据集上将类别属性替换为 0 或 1 的一个例子。回想一下第 2 章中的岩石与水雷数据集对应一个分类问题。数据集来自一次具体实验，实验目标是确定能否通过声呐来检测未探明的水中的水雷。因为除水雷外其他物体也会反射声波，所以预测问题是确定反射声波是来自水雷还是海底岩石。

实验使用的声呐波形被称作啁啾波形。啁啾波形是在传输的声呐脉冲持续时间中频率升降的波形。岩石与水雷数据集中的 60 个属性是在 60 个不同的时间点抽样获得的返回脉冲，这些脉冲对应于啁啾脉冲的 60 个不同的频段。

代码清单 4.4 展示了如何将分类标签 R 和 M 转换为 0.0 以及 1.0，从而将问题转换为普通回归问题。然后代码使用 LARS 算法来构建分类器。代码清单 4.4 遍历了一遍整个数据集。正如前面所讨论的，读者会想到使用交叉验证或者预留数据的方式来选择最优的模型复杂度。第 5 章将在这个数据集上回顾这些设计步骤并比较它们的性能。这里展示了如何将读者所看到的回归工具应用到分类问题上。

代码清单 4.4　通过为二类标签赋数值将分类问题转换为普通线性回归问题（larsRocksVMines.py）

```python
__author__ = 'mike_bowles'
from Read_Fcns import list_read_rvm
from math import sqrt
import matplotlib.pyplot as plt
import numpy as np
from sklearn.preprocessing import StandardScaler

#define function for producing coef curves
def lars_coef_curves(xNormalized, labelNormalized, nSteps, stepSize):
    nrows, ncols = xNormalized.shape

    beta = np.zeros([ncols, 1])
    betaMat = beta.copy()

    for i in range(1, nSteps):

        #calculate residuals
        residuals = labelNormalized - np.dot(xNormalized, beta)

        #correlation between attribute columns and residual
        corr = np.mean(xNormalized * residuals, axis=0)

        #locate feature w largest magnitude correlation with residuals
        iStar = np.argmax(np.abs(corr))
        corrStar = corr[iStar]

        #increment or decrement corresponding coefficient (beta)
```

```python
            #increment if corr is + decrement if it's -
            beta[iStar] += stepSize * corrStar / abs(corrStar)
            betaMat= np.concatenate( (betaMat, beta.copy()), axis=1)

            #form list of non-zero coefficients and accumulate new ones
            nzBeta = [index for index in range(ncols) if beta[index]\
                    != 0.0]
            for q in nzBeta:
                if (q in nzList) == False:
                    nzList.append(q)
    return betaMat, nzList

#read data from uci data repository
xNum, labels = list_read_rvm()

xNum = np.array(xNum)
labels = np.array(labels)

#number of rows and columns in x matrix
nrow, ncol = xNum.shape

#normalize features
xScaler = StandardScaler()
xNormalized = xScaler.fit_transform(xNum)

#Normalize labels
yScaler = StandardScaler()
labelNormalized = yScaler.fit_transform(labels.reshape([-1, 1]))

#number of steps to take
nSteps = 350
stepSize = 0.004
print('shapes', xNormalized.shape, labelNormalized.shape)

betaMat, nzList = lars_coef_curves(xNormalized, labelNormalized, \
                    nSteps, stepSize)

#make up names for columns of xNum
names = ['V' + str(i) for i in range(ncol)]
nameList = [names[nzList[i]] for i in range(len(nzList))]
```

```
print(nameList)
for i in range(ncol):
    #plot range of beta values for each attribute
    coefCurve = betaMat[i,:].reshape([-1,])
    xaxis = range(nSteps)
    plt.plot(xaxis, coefCurve)

plt.xlabel("Steps Taken")
plt.ylabel(("Coefficient Values"))
#plt.savefig('larsRocksVMines.png', dpi=500)
plt.show()
Printed Output:
shapes (208, 60) (208, 1)
'V10', 'V48', 'V44', 'V11', 'V35', 'V51', 'V20', 'V3', 'V21', 'V15',
'V43', 'V0', 'V22', 'V45', 'V53', 'V27', 'V30', 'V50', 'V58', 'V46',
'V56', 'V28', 'V39'
```

图 4-7 展示了 LARS 算法对应的系数曲线。曲线形状与红酒口感预测曲线类似。但是这里的曲线数量更多，因为岩石与水雷数据集属性更多（岩石与水雷数据包含 60 个属性、208 行数据）。基于第 3 章的讨论结果，读者可能会认为最优解不会使用所有的属性。在第 5 章中，读者将会看到这种属性取舍的结果。第 5 章将会关注这个问题以及其他问题的解决方案，还有不同方法之间性能的比较。

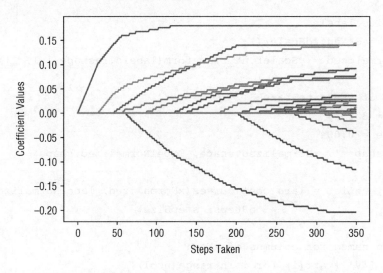

图 4-7　通过转换标签获得的岩石与水雷分类问题的系数曲线

另一种方法是通过输出的似然函数来定义问题。这对应于逻辑斯蒂回归。Glmnet 算法可以在此框架中进行转换，弗里德曼的原始论文对逻辑斯蒂回归版本的 Glmnet 算法进行了综述并将其扩展到多类别分类问题，即包含超过两种离散输出的问题。第 5 章将介绍该算法针对二元分类以及多类别分类的版本。

4.4.2 多类别分类问题的求解

一些问题需要在多个结果中进行决策。举一个例子，假设读者为自己的网站访问者呈现多个链接。访问者可能会单击链接中的任何一个、单击返回按钮或者完全退出网站。与整数型的红酒口感得分不同，这里存在多种可选方案。红酒口感为 4 的得分很自然的处在 3 和 5 之间，如果改变一个属性（酒精含量）使得分从 3 变为 4，则改变更多的话会使得分进一步向相同方向移动。而网站访问者的行为结果没有这样的顺序。这被称作多类别分类问题。

可以使用二元分类器来解决多类别分类问题。该技术被称作一对所有（one versus all）或者一对其余（one versus the rest），从名字上就可以了解该算法是如何工作的。基本上把多类别分类问题分解为多个二元分类问题。例如，可以预测访问者是否会离开网站或者做其他动作；另一个二元分类问题是预测用户是否会单击返回按钮或者其他选项。总之有多少种可能的输出，就可以提出多少个二元分类问题。二元分类器在预测时都会输出具体数值，例如采用代码清单 4.4 中的 LARS 分类器。对于这些一对所有的分类器，输出值最大的就是胜者。第 5 章在玻璃数据集上实现了该算法，其中包含 6 种不同的输出结果。

4.4.3 理解基扩展：用线性方法求解非线性问题

本质上，线性方法假设分类和回归预测可以表示为可用属性的线性组合。如果读者怀疑线性模型不够该怎么办？读者仍然可以通过基扩展使用线性模型来处理强非线性关系。基扩展的基本思想是问题中的非线性可以通过属性的多项式组合来近似（或者属性的其他非线性函数）；读者可以向线性回归公式中添加原始属性的幂作为回归因子，通过线性方法来确定多项式回归的系数集合。

为了理解为什么该方法有效，可以看一下代码清单 4.5。代码从红酒口感数据集开始。本章之前提到利用线性模型可以得到酒精含量是决定口感最重要的属性。这种关系可能不是一条直线，尤其在酒精度特别高或者特别低的情况下直线可能会发生弯曲。

代码清单 4.5 展示了如何验证上述观点。

代码清单 4.5　使用基扩展解决红酒口感预测问题（wineBasisExpand.py）

```
__author__ = 'mike-bowles'

from Read_Fcns import list_read_wine
```

```python
import matplotlib.pyplot as plt
from math import sqrt, cos, log

#read wine data
names, xList, labels = list_read_wine()

#extend the alcohol variable - the last column in that attribute matrix
xExtended = []
alchCol = len(xList[1])


for row in xList:
    newRow = list(row)
    alch = row[alchCol - 1]
    newRow.append((alch - 7) * (alch - 7)/10)
    newRow.append(5 * log(alch - 7))
    newRow.append(cos(alch))
    xExtended.append(newRow)

nrow = len(xList)
v1 = [xExtended[j][alchCol - 1] for j in range(nrow)]

for i in range(4):
    v2 = [xExtended[j][alchCol - 1 + i] for j in range(nrow)]
    plt.scatter(v1,v2)

plt.xlabel("Alcohol")
plt.ylabel(("Extension Functions of Alcohol"))
plt.show()
```

代码按照之前的方式读入数据。读入数据之后（以及在属性归一化之前），代码对数据行进行扫描，向数据行中添加一些新属性，并将扩展后的新行添加到新的属性集上。附加的新属性是原始酒精含量属性的函数输出。举个例子，第一个新属性是 ((alch - 7) × (alch - 7)/10)，其中 alch 是数据行中的酒精值。引入常数 7 和 10，从而使新产生的属性都能在一个图上画出来。基本上，新属性取酒精值的平方。

接下来使用扩展属性集合，并使用本章已经开发的工具（或者其他可用方法来构建线性模型）来构建一个线性分类器。不论使用哪种方法来构建线性模型，模型都需要针对每个属性引入乘子（或者系数），包括新属性。如果扩展使用的函数都是原始属性的幂，那么线性模型的输出是原始属性的多项式函数的系数。通过选择不同的扩展函数也可以构建其他的线性分类器。

图 4-8 展示了新属性与原始属性的依赖关系。读者可以看到扩展属性是原始属性的平方、对数以及正弦函数。

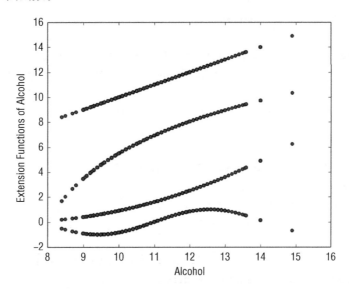

图 4-8　用于扩展红酒数据属性的函数

4.4.4　将非数值属性引入线性方法

惩罚线性回归（以及其他线性方法）需要数值属性。如果问题包含其他非数值属性（也被称作类别属性或者因子属性），那么该怎么办？一个熟悉的例子是性别属性，属性的可能性只有男或女。进行类别属性转换的标准方法是将属性的可能取值编码为若干新的属性列。如果一个属性有 N 个可能值，那么该属性将被编码为 N-1 列新的属性。使用 N-1 列新属性来对应表示原始属性的 N 个可能值。对每行记录，如果原始属性值为第 i 个可能值，那么将对应的新属性列的第 i 列设为 1，其他列设为 0。如果该行的原始属性值为第 N 个值，那么将对应新属性的所有列设为 0。

代码清单 4.6 展示了如何在鲍鱼数据集上应用该技术。数据集对应的任务是基于不同的测量指标来预测鲍鱼年龄。

代码清单 4.6　使用鲍鱼数据集在惩罚线性回归方法中编码类别属性（larsAbalone.py）

```
__author__ = 'mike_bowles'

from Read_Fcns import list_read_abalone
```

```python
import matplotlib.pyplot as plt
from math import sqrt
from sklearn.preprocessing import StandardScaler

#read abalone data
xList, labels = list_read_abalone()

names = ['Sex', 'Length', 'Diameter', 'Height', 'Whole weight', \
        'Shucked weight', 'Viscera weight', 'Shell weight', 'Rings']

#code three-valued sex attribute as numeric
xCoded = []
for row in xList:
    #first code the three-valued sex variable
    codedSex = [0.0, 0.0]
    if row[0] == 'M': codedSex[0] = 1.0
    if row[0] == 'F': codedSex[1] = 1.0

    numRow = [float(row[i]) for i in range(1,len(row))]
    rowCoded = list(codedSex) + numRow
    xCoded.append(rowCoded)

namesCoded = ['Sex1', 'Sex2', 'Length', 'Diameter', 'Height', \
 'Whole weight', 'Shucked weight', 'Viscera weight', 'Shell weight', \
    'Rings']

nrows = len(xCoded)
ncols = len(xCoded[1])

#Normalize features (w coded 3-valued sex)
xScaler = StandardScaler()
xNormalized = xScaler.fit_transform(xCoded)

#Normalize labels
yScaler = StandardScaler()
labelNormalized = yScaler.fit_transform(np.array(labels).reshape(\
                [-1, 1]))


#initialize matrix of betas at each step
```

```
betaMat = []
betaMat.append(list(beta))


#number of steps to take
nSteps = 500
stepSize = 0.01

betaMat, nzList = lars_coef_curves(xNormalized, labelNormalized, \
        nSteps, stepSize)

nameList = [namesCoded[nzList[i]] for i in range(len(nzList))]

print(nameList)
for i in range(ncols):
    #plot range of beta values for each attribute
    coefCurve = betaMat[i,:].reshape([-1,])
    xaxis = range(nSteps)
    plt.plot(xaxis, coefCurve)

plt.xlabel("Steps Taken")
plt.ylabel(("Coefficient Values"))
plt.savefig('larsAbalone.png', dpi=500)
plt.show()

Printed Output:
['Shell weight', 'Height', 'Sex2', 'Shucked weight', 'Diameter', 'Sex1',
'Whole weight', 'Viscera weight']
```

第一个属性是鲍鱼的性别，有 3 种可能值。因为鲍鱼出生不久时，性别是不能确定的，所以性别有 3 种可能值：M（雄）、F（雌）和 I（未定）。

和列相关的变量名用 Python 列表 names 表示。对鲍鱼数据集，这些列名并不在数据文件的第一行出现，而是单独保存为一个文件放在 UC Irvine 网站上。列表的第一个变量是动物的性别。列表的最后一个变量是环数，即切开鲍鱼的壳后使用显微镜观察并统计鲍鱼壳上的环的个数，环数代表鲍鱼的实际年龄。该问题的目标是训练一个回归系统来预测环数，这种预测使用更简单、更省时以及更经济的度量指标，而不是直接统计环数。

在属性矩阵进行归一化之前需要完成对性别属性的编码。该过程是构建两列来代表 3

种可能的值。构建逻辑是：如果对应行的性别为雄性（M），就将第 1 列设为 1，否则设为 0；如果性别为雌性（F），就将第 2 列设为 1；如果样本还处在幼年，就将两列都设为 0。新属性列的列名为 Sex1 和 Sex2 以代替原来的 Sex。

一旦编码完成，属性矩阵中的元素是数值，样本就可以按照之前的方法进行处理。算法将变量归一化为零均值和单位标准差，然后应用之前提到的 LARS 算法来推断系数曲线。输出展示了变量进入惩罚线性回归模型中的解的顺序。读者可以观察到新的用于编码性别的 2 列属性都在解中出现。

图 4-9 展示了 LARS 算法针对该问题生成的系数曲线。第 5 章将针对该问题使用多种方法来提升效果。

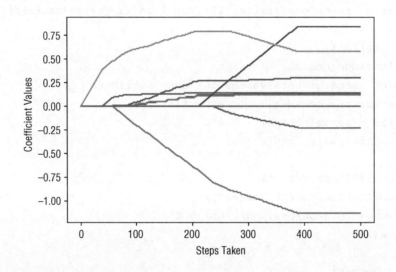

图 4-9　在鲍鱼数据集上用编码后的类别变量训练 LARS 模型得到的系数曲线

本节讨论了惩罚线性回归的几种扩展方法，拓宽了其适应不同问题的能力。本节描述了一个简单而有效的方法，将分类问题转换为普通线性回归问题，还讨论了如何将二元分类问题推广到多类别分类问题上，接着讨论了如何在原始属性上应用非线性函数生成新属性，将新属性添加到模型中，从而实现使用线性回归来建模非线性行为。最后，本节展示了如何将类别变量转换为数值变量，从而可以在类别变量上训练线性算法。类别变量的转换方法不仅可以用于线性回归，也可以用于其他线性方法（如支持向量机）。

4.5　小结

本章的目标是让读者打基础，并可以自信地使用 Python 包来实现上述算法。本章将输入数据描述为一个用于表示结果的列向量和一个用于预测的属性表。第 3 章提到预测模型的复杂度需要与问题复杂度以及数据集规模一致，并且给出线性回归模型的调参方法。本章在此基础上介绍了几种最小化算法，其中可调的系数惩罚项被添加到最小二乘法的误差惩罚项上。正如本章所展示的，基于线性系数规模的可调惩罚项可以实现对系数的压缩，从而实现对模型复杂度的调整。我们学了如何使用样本外数据上的误差来调整模型的复杂度，从而获得最优性能。

  本章描述了两种现代方法用于解决惩罚线性回归最小化问题，介绍了如何使用 Python 来实现上述算法，从而帮助读者掌握算法的核心代码。本章利用普通回归问题（数值特征以及数值目标）作为例子对算法进行深度介绍，同时也介绍了线性回归的几种扩展方法，扩大了线性回归的使用场景，这些扩展包括解决二元分类问题、多类别分类问题、属性与结果为非线性关系的问题以及非数值属性问题。

  第 5 章将使用实现这些算法的 Python 包来运行一系列示例。这些精心挑选的示例展示了问题的不同方面的特征，以便巩固这些算法思想。通过本章所学，读者应该已经对 Python 包中的不同参数和方法熟悉很多。

第 5 章
用惩罚线性方法构建预测模型

在第 2 章中，我们看了多个不同的数据集，目标是理解数据，理解不同属性与预测标签之间的关系，理解问题本质。本章将再次使用这些数据，通过一些例子来展示使用第 4 章中的方法来构建预测模型的过程。一般来讲，模型构建可以分为两个或更多的部分。

第 4 章中提到的构建惩罚线性回归模型包含两步。第一步是运行交叉验证，以确定可实现的最佳样本外性能，并确定实现该性能的模型。确定模型能达到的最高性能是模型设计最难的部分，本章中的许多例子只呈现该过程。第二步是对整个数据集进行训练，以得到系数曲线。在整个数据集上进行训练是为了得到模型系数的最佳估计，这并不会改变对误差的估计，这些误差是衡量性能的标准。

本章将面临各种不同类型的问题：回归问题、分类问题、包含类别属性的问题、标签与属性存在非线性关系的问题。本章也会进一步验证基扩展是否会提升预测性能。针对每种情况，本章都会介绍达到一个可部署的线性模型所要采取的关键步骤，同时也会考虑一些备选方案，从而确保得到最佳性能。

5.1 惩罚线性回归的 Python 包

第 4 章的例子使用 Python 版本的训练算法：LARS 和使用 ElasticNet 惩罚的坐标梯度下降方法。第 4 章使用 Python 代码的目的是展示算法的工作原理从而让读者深入理解。幸运的是，读者不需要在每次使用的时候都重复编写算法。

scikit-learn 包已经实现了套索回归、LARS 和 ElasticNet 回归。使用这些包有下面几个优势。一个优势是减少要编写以及调试的代码行数，另一个优势是包的运行速度要远快于第 4 章的代码实现。scikit-learn 包会利用一些已经证明的实用方法，如去掉与无关属性相关的计算来减少计算量。读者会看到这些包的执行速度非常快。

本章使用的算法包含在 sklearn.linear_model 包下。注意到几种模型的风格略微不同。例如，linear_model.ElasticNet 包和 linear_model.ElasticNetCV 包对应于本章开始介绍的两个任务。linear_model.ElasticNet 包用于在整个数据集上计算系数曲线，linear_model.ElasticNetCV 包通过交叉验证生成对 ElasticNet 模型性能的样本外估计。这些算法包都是现成的，可以直接使用。

两个版本的算法包都使用相同的输入格式（两个 numpy 数组：一个表示属性，另一个表示标签）。在某些情况下，为了更精细地控制交叉验证每一折验证中所使用的训练集和测试集，读者可能不能直接使用交叉验证的函数版本。

- 如果问题包含一个类别属性，并且该类别属性的某个属性值出现较少，那么读者需要通过抽样来确保每份数据中包含特定属性值的样本个数是等比例的。
- 读者也可能需要访问每折数据来计算误差统计量，例如读者不想使用 CV 包中的均方误差（mean squared error，MSE），可以换用其他误差统计量。读者可能倾向于使用平均绝对误差（mean absolute error，MAE），因为它能更好地匹配实际问题中的惩罚项。
- 另一种需要对每折数据计算误差的情况是使用线性回归来解决分类问题。正如第 3 章所述，分类问题使用的标准误差指标一般是误分类率或者 ROC 曲线下面积（AUC）。读者会在本章的岩石与水雷分类以及玻璃分类的例子中看到这种情况。

查看并考虑使用这些包要注意以下几点。首先是某些包（不是所有的包）在模型拟合前会自动对属性进行归一化。其次是 scikit-learn 包中变量的命名规则与第 4 章以及弗里德曼论文中的变量命名规则都不同。第 4 章使用变量 λ 来表示系数惩罚项的乘子，使用变量 α 来表示在 ElasticNet 惩罚中套索惩罚项和岭惩罚项所占的比例。scikit-learn 包使用 α 来取代 λ，使用 l1_ratio 来取代 α。下面都将使用 scikit-learn 包中的符号。

> **scikit-learn 的改动**
>
> scikit-learn 文档中声明：为了让所有的惩罚线性回归包有统一的形式，倾向于在所有惩罚回归包中都包含归一化技术。在写作本书的时候，该工作仍在进行当中。

5.2 多变量回归：预测红酒口感

正如第 2 章所讨论的，红酒口感数据集来源于 UC Irvine 数据仓库。数据集中包含 1 599 种红酒的化学分析以及每种红酒的平均口感得分（通过一组评酒员品尝）。预测问题是根据给定化学成分来预测红酒口感。化学成分数据包含 11 种不同的化学属性值——酒精含量、pH 值以及柠檬酸含量等，读者可以到第 2 章或者 UC Irvine 的网站去了解该数据集的更多细节。

预测红酒口感是一个回归问题，因为问题目标是预测质量得分，质量得分为 0 ~ 10 的整数。数据集只包括得分为 3 ~ 8 的样例。因为只给出了整数得分，所以理论上也可以将该问题转换为多类别分类问题，即该问题包含 6 种可能的类别（整数 3 ~ 8）。但是作为多类别分类问题会忽略不同得分之间存在的顺序关系（举个例子，5 比 6 差但比 4 好），因为回归的预测很好地保留了顺序关系，所以它是一个更自然的解决方法。

定义问题的另一种方式是从误差指标出发，这些指标关联到回归问题或者是多类别分类问题。回归的误差函数是均方误差。当真正的口感得分为 3 时，预测值为 5 要比预测值为 4 对累积误差的贡献更多。多类别分类问题的误差指标是被误分的样本数目。使用该误差指标，如果真正的口感为 3，则预测 5 或者 4 对于预测错误的贡献相同。回归显得更加自然，但是没有更好的办法证明它的性能更优。唯一能确定哪种方法效果更好的方式是两种都尝试一下。在后面，读者会学习到如何对多类别问题进行处理。接着读者可以再回来尝试多类别分类方法，看一下使用分类效果会变好还是变差。实际操作中读者会用哪种误差指标？

5.2.1 构建并测试预测红酒口感的模型

构建模型的第一步是通过样本外的性能来判断模型能否满足性能要求。代码清单 5.1 展示了执行 10 折交叉验证的效果并绘制了结果。sklearn.linear_ 模型包 LassoCV 完成了下面的工作：将数据按 N 折交叉验证的要求进行拆分，对每折的样本内数据运行套索回归模型，测试一系列权重惩罚参数（alpha）值下的样本外数据的测试性能。查看 sklearn 文档以了解所需参数的默认值。读者可能需要提供 N 折交叉验证中的 n 并设置 normalize=True。默认对数据不做归一化处理。

代码清单 5.1　在红酒口感数据集上使用交叉验证来估计套索模型的样本外误差（wineLassoCV.py）

```
__author__ = 'mike-bowles'

from Read_Fcns import list_read_wine
import numpy
from sklearn import datasets, linear_model
from sklearn.linear_model import import LassoCV
from math import sqrt
import matplotlib.pyplot as plt
#read data into iterable
names, xList, labels = list_read_wine()

#Use LassoCV class from sklearn.linear_model
#sklearn lasso class includes a normalization option, so
#normalization isn't required
#to get the unnormalized version of the curves just change
#normalize=True to normalize=False
```

```
wineModel = LassoCV(cv=10, normalize=True).fit(xList, labels)

#Display results
plt.figure()
plt.plot(wineModel.alphas_, wineModel.mse_path_, ':')
plt.plot(wineModel.alphas_, wineModel.mse_path_.mean(axis=-1),
        label='Average MSE Across Folds', linewidth=2)
plt.axvline(wineModel.alpha_, linestyle='--',
        label='CV Estimate of Best alpha')
plt.semilogx()
plt.legend()
ax = plt.gca()
ax.invert_xaxis()
plt.xlabel('alpha')
plt.ylabel('Mean Square Error')
plt.axis('tight')
#plt.savefig('wineLassoCVNormalized.png', dpi=500)
plt.show()

#print out the value of alpha that minimizes the Cv-error
print("alpha Value that Minimizes CV Error", wineModel.alpha_)
print("Minimum MSE ", min(wineModel.mse_path_.mean(axis=-1)))
Printed Output:

Normalized Version:
alpha Value that Minimizes CV Error 0.00029358033516
Minimum MSE 0.4339376197674394

Unnormalized Version:
alpha Value that Minimizes CV Error 0.0052692947038
Minimum MSE 0.4393606730929137
```

图 5-1 和图 5-2 中的两个图分别显示了执行归一化和不执行归一化的结果。读者可以用 Python Notebook 运行代码以产生这两个结果，相应的代码可以在本书的代码包中找到。要查看曲线的两个不同版本，只需要分别设置 normalize=True 和 normalize=False。相应的图形会出现在代码最后的结果单元中。

根据代码清单 5.1 中性能的数值显示，如果数据未规范化，性能就会略有下降。然而，图 5-2 中的 CV 误差与 alpha 的曲线图与图 5-1 中的曲线图有着根本的不同。该图有一个部分呈现扇形的形状,这是由于没有对 X 中的属性进行归一化而导致的 X 尺度上的混乱造成的,因为算法选择了一个只需要小系数的大变量。如果变量与 Y 的相关性很高,或者变量与 Y 的相关性较低,但是值较大,则可能发生这种情况。该算法在开始的几次迭代中使用一个稍差的变量,直到 α(以前称为 λ)小到足以引入一个更好的变量,此时误差急剧下降。这说明要么对 X 归一化,要么很警惕地不对其进行归一化,这样会得到更好的模型。

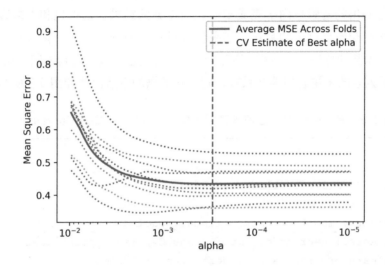

图 5-1　在红酒口感数据集上应用的套索模型:基于归一化数据的样本外误差

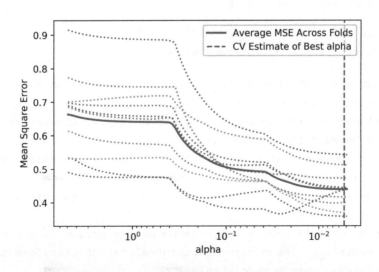

图 5-2　在红酒口感数据集上应用套索模型:基于未归一化的数据得到的样本外误差

5.2.2 部署前在整个数据集上进行训练

代码清单 5.2 显示了在整个数据集上进行训练的代码。如前文所述，对整个数据集进行训练是为了获得用于部署的最佳系数集。交叉验证会对部署的模型的性能进行评估，并给出产生最佳性能的 α 值。代码清单 5.2 做了两件事。它在归一化数据上训练模型，以便可视化系数曲线和评估变量的重要性。变量的重要性用应用于归一化数据的系数来确定哪些变量是最重要的，但是，读者可能想要可以直接应用到初始状态的数据的系数。这是在代码列表末尾调用的套索包内部完成归一化时得到的结果。套索包和大多数其他惩罚回归包一样，接受初始尺度下的数据。如果读者设置包的选项来归一化数据，那么包将在内部归一化数据并计算系数。然后，它把系数转换回读者希望应用到未归一化的数据的值。读者会在代码列表的末尾看到那些系数。归一化数据的系数曲线如图 5-3 所示。

代码清单 5.2　在完整数据集上训练套索模型（wineLassoCoefCurves.py）

```
__author__ = 'mike-bowles'

from Read_Fcns import list_read_wine
import numpy as np
from sklearn import datasets, linear_model
from sklearn.linear_model import LassoCV, lasso_path, Lasso
from sklearn.preprocessing import StandardScaler
from math import sqrt
import matplotlib.pyplot as plt

#read data
names, xList, labels = list_read_wine()

#First let's see the coefficient curves for the full data set and get a
#feel for variable importance
#For variable importance you'll need to normalize the variables before
#fitting otherwise the models will
#return coefficients relative to full scale variables which is what you
#need for applying the model
#but to determine importance you need coefficients on normalized
#features.
#lasso_path doesn't have a built-in normalize option
alphas, coefs, _ = lasso_path(StandardScaler().fit_transform(xList),
        labels, return_models=False)

plt.xlabel('alpha')
```

```
plt.ylabel('Coefficients')
plt.semilogx(alphas,coefs.T)
plt.axis('tight')
ax = plt.gca()
ax.invert_xaxis()
plt.savefig('wineLassoCoefCurves.png', dpi=500)
plt.show()
nattr, nalpha = coefs.shape

#find coefficient ordering
nzList = []
for iAlpha in range(1,nalpha):
    coefList = list(coefs[: ,iAlpha])
    nzCoef = [index for index in range(nattr) if coefList[index]
        != 0.0]
    for q in nzCoef:
        if not(q in nzList):
            nzList.append(q)

print("Features Ordered by How Early They Enter the model:")
_ = [print(names[nzList[i]]) for i in range(len(nzList))]

#find coefficients corresponding to best alpha value = 0.00029358033
alphaStar = 0.00029358033516075065
indexLTalphaStar = [index for index in range(100) if alphas[index] >
        alphaStar]
indexStar = max(indexLTalphaStar)

#here's the set of coefficients to deploy
coefStar = list(coefs[:,indexStar])

#The coefficients on normalized attributes give another slightly
#different ordering
absCoef = [abs(a) for a in coefStar]

#sort by magnitude
coefSorted = sorted(absCoef, reverse=True)

idxCoefSize = [absCoef.index(a) for a in coefSorted if not(a == 0.0)]
```

```
print('\nFeatures ordered by coefficient size on normalized features:')
_ = [print(names[idxCoefSize[i]]) for i in range(len(idxCoefSize))]
lasso_model = linear_model.Lasso(alpha=0.00029358033516075065,
       normalize=True)
lasso_model.fit(xList, labels)

print('\nCoefficient relative to natural features (from model trained
      on normalized features)')
_ = [ print(a, '\t', b) for (a,b) in zip(names, lasso_model.coef_)]
```

Printed Output:
Features Ordered by How Early They Enter the Model:
"alcohol"
"volatile acidity"
"sulphates"
"total sulfur dioxide"
"chlorides"
"fixed acidity"
"pH"
"free sulfur dioxide"
"residual sugar"
"citric acid"
"density"

Features ordered by coefficient size on normalized features:
"alcohol"
"volatile acidity"
"sulphates"
"total sulfur dioxide"
"chlorides"
"pH"
"free sulfur dioxide"
"fixed acidity"
"citric acid"
"density"
"residual sugar"

Coefficient relative to natural features (from model trained on normalized features)

```
"fixed acidity"              0.0
"volatile acidity"           -1.0281352611594459
"citric acid"                -0.0
"residual sugar"             0.0
"chlorides"                  -1.5880563981842544
"free sulfur dioxide"        0.0014678661905409881
"total sulfur dioxide"       -0.002355585750391008
"density"                    -0.0
"pH"                         -0.3458236199282011
"sulphates"                  0.7946569090063523
"alcohol"                    0.28388450021384204
```

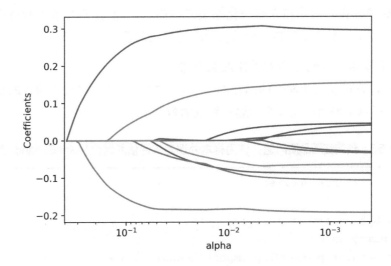

图 5-3　预测红酒品质的套索模型的系数曲线

　　代码清单 5.2 中的输出显示了以两种不同方法计算的变量重要性。确定变量重要性的第一种方法是根据变量在 alpha 降低时变为非零的时间来排序。这只对归一化数据有意义。第一个获得非零系数的变量是最重要的，第二个变量是次重要的，依次类推。在代码清单 5.2 的输出中看到按该顺序列出的变量。确定变量重要性的第二种方法是在交叉验证中获得最佳性能的 alpha 值下，查看系数的大小。同样，这种排序也只对归一化变量有意义。该列表也显示在代码清单 5.2 的输出中。一般来说，这两种方法在最重要的变量及其排序上是一致的，在一些不太重要的变量上存在分歧，这很正常，排名靠后的重要性排名也不是那么稳定。因为在某一时刻所有的变量都会进入模型，所以第一种方法对所有变量进行排序。第二种方法是在最佳 α 值处利用系数进行排序，这意味着某些系数可能为 0。

排序中有一个有趣的现象。读者会发现，固定酸度在根据系数值生成的排序中在倒数第四的位置，从系数值可以看出，在交叉验证选择的模型中，固定酸度的系数为 0.0。但是根据重要性衡量，固定酸度排在倒数第六位。仔细观察系数曲线，读者会看到固定酸度很快变为非零系数。这正是第六个变量的表现，读者可以在系数图中看到。但是它会回到 0，被最佳系数集中的游离二氧化硫所取代。要看到这些详细信息，最好在 Jupyter Notebook 中运行该程序，读者可以从本书的代码页中获取该程序。它将结果存储为一个高分辨率的 PNG 文件，可以放大它来查看细节。

程序已硬编码 α 值，该值在交叉验证中得到最佳结果。代码中的版本是经过归一化属性和标签训练的最好的 α 值。将其中任何一个更改为"未归一化"，都将改变最佳 α 的相应值。将 Y（标签）改为未归一化会使其发生 1.2 倍的变化，这是将标准差标准化为 1.0 带来的（正如前面在归一化和未归一化标签之间的 MSE 差异的背景下所讨论的）。硬编码的 α 值用于识别与最佳交叉验证结果相对应的系数向量。

基扩展：基于原始属性创建新属性来改善性能

第 4 章中讨论过以初始属性的函数的形式来添加新属性，这么做的目的是提高性能。代码清单 5.3 展示了如何添加 2 个新属性到红酒数据上。

代码清单 5.3　预测红酒品质问题：使用样本外误差来评估新属性（wineExpandedLassoCV.py）

```
__author__ = 'mike-bowles'

from Read_Fcns import list_read_wine
import numpy as np
from sklearn.preprocessing import StandardScaler
from sklearn import datasets, linear_model
from sklearn.linear_model import LassoCV
from math import sqrt
import matplotlib.pyplot as plt

#read data into iterable
names, xList, labels = list_read_wine()

#append two new attributes - square of last term (alcohol) and product
#of alcohol and volatile acidity
for i in range(len(xList)):
    alcElt = xList[i][-1]
    volAcid = xList[i][1]
```

```python
        temp = list(xList[i])
        temp.append(alcElt*alcElt)
        temp.append(alcElt*volAcid)
        xList[i] = list(temp)

#check the new dimensions
print('New number of attributes ', len(xList[0]))

#add new names to variable list
names.append("alco^2")
names.append("alco*volAcid")
#Normalize columns in x and labels
#Note: be careful about normalization. Some penalized regression
#packages include it
#and some don't.

xScaler = StandardScaler()
xNormalized = xScaler.fit_transform(xList)

#Normalize labels
yScaler = StandardScaler()
yNormalized = yScaler.fit_transform(np.array(labels).reshape([
        -1,1])).reshape([-1])

#normalized lables
Y = np.array(yNormalized)

#Normalized Xs
X = np.array(xNormalized)

#Call LassoCV from sklearn.linear_model
wineModel = LassoCV(cv=10).fit(X, Y)

#Display results

plt.figure()
plt.plot(wineModel.alphas_, wineModel.mse_path_, ':')
plt.plot(wineModel.alphas_, wineModel.mse_path_.mean(axis=-1),
```

```
              label='Average MSE Across Folds', linewidth=2)
plt.axvline(wineModel.alpha_, linestyle='--',
            label='CV Estimate of Best alpha')
plt.semilogx()
plt.legend()
ax = plt.gca()
ax.invert_xaxis()
plt.xlabel('alpha')
plt.ylabel('Mean Square Error')
plt.axis('tight')
plt.savefig('wineExpandedLassoCV.png', dpi=500)
plt.show()

#print out the value of alpha that minimizes the Cv-error
print("alpha Value that Minimizes CV Error ",wineModel.alpha_)
print("Minimum MSE ", min(wineModel.mse_path_.mean(axis=-1)))

Printed Output:
New number of attributes 13

alpha Value that Minimizes CV Error 0.020612103466917726
Minimum MSE    0.6666999823938234
```

属性读入后的关键步骤是将属性值转换为浮点数值。前面的 10 行左右的代码都是用于读入属性行,首先将其中的酒精含量以及挥发酸含量属性值读出来,然后添加酒精含量的平方以及酒精含量与挥发酸含量的乘积这两个新属性,这么做是因为这些属性对于解非常重要。为了进一步提高性能有可能需要对重要变量进行多次组合和多次尝试。

结果显示添加这些新变量会轻微降低性能。有时稍作尝试就可能发现部分变量会导致完全不同的结果。对于本例,读者可以通过系数曲线来观察新的变量能否取代最优值对应的原始变量。这些信息可以帮助读者移除原始变量,使用新的变量。

图 5-4 展示了基于扩展属性集生成的交叉验证的误差曲线(套索模型)。新的交叉验证曲线与没有基扩展的曲线并没有本质区别。

本节展示了在包含实数值输出的问题上(回归问题)应用惩罚回归方法的过程。5.3 节将展示输出为二值情况下的惩罚线性回归方法。代码与本节的代码类似,其中一些技术(如基扩展)也可以用在分类问题上,主要差别在于对分类问题性能的评估不同。

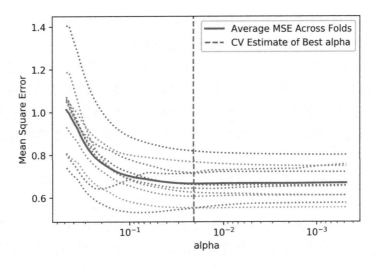

图 5-4　在红酒品质数据上用扩展特征集训练套索模型得到的交叉验证误差曲线

5.3　二元分类：用惩罚线性回归探测未爆炸水雷

第 4 章中讨论过如何使用惩罚线性回归方法来解决分类问题，并且给出了岩石与水雷问题的求解过程。本节将详细介绍如何使用惩罚线性回归来求解二元分类问题，具体使用 Python 的 ElasticNet 包。第 4 章讲到 ElasticNet 包引入了一个更普通的惩罚函数，套索回归以及岭回归的惩罚函数只是该函数的一个特殊情形。随着更换惩罚函数，读者可以看到分类器性能的变化。以下是进行求解的步骤。

（1）将二元分类问题转换为回归问题。构建一个包含实数值标签的向量，将其中一个类别输出设为 0.0，另一个类别输出设为 1.0。

（2）执行交叉验证。因为需要对每一折数据计算误差，交叉验证稍微复杂一些。scikit-learn 包含一些便捷的功能来将这些计算流水化。

第一步（如第 4 章所描绘的）是将二元分类问题转换为回归问题：通过将类别标签转换为实数值。岩石与水雷问题的目标是构建一个系统，该系统使用声呐来检测海床上的水雷。回忆一下第 2 章对该数据集的介绍，该数据集包含从岩石以及形状类似水雷的金属柱状体返回的数字信号。目标是构建一个预测系统，该系统可以对数字信号进行处理来正确识别对象是岩石还是水雷。数据集包含 208 次实验，其中 111 次实验的对应结果是水雷，97 次实验的对应结果是岩石。数据集包含 61 列，前面 60 列是返回的数字声呐信号，最后 1 列标识是岩石或者水雷，对应取值为 M 或者 R。前面 60 列是用于预测的属性。回归问题要求标签也是数值型的。第 4 章中介绍的方法通过将数字 1 赋给其中一个标签、将 0

赋给另一个标签来构建数值标签。代码清单 5.4 初始化了一个空的 labels 标签列表，将每个 M 行的标签值设为 1.0，将每个 R 行的标签值设为 0.0。

有了数值属性以及数值标签，就可以使用回归版本的惩罚线性回归方法。接下来执行交叉验证以获得对模型在样本外数据上的性能估计，并找到最佳的惩罚项参数 α。对于这个问题，交叉验证需要构建一个交叉验证循环来封装训练和测试。为什么要构建一个交叉验证循环而不是直接使用 Python 中现成的交叉验证包（类似于 5.2 节提到的红酒口感预测的例子）？

面向回归的交叉验证基于 MSE。MSE 对于回归问题是合理的，但对于分类问题不是。正如第 3 章所讨论的，分类问题与回归问题使用的性能评估指标不同。第 3 章讨论评估性能的几种方式。一种自然的评估方式是计算误分类样本所占的比例，另一种方式是计算 AUC。可以参照第 3 章或者访问维基百斜页面来回顾一下 AUC 指标的计算方法。为了计算上述指标，需要知道交叉验证中的每折数据的所有预测值以及实际值。不能基于 MSE 来获得误分类错误。

交叉验证循环将数据切分为训练集和测试集，然后调用 Python 的 enet_path 方法在训练数据上完成训练。程序的两个输入与默认值不同。一个需要指定的参数是 l1_ratio，该值被设置为 0.8。该参数决定了系数绝对值和的惩罚项占所有惩罚项的权重比例。0.8 代表惩罚项使用 80% 的绝对值和以及 20% 的均方和。另一个需要指定的参数是 fit_intercept，该值被设置为 False。代码使用归一化的标签和归一化的属性。因为所有这些属性都是 0 均值的，所以不需要计算插值项。只有属性以及标签期望存在偏差时才需要增加一个常数插值项。使用归一化标签来消除插值项会使预测计算更加清晰，但也会使对应的 MSE 的意义不直观（归一化标签的唯一缺点）。不过对于分类问题，我们不会使用 MSE 来评估性能。

对每一折验证，训练得到的系数用于在测试数据上生成预测，对应代码的实现使用 numpy 点乘函数、样本外数据的属性值以及当前训练得到的系数。两个 numpy 数组相乘得到另外一个二维数组，该数组的行对应于样本外的测试数据的行，该数组的列对应于由 enet_path（对应于系数向量序列以及 α 序列）生成的模型序列。每一折交叉验证对应的预测矩阵被拼接到一起（视觉上相当于把一个矩阵叠加到另一个矩阵上）作为样本外数据的标签。在运行的最后，这些按折生成的样本外数据的预测结果可以被高效处理，用于生成每个模型的性能指标，可以从中挑选一个合适的复杂度（α）对应的模型进行部署。

代码清单 5.4 给出了基于两种指标的对比结果：第一个指标是误分类错误，第二个指标是接收者特征操作曲线（ROC）下面积。预测矩阵的每一列代表使用一组模型系数在样本外数据上运算得到的整体预测结果。预测数据表示为 1 列是因为每次交叉验证会预留出 1 行数据。基于误分类的比较每次会考虑生成的预测类别和对应的实际标签类别（代码中称作 yOut），其中生成的预测类别是通过比较预测值和固定阈值（本例中是 0.0）得到的。通过比较预测的类别和 yOut 中的实际标签可以确定预测是否正确。

代码清单 5.4　用 ElasticNet 回归构建二元分类器（rocksVMinesENetRegCV.py）

```python
__author__ = 'mike_bowles'

from Read_Fcns import list_read_rvm
from math import sqrt, fabs, exp
import matplotlib.pyplot as plt
from sklearn.preprocessing import StandardScaler
from sklearn.linear_model import enet_path
from sklearn.metrics import roc_auc_score, roc_curve
import numpy as np

#read data from uci data repository
xNum, labels = list_read_rvm()

#number of rows and columns in x matrix
nrow = len(xNum)
ncol = len(xNum[1])

#use StandardScaler to normalize data
xScaler = StandardScaler()
xNormalized = xScaler.fit_transform(xNum)

yScaler = StandardScaler()
labelsNormalized = yScaler.fit_transform(np.array(labels).reshape([-1, 1])).reshape([-1])

#number of cross validation folds
nxval = 10


for ixval in range(nxval):
    #Define test and training index sets
    idxTest = [a for a in range(nrow) if a%nxval == ixval%nxval]
    idxTrain = [a for a in range(nrow) if a%nxval != ixval%nxval]
```

```python
    #Define test and training attribute and label sets
    xTrain = numpy.array([xNormalized[r] for r in idxTrain])
    xTest = numpy.array([xNormalized[r] for r in idxTest])
    labelTrain = numpy.array([labelsNormalized[r] for r in idxTrain])
    labelTest = numpy.array([labelsNormalized[r] for r in idxTest])

    alphas, coefs, _ = enet_path(xTrain, labelTrain,l1_ratio=0.8,
fit_intercept=False, return_models=False)

    #apply coefs to test data to produce predictions and accumulate
    if ixval == 0:
        pred = numpy.dot(xTest, coefs)
        yOut = labelTest
    else:
        #accumulate predictions
        yTemp = numpy.array(yOut)
        yOut = numpy.concatenate((yTemp, labelTest), axis=0)

        #accumulate predictions
        predTemp = numpy.array(pred)
        pred = numpy.concatenate((predTemp, numpy.dot(xTest, coefs)),
axis = 0)

#calculate misclassification error
misClassRate = []
_,nPred = pred.shape
for iPred in range(1, nPred):
    predList = list(pred[:, iPred])
    errCnt = 0.0
    for irow in range(nrow):
        if (predList[irow] < 0.0) and (yOut[irow] >= 0.0):
            errCnt += 1.0
        elif (predList[irow] >= 0.0) and (yOut[irow] < 0.0):
            errCnt += 1.0
    misClassRate.append(errCnt/nrow)

#find minimum point for plot and for print
minError = min(misClassRate)
idxMin = misClassRate.index(minError)
```

```
pltAlphas = list(alphas[1:len(alphas)])

plt.figure()
plt.plot(plotAlphas, misClassRate, label='Misclassification Error Across
Folds', linewidth=2)
plt.axvline(plotAlphas[idxMin], linestyle='--',
            label='CV Estimate of Best alpha')
plt.legend()
plt.semilogx()
ax = plt.gca()
ax.invert_xaxis()
plt.xlabel('alpha')
plt.ylabel('Misclassification Error')
plt.axis('tight')
plt.show()

#calculate AUC.
idxPos = [i for i in range(nrow) if yOut[i] > 0.0]
yOutBin = [0] * nrow
for i in idxPos: yOutBin[i] = 1

auc = []
for iPred in range(1, nPred):
    predList = list(pred[:, iPred])
    aucCalc = roc_auc_score(yOutBin, predList)
    auc.append(aucCalc)

maxAUC = max(auc)
idxMax = auc.index(maxAUC)

plt.figure()
plt.plot(plotAlphas, auc, label='AUC Across Folds', linewidth=2)
plt.axvline(plotAlphas[idxMax], linestyle='--',
            label='CV Estimate of Best alpha')
plt.legend()
plt.semilogx()
ax = plt.gca()
ax.invert_xaxis()
plt.xlabel('alpha')
```

```python
plt.ylabel('Area Under the ROC Curve')
plt.axis('tight')
plt.show()

#plot best version of ROC curve
fpr, tpr, thresh = roc_curve(yOutBin, list(pred[:, idxMax]))
ctClass = [i*0.01 for i in range(101)]

plt.plot(fpr, tpr, linewidth=2)
plt.plot(ctClass, ctClass, linestyle=':')
plt.xlabel('False Positive Rate')
plt.ylabel('True Positive Rate')
plt.show()

print('Best Value of Misclassification Error = ', misClassRate[idxMin])
print('Best alpha for Misclassification Error = ', plotAlphas[idxMin])
print('')
print('Best Value for AUC = ', auc[idxMax])
print('Best alpha for AUC = ', plotAlphas[idxMax])

print('')
print('Confusion Matrices for Different Threshold Values\n')
#pick some points along the curve to print. There are 57 points.
#The extremes aren't useful
#Sample at 14, 28 and 42. Use the calculated values of tpr and fpr
#along with definitions and threshold values.
#Some nomenclature (e.g. see wikkipedia "receiver operating curve")

P = len(idxPos)      #P = Positive cases
N = nrow - P         #N = Negative cases
TP = tpr[14] * P     #TP = True positives = tpr * P
FN = P - TP          #FN = False negatives = P - TP
FP = fpr[14] * N     #FP = False positives = fpr * N
TN = N - FP          #TN = True negatives = N - FP

print('Threshold Value = ', thresh[14])
print('TP = ', TP, 'FP = ', FP)
print('FN = ', FN, 'TN = ', TN)
```

```
TP = tpr[28] * P; FN = P - TP; FP = fpr[28] * N; TN = N - FP

print('\nThreshold Value = ', thresh[28])
print('TP = ', TP, 'FP = ', FP)
print('FN = ', FN, 'TN = ', TN)

TP = tpr[42] * P; FN = P - TP; FP = fpr[42] * N; TN = N - FP

print('\nThreshold Value = ', thresh[42])
print('TP = ', TP, 'FP = ', FP)
print('FN = ', FN, 'TN = ', TN)

Printed Output:
Best Value of Misclassification Error = 0.22115384615384615
Best alpha for Misclassification Error = 0.017686244720179392

Best Value for AUC = 0.8686727965078481
Best alpha for AUC = 0.020334883589342524

Confusion Matrices for Different Threshold Values

Threshold Value = 0.21560082129001007
TP = 61.00000000000001 FP = 11.0
FN = 49.99999999999999 TN = 86.0

Threshold Value = -0.09435189216167568
TP = 89.0 FP = 23.0
FN = 22.0 TN = 74.0

Threshold Value = -0.3223693818719528
TP = 100.0 FP = 40.0
FN = 11.0 TN = 57.0
```

图 5-5 展示了性能取得相同的最小值的几个点。在性能随 α 变化的图上，选择尽量靠左侧的点往往是一个不错的方案。因为靠右侧的点更容易过拟合数据。选择尽量靠左侧的解是一个相对保守的方案，在这种情况下，很有可能在部署时的误差与交叉验证时的误差程度相一致。

评估分类器性能的另一种方式是 AUC。AUC 的优势是通过最大化 AUC，读者能获得最佳性能并且与应用场景无关——不论是为不同的错误类型设置权重或者是重点关注某类数据的分类正确率。严格来讲，最大化 AUC 不能确保读者在一个特定的错误率上获得最优性能。将通过 AUC 选择的模型与通过最小化误分类率和观察曲线形状选择的模型进行比较，会帮助读者获得对解的信心，并能让读者了解到通过彻底地优化性能指标还能在多大程度上提高性能。

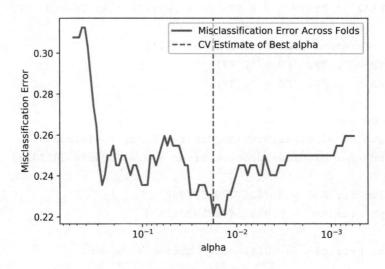

图 5-5　分类器在样本外数据上的误分类性能

代码清单 5.4 中 AUC 的计算使用来自 sklearn.metrics 包中的 roc_curve 和 roc_auc_score 程序。生成 AUC 随 α 变化的曲线类似于计算误分类错误的过程，不同在于模型生成的预测值以及真正的标签值被传送给 roc_auc_score 程序来计算 AUC。图 5-6 绘制了这些 AUC 的值。生成的曲线从上往下看类似于误分类错误曲线——从上到下是因为 AUC 的值越大越好，误分类错误越小越好。代码清单 5.4 输出显示的基于误分类错误的最优模型与基于 AUC 的最优模型不完全相同，但它们相距不远。图 5-7 展示了最大化 AUC 分类器的 ROC 曲线。

在某些问题中，一些错误相对于其他错误可能代价更大，需要使预测结果离代价大的错误更远一些。对于岩石与水雷问题，将未探明的水雷识别为岩石可能比将岩石误分为水雷代价更大。

处理这类问题的一种系统性的方法是使用混淆矩阵（如第 3 章所讨论的内容）。基于 roc_curve 程序的输出很容易构建混淆矩阵。ROC 曲线上的点对应不同的阈值。点 (1, 1) 对应一个极端情况，即阈值设置为最低值，所有点都被分类为水雷，这使真阳性率和假阴性率都等于 1。分类器使所有的正例分类正确，但同时也使所有负例分类错误。如果设置阈值比所有点都高,则生成了图形的另一角。为了获得在混淆矩阵不同单元的移动细节,需要挑一些阈值并输出结果。代码清单 5.4 展示了 3 个阈值,这些阈值对应于所有阈值的四分位点阈值(不包括端点)范围。设置高阈值,导致低的假阳性率和高的假阴性率;设置低阈值,则产生相反的效果;设置阈值为中间值,则更接近对两类错误的平衡。

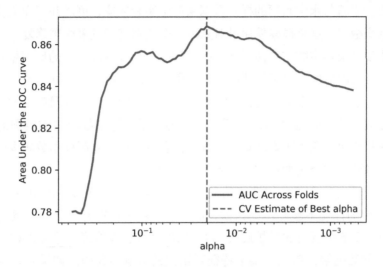

图 5-6 分类器在样本外数据上的 AUC 性能

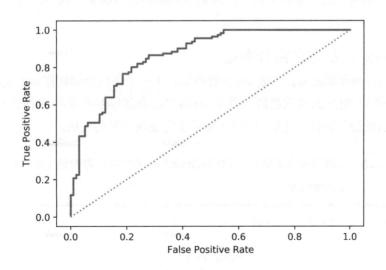

图 5-7 最佳性能的分类器的 ROC 曲线

读者可以通过将成本与每类错误相关联,通过最小化总代价来获得最佳阈值。输出的 3 个混淆矩阵可以作为一个例子来说明背后的工作原理。如果假阳样本和假阴样本都会花费 1 美元,那么中间表(对应阈值是 −0.0455)给出的总代价为 46 美元,更高阈值对应的代价为 68 美元，更低阈值对应的代价为 54 美元。然而，如果假阳的代价为 10 美元，假阴的代价为 1 美元，那么更高阈值对应代价为 113 美元，中间阈值对应的代价为 226 美元，更低阈值对应的代价为 504 美元。此时，读者会希望在更细的粒度上来测试阈值。总体上，为了达到好的效果，读者需要合理设置代价，同时要确保训练集的正例与负例的比例与实际情况相一致。岩石与水雷问题的样本数据来源于实验环境，可能并不完全代表海底中实际的岩石与水雷数字。这个很容易通过对其中一个类别进行过采样来修复——复制一个类别的部分样本使该类样本数占总体样本数的比例与实际部署环境中的比例相一致。

对于岩石与水雷数据，对应的训练集是均衡的，即正例和负例样本数几乎相同。在一些数据集中，可能其中一个类别的样本数更多。举一个例子，因特网广告的点击率只占所有展示广告数量中很小的比例（远小于 1%）。通过增加样本数较少的类别的样本从而使两类别比例相接近可以获得更好的训练结果。读者可以通过复制样本数较少的类别的样本或者移除样本数较多的类别的样本来达到上述目的。

交叉验证给读者一个稳定的性能估计，读者可以据此了解实际应用系统的性能。如果交叉验证给出的性能不够好，那么读者需要进一步进行提升。例如，读者可以尝试使用基扩展（如 5.2 节中所用的基扩展）。读者也可以查看性能表现最差的样本，看一下能否发现问题，如数据输入错误、某个特征对错误的影响最大等。如果发现的错误刚好解决了问题，那么读者会希望利用整个数据集来训练部署的模型。我们会在 5.3.1 节介绍该过程。

构建部署用的岩石与水雷分类器

对于红酒口感预测案例，完成 alpha 选择后，下一步是在全部数据集上重新训练模型，来学习最佳 alpha 对应的权重系数。最佳 alpha 指的是能够最小化样本外误差的参数，本例通过交叉验证进行估计。代码清单 5.5 展示了完成该过程的代码。

代码清单 5.5　在岩石与水雷数据上训练 ElasticNet 模型的系数曲线（rocksVMinesCoefCurves.py）

```
__author__ = 'mike_bowles'

from Read_Fcns import list_read_rvm
from math import sqrt, fabs, exp
import matplotlib.pyplot as plt
from sklearn.preprocessing import StandardScaler
from sklearn.linear_model import enet_path
from sklearn.metrics import roc_auc_score, roc_curve
```

```python
import numpy as np

#read data from uci data repository
xNum, labels = list_read_rvm()

#number of rows and columns in x matrix
nrow = len(xNum)
ncol = len(xNum[1])

#use StandardScaler to normalize data
xScaler = StandardScaler()
xNormalized = xScaler.fit_transform(xNum)

yScaler = StandardScaler()
labelsNormalized = yScaler.fit_transform(np.array(labels).
reshape([-1, 1])).reshape([-1])

#Convert normalized labels to numpy array
Y = np.array(labelsNormalized)

#Convert normalized attributes to numpy array
X = np.array(xNormalized)

alphas, coefs, _ = enet_path(X, Y,l1_ratio=0.8, fit_intercept=True,
        return_models=False)

plt.xlabel('alpha')
plt.ylabel('Coefficients')
plt.semilogx(alphas,coefs.T)
plt.axis('tight')
ax = plt.gca()
ax.invert_xaxis()
#plt.savefig('rocksVMinesCoefCurves.png', dpi=500)
plt.show()
nattr, nalpha = coefs.shape

#find coefficient ordering
nzList = []
for iAlpha in range(1,nalpha):
```

```python
        coefList = list(coefs[: ,iAlpha])
        nzCoef = [index for index in range(nattr) if coefList[index]
                != 0.0]
        for q in nzCoef:
            if not(q in nzList):
                nzList.append(q)

#make up names for columns of X
names = ['V' + str(i) for i in range(ncol)]
nameList = [names[nzList[i]] for i in range(len(nzList))]
print("Attributes Ordered by How Early They Enter the Model")
print(nameList)
print('')

#find coefficients corresponding to best alpha value. alpha value
#corresponding to
#normalized X and normalized Y is 0.020334883589342503

alphaStar = 0.020334883589342503
indexLTalphaStar = [index for index in range(100) if alphas[index] >
     alphaStar]
indexStar = max(indexLTalphaStar)

#here's the set of coefficients to deploy
coefStar = list(coefs[:,indexStar])
print("Best Coefficient Values ")
print(coefStar)
print('')

#The coefficients on normalized attributes give another slightly
#different ordering

absCoef = [abs(a) for a in coefStar]

#sort by magnitude
coefSorted = sorted(absCoef, reverse=True)

idxCoefSize = [absCoef.index(a) for a in coefSorted if not(a == 0.0)]
```

```
namesList2 = [names[idxCoefSize[i]] for i in range(len(idxCoefSize))]

print("Attributes Ordered by Coef Size at Optimum alpha")
print(namesList2)
Printed Output: (output truncated run jupyter notebook in repo for
                                more)
Attributes Ordered by How Early They Enter the Model:
['V10', 'V48', 'V11', 'V44', 'V35', 'V51', 'V20', ... , 'V41', 'V40',
'V59', 'V12', 'V9', 'V18', 'V14', 'V47', 'V42']

Best Coefficient Values
[0.08225825681376615, 0.0020619887220037283, -0.11828642590855767,
... 0.06809647597425712, 0.07048886443547747, 0.0]

Attributes Ordered by Coef Size at Optimum alpha
['V48', 'V30', 'V11', 'V29', 'V35', 'V3', 'V15', ... 'V20', 'V23',
'V38', 'V55', 'V31', 'V13', 'V26', 'V4', 'V21', 'V1']
```

代码清单 5.5 的代码结构类似于代码清单 5.4，除了不包括交叉验证循环。alpha 的值是硬编码的，直接来自代码清单 5.4 的结果。生成两个 alpha 值：一个是最小化误分类错误的 alpha 值，另一个是最大化 AUC 的 alpha 值。最大化 AUC 的 alpha 值稍大并且更加保守，更加保守是因为该 alpha 比最小化分类错误的 alpha 值更靠近左面。程序输出的系数显示在代码的最下面。60 个系数中约有 20 个系数值为 0。在该段代码（与交叉验证时一样）中，l1_ratio 变量设为 0.8，这会比将 l1_ratio 变量设为 1 的套索回归生成更多系数。

关于变量重要性的指标在代码的最后输出。一个指标是按照随着 alpha 减少进入解的变量的顺序，对变量重要性进行排列的，另一个指标是根据最优解中系数大小得到的顺序对变量重要性进行排列的。正如红酒品质数据所讨论的，这些顺序只有当属性归一化以后才有意义。变量的两种不同的顺序存在一定的一致性,但它们也并不是完全相同。例如，变量 V48、V11、V35、V44 以及 V3 在两个列表中的排名都很高。V10 出现在第一个排序的开始位置，但是对于基于系数大小进行排序的情况，V10 排名非常靠后。显然，当系数惩罚项很大时算法只允许一个属性加入，此时 V10 很重要，但是当系数惩罚项收缩到多个属性被包含进来的时候，V10 属性的重要性就有所下降，其他属性被添加进来。

物体对波长与其特征维度在同一数量级的波的反射能力最强。水雷（金属圆柱体）有长度和直径，反射波的波长和岩石比起来可能较少且相对较长，性质表现更加不规则，反射的波长范围也更广。因为数据的所有属性值为正（代表功率级别），读者可以预计低频波长的权重为正，高频波长的权重为负。读者可以发现这种差异如何导致数据过拟合，即构建的模型在训练数据上表现良好但泛化性能较差。交叉验证过程确保只要训练数据同实际部署数据相类似，模型就不会过拟合。交叉验证错误与实际部署错误应该相一致，要求部署时岩石与水雷数量比例应该与训练数据中的比例一致。

图 5-8 展示了使用 ElasticNet 回归模型在完整的岩石与水雷数据集上的系数曲线。曲线展示了模型复杂度以及属性的相对重要性的变化情况。

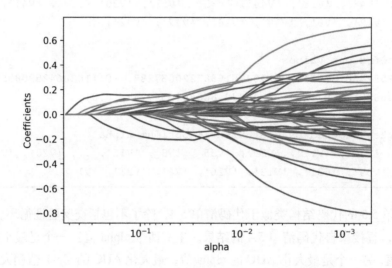

图 5-8　在岩石与水雷数据上训练 ElasticNet 得到的系数曲线

正如第 4 章提到的，使用惩罚线性回归模型进行分类的另一种方法是使用惩罚逻辑斯蒂回归。代码清单 5.5 展示了使用惩罚逻辑斯蒂回归来构建岩石与水雷分类器的实现代码。这段代码及其结果展示了两种方法的相同和不同之处，算法差异可以从迭代的结果中发现。逻辑斯蒂回归方法使用特征的线性函数来计算每个训练样本属于岩石还是水雷的概率或者似然。不含惩罚项的逻辑斯蒂回归算法被称作迭代重加权最小二乘法（iteratively reweighted least square，IRLS）。算法利用训练样本的概率估计来计算权重。给定权重，问题变为加权的最小二乘法回归问题。该过程不断迭代直到概率收敛（对应权重不再改变）。基本上，逻辑斯蒂回归的 IRLS 算法相当于为在第 4 章中读者看到的惩罚线性回归算法（非逻辑斯蒂回归）添加了另一层迭代。

将数据读入并归一化后，程序对权重及概率进行初始化，这些权重及概率是逻辑斯蒂回归和惩罚版本的逻辑斯蒂回归的核心。这些概率、权重以及系数 β 在每次惩罚参数下降的时候进行计算。读者可以看到，在代码中 IRLS 字母被附加到一些变量名称上，表明这些变量和 IRLS 层的迭代相关。对概率估计的迭代是在循环内部进行的，循环的目的是降低λ以及对β的坐标下降进行封装。

逻辑斯蒂回归的更新细节相较于普通的惩罚线性回归（非逻辑斯蒂回归）更加复杂。一个复杂的问题体现在权重来自于IRLS，每来一个样本，权重及概率计算一遍。代码中使用变量w和p来代表权重和概率。算法需要统计乘积加和的权重，例如属性乘以残差、属性的平方。这些值使用类似sumWxx的变量名来表示，是一个包含权重乘以每个属性的平方的列表。另一个复杂的问题体现在残差是标签、概率、属性及相关系数（β）的函数。

代码生成了变量重要性排序及系数曲线，目的是与使用非逻辑斯蒂回归生成的变量排序和曲线进行比较。因为逻辑斯蒂函数引起非线性尺度变化，逻辑斯蒂转换使直接进行系数比较存在问题。普通线性回归和逻辑斯蒂回归（不管有没有惩罚项）都会生成一个系数向量，然后这个向量乘以对应的（相同的）属性值，最后和阈值进行比较。阈值设置相对次要，因为它可以在训练完成后确定。与各分量相对的大小相比，β的整体大小并不重要。一种判断相对大小的方法是查看两种方法引入新变量的顺序。通过比较代码清单5.5和代码清单5.4的输出，两种方法对前8个属性的排序的判断是一致的。对于接下来的8个变量，有7个变量同时出现在两个列表中，尽管顺序有少许差异。接下来的8个变量也几乎相同。这说明两种方法对属性重要性排序的判断非常一致。

另一个问题是哪种方法性能更好，这就需要对惩罚逻辑斯蒂回归运行交叉验证，好在读者已经有相关的工具和代码来开展此项工作。代码清单5.6的代码并没有从速度角度进行优化，但运行在岩石与水雷问题上应该不会花费太多时间。

代码清单5.6　在岩石与水雷数据上训练惩罚逻辑斯蒂回归模型（rvmGlmnet2.py）

```
__author__ = 'mike_bowles'

from Read_Fcns import list_read_rvm
from math import sqrt, exp, fabs
import matplotlib.pyplot as plt
import numpy as np
from sklearn.preprocessing import StandardScaler

#define a couple of utility functions
def S(z,gamma):
    if gamma >= fabs(z):
        return 0.0
    if z > 0.0:
        return z - gamma
    else:
```

```python
        return z + gamma

    def Pr(b0,b,x):
        """
        :param b0: bias value
        :param b: np column matrix of coefficients
        :param x: feature matrix
        :return: column matrix of probabilities
        """
        #calculate nominal values
        sum = b0 + np.dot(x, b)
        p = (1.0/(1.0 + np.exp(-sum))).reshape([-1, 1])
        w = (p * (1.0 - p)).reshape([-1, 1])

        #treatment for extremes
        idxSmall = np.abs(p) < 1e-5
        idxLarge = np.abs(1.0 - p) < 1e-5

        p[idxSmall] = 0.0
        w[idxSmall] = 1e-5
        p[idxLarge] = 1.0
        w[idxLarge] = 1e-5
        return p, w

#read data from uci repo and arrange
xNum, labels = list_read_rvm()

nrow = len(xNum)
ncol = len(xNum[1])

alpha = 1.0
#Normalize features
xScaler = StandardScaler()
xNormalized = xScaler.fit_transform(xNum)

#Do Not Normalize labels but do calculate averages
labels = np.array(labels).reshape([-1, 1])
meanLabel = np.mean(labels)
sdLabel = np.std(labels)
```

```
#initial prob is freq of 1's
p = meanLabel
w = p * (1.0 - p)
z = (labels - p) / w
sumWxz = np.sum(w * xNormalized * z, axis=0)
maxWxz = np.amax(np.abs(sumWxz))

#starting value for lambda
lam = maxWxz / alpha



#this value of lambda corresponds to beta = list of 0's
#initialize a vector of coefficients beta
beta = np.zeros([ncol, 1])
beta0 = 0.0

#initialize matrix of betas at each step
betaMat = beta.copy()


beta0List = [0.0]


#begin iteration
nSteps = 100
lamMult = 0.93 #100 steps gives reduction by factor of 1000 in lambda
            #(recommended by authors)
nzList = []
for iStep in range(nSteps):
    #decrease lambda
    lam = lam * lamMult


    #Use incremental change in betas to control inner iteration

    #set middle loop values for betas = to outer values
    #values are used for calculating weights and probabilities
    #inner values are used for calculating penalized regression updates

    #take pass thru data to calc avg over data require for iteration
    #initilize accumulators
    betaIRLS = beta.copy()
```

```python
    beta0IRLS = beta0
    distIRLS = 100.0
    #Middle loop to calc new betas w fixed IRLS wts and probs
    iterIRLS = 0
    while distIRLS > 0.01:
        iterIRLS += 1
        iterInner = 0

        betaInner = betaIRLS.copy()
        beta0Inner = beta0IRLS
        distInner = 100.0
        while distInner > 0.01:
            iterInner += 1
            if iterInner > 100: break
            p, w = Pr(beta0IRLS, betaIRLS, xNormalized)
            z = (labels - p) / w + beta0IRLS + np.dot(xNormalized,
                    betaIRLS)
            #cycle through attributes and update one-at-a-time
            #record starting value for comparison
            betaStart = betaInner.copy()
            for iCol in range(ncol):
                r = (z - beta0Inner - np.dot(xNormalized,
                        betaInner)).reshape([-1, 1])
                xTemp = xNormalized[:, iCol].reshape([-1, 1])
                sumWxr = np.sum(w * xTemp * r)
                sumWxx = np.sum(w * xTemp * xTemp)
                sumWr = np.sum(w * r)
                sumW = np.sum(w)
                avgWxr = sumWxr / nrow
                avgWxx = sumWxx / nrow

                beta0Inner = beta0Inner + sumWr / sumW
                uncBeta = sumWxr + sumWxx * betaInner[iCol, 0]
                betaInner[iCol, 0] = S(uncBeta, lam * alpha) / (sumWxx
                        + lam * (1.0 - alpha))

            sumDiff = np.sum(np.abs(betaInner - betaStart))
            sumBeta = np.sum(np.abs(betaInner))
            distInner = sumDiff/sumBeta
```

```
            #print(iStep, iterIRLS, iterInner)
            print('\r', 'Step', iStep, 'IRLS iteration', iterIRLS, 'Inner
                        iteration', iterInner, end='')
            #if exit inner while loop, then set betaMiddle = betaMiddle and
            #run through middle loop again.

            #Check change in betaMiddle to see if IRLS is converged
            a = np.sum(np.abs(betaIRLS - betaInner))
            b = np.sum(np.abs(betaIRLS))
                distIRLS = a / (b + 0.0001)
                dBeta = betaInner - betaIRLS
                gradStep = 1.0
                temp = betaIRLS + gradStep * dBeta
                betaIRLS = temp

        beta = betaIRLS.copy()
        beta0 = beta0IRLS
        betaMat = np.concatenate((betaMat, beta.copy()), axis=1)
        beta0List.append(beta0)

        nzBeta = [index for index in range(ncol) if beta[index] != 0.0]
        for q in nzBeta:
            if not(q in nzList):
                nzList.append(q)

#make up names for columns of xNum
names = ['V' + str(i) for i in range(ncol)]
nameList = [names[nzList[i]] for i in range(len(nzList))]

print('\n', nameList)
for i in range(ncol):
    #plot range of beta values for each attribute
    nSteps = betaMat.shape[1]
    coefCurve = betaMat[i, :].reshape([-1, 1])
    xaxis = range(nSteps)
    plt.plot(xaxis, coefCurve)

plt.xlabel("Steps Taken")
plt.ylabel("Coefficient Values")
```

```
plt.savefig('rocksVMinesGlmnet2.png', dpi=500)
plt.show()
```

图5-9展示了使用惩罚逻辑斯蒂回归的岩石与水雷系数曲线。正如所标记的,系数尺度与普通惩罚线性回归尺度不同,因为两种方法使用的逻辑斯蒂函数不同。普通回归尝试为目标0.0和1.0拟合一条直线,逻辑斯蒂回归通过拟合一条"对数奇数比"的直线来预测所属类别的概率。假设p是样本属于水雷类别的概率,然后奇数比等于$p/(1-p)$。对数奇数比是奇数比的自然对数。只要p的范围是0~1,那么对数奇数比的范围是从负无穷大到正无穷大。对数奇数比非常大并且为正表明预测样本属于水雷类的结论非常确定。负的较大的数值对应于岩石类别。

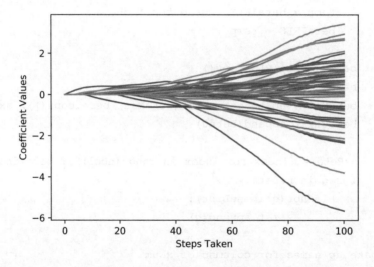

图5-9 在岩石与水雷数据上训练ElasticNet惩罚逻辑斯蒂回归得到的系数曲线

由于两种方法的预测量差别很大,预测的尺度也大不相同,因此相应的系数也不同。但是,正如两个程序输出的结果所示,变量在解中出现的顺序非常相似,而系数曲线表明,对于进入解的前几个属性,其符号是相同的。

5.4 多类别分类:犯罪现场玻璃样本分类

5.3节中看到的岩石与水雷问题被称作二元分类问题,即预测只能取两种可能值中的1个(返回的声呐来自岩石还是水雷的反射?)。如果预测标签不止两个值,那么问题被称作多分类问题。本节使用惩罚线性回归来解决玻璃样本分类问题,正如第2章讨论的内容,玻璃样本包含9个物理化学指标(其化学组成、折射率等),214个样本,6种类型玻璃。

问题是使用物理化学指标来确定给定样本属于6种类型的哪一种。实际应用对应于犯罪或者事故现场的法医分析。数据来源于 UCI 数据集，相关页面提供了一篇使用支持向量机求解问题的论文。看完解决该问题的代码后，本节将和支持向量机的性能进行比较。

代码清单 5.7 展示了解决该问题的代码。

代码清单 5.7　使用惩罚线性回归解决多类别分类问题——犯罪现场玻璃样本分类（glassLogisticRegCV.py）

```python
__author__ = 'mike-bowles'

from Read_Fcns import list_read_glass
from math import sqrt, fabs, exp, log
import matplotlib.pyplot as plt
from sklearn.preprocessing import StandardScaler
from sklearn.linear_model import LogisticRegressionCV
import numpy as np

#define custom cv folds
def custom_cv_folds(X, nFolds):
    n = X.shape[0]
    i = 0
    while i < nFolds:
        idxTest = np.array([it for it in range(n) if it%nFolds == i])
        idxTrain = np.array([it for it in range(n) if it not in idxTest])
        yield idxTrain, idxTest
        i += 1

#read in glass data
names, xNum, labels, yOneVAll = list_read_glass()

#use StandardScaler to normalize data
xScaler = StandardScaler()
xNormalized = xScaler.fit_transform(xNum)

#define custom x-val folds to insure labels are balanced across folds
custom_cv = custom_cv_folds(xNormalized, 9)

glassModel = LogisticRegressionCV(Cs=20,
        cv=custom_cv,
```

```
                multi_class='ovr').fit(xNormalized, labels)

#Note - LogisticRegressionCV uses inverse the usual reg param.
Cs = np.array(glassModel.Cs_)

#Average accuracy for each label across cross-validation folds
keys = list(glassModel.scores_.keys())
xvalScores = np.zeros([len(Cs), len(keys)])
for ikey in range(len(keys)):
    key = keys[ikey]
    xvalScores[:, ikey] = np.average(np.transpose(np.array(glassModel.
                    scores_[key])), axis=1)
#Display results
plt.figure()
plt.plot(Cs, xvalScores, ':')
plt.plot(Cs, xvalScores.mean(axis=1),
        label='Average accuracy for each glass type', linewidth=2)

plt.semilogx()
plt.legend()
ax = plt.gca()

plt.xlabel('C')
plt.ylabel('Average Accuracy')
plt.axis('tight')
plt.savefig('glassMulticlassLogisticRegression.png', dpi=500)
plt.show()

#print val alpha that minimizes the Cv-error for each glass type
print("C values that maximize accuracy for each type \n",glassModel.C_)
print("Maximum Accuracy for each type \n", np.amax(xvalScores, axis=0))

Printed Output:
C values that maximize accuracy for each type
 [4.28133240e+00 5.45559478e+02 1.00000000e-04 3.35981829e-02
 2.97635144e+01 5.45559478e+02]

Maximum Accuracy for each type
 [0.784219 0.69746377 0.92049114 0.94404187 0.98611111 0.97181965]
```

观察玻璃数据的标签，将看到标签由整型玻璃类型组成。每行都有一个整数表示与化学指标相关的玻璃类型。这正是 sklearn 逻辑斯蒂回归包想要的形式：为每个不同的类使用唯一标识符的单一列。

这些特性得到了归一化，但与 5.3 节中的 Glmnet 代码一样，逻辑斯蒂回归并没有以从归一化中受益的方式来使用标签。

图 5-10 展示了每个玻璃类别的交叉验证误差，该误差是惩罚参数 C 的函数。对于这个 sklearn 逻辑斯蒂回归包，惩罚参数与我们在其他地方看到的不一样。它通常是惩罚参数的倒数。C 值从左到右变大。C 值越大，惩罚的权重就越小。正则化参数 C 的最佳值因玻璃类别的不同而不同。选择能够提供最佳整体性能的值。这将取决于读者对每个类别的性能的评价。

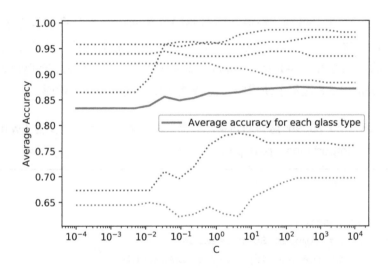

图 5-10　对玻璃分类问题使用惩罚线性回归的误分类率

图 5-10 显示了误分类率与惩罚参数逐步减少之间的关系。该图显示了与图左边的最简单模型相比的显著改进，表现最差的类大约有 70% 的准确率或 30% 的错误率。读者可以尝试利用基扩展来改善结果。在第 6 章中，读者将看到处理集成方法的一些其他的方法。

5.5　用 PySpark 实现线性回归和分类

本节将重复读者已经看到的几个问题，但是会用 PySpark 实现，这意味着将看到的代码示例同时在数百或数千个处理器上运行。这将允许在超大规模的数据集上构建模型。本节将通过各种示例向读者展示如何使用 PySpark mllib 包处理回归、二元分类和多类别分类问题。读者将看到已经熟悉的各种算法和分析技术：惩罚回归、变量归一化、交叉验证等。

PySpark 的某些计算序列乍一看可能有些奇怪。设计 PySpark 是用于处理分布在多台机器上的数据，因此它对数据使用一次处理一行数据的转换器，无论数据被存储还是处理。读者将看到这是如何操作的，并且通过实践将其变为熟悉的工具。

在本节读者将看到 4 个问题：预测红酒的口感、将声呐目标分类为岩石或水雷、预测鲍鱼的年龄以及根据玻璃的化学成分确定玻璃的类型。选择这些问题是为了练习 PySpark 中希望了解的几个特性。在讨论每个问题时，我们将讨论其突出的特性。

5.6 用 PySpark 预测红酒口感

第 3 章介绍了使用 PySpark 解决红酒口感的预测问题。本节将在构建模型之前增加对变量进行归一化的功能，这样系数可以用来表示变量的重要性。第 3 章的目的是展示 PySpark 代码的简洁性和与 sklearn Python 代码的相似性。本节将讨论 PySpark 代码中的每个操作。代码清单 5.8 显示了使用归一化特性来预测红酒口感的代码。

代码清单 5.8　用 PySpark 惩罚回归预测红酒口感，确定变量的重要性（wine_variable_importance_spark.py）

```python
__author__ = 'mike_bowles'

#Import sparksession
from pyspark.sql import SparkSession
from pyspark.ml.feature import VectorAssembler
from pyspark.ml.regression import LinearRegression
import matplotlib.pyplot as plt
from pyspark.ml.feature import StandardScaler
import pandas as pd
from pandas import DataFrame
from Read_Fcns import pd_read_wine

spark = SparkSession.builder.appName("regress_wine_data").getOrCreate()

#read in abalone data as pandas data frame and create Spark data frame.
wine_df = pd_read_wine()

#Create spark dataframe for wine data
```

```
wine_sp_df = spark.createDataFrame(wine_df)
print('Column Names for initial data frame\n', wine_sp_df.columns,
        '\n\n')

vectorAssembler = VectorAssembler(inputCols = ['fixed acidity', \
    'volatile acidity', 'citric acid', 'residual sugar', 'chlorides', \
    'free sulfur dioxide', 'total sulfur dioxide', 'density', 'pH', \
                    'sulphates', 'alcohol'], outputCol = 'features')
v_wine_df = vectorAssembler.transform(wine_sp_df)
#invoke StandardScaler on features
scaler = StandardScaler(inputCol="features",
    outputCol="scaledFeatures")
scalerModel = scaler.fit(v_wine_df)

#Normalize each feature to have unit standard deviation.
scaledData = scalerModel.transform(v_wine_df)

#scaledData has individual original features as well as
#vectorized versions of original and scaled features
scaledData.show()

vwine_df = scaledData.select(['scaledFeatures', 'quality'])

splits = vwine_df.randomSplit([0.66, 0.34])
xTrain_sp = splits[0]
xTest_sp = splits[1]

#list of alphas larger => smaller, & empty lists for to store results
alphaList = [0.1**i for i in [0,1, 2, 3, 4, 5, 6]]
wt_list = []
intercept_list = []
rmsError = []

for alph in alphaList:
    wine_ridge_sp = LinearRegression(featuresCol = "scaledFeatures", \
        labelCol='quality', maxIter=100, regParam=alph, \
        elasticNetParam=0.0)
    wine_ridge_sp_model = wine_ridge_sp.fit(xTrain_sp)
```

```python
        test_result = wine_ridge_sp_model.evaluate(xTest_sp)

        rmsError.append(test_result.rootMeanSquaredError)
        coef = wine_ridge_sp_model.coefficients.toArray()
        wt_list.append(coef)
        intercept_list.append(wine_ridge_sp_model.intercept)

print('{:18}'.format("RMS Error"), "alpha")
for i in range(len(rmsError)):
    print(rmsError[i], alphaList[i])

#order the attributes according to largest coefficient mag for alpha
#showing best performance (index=2)

len_coef = len(wt_list[0])
ordered_idx = sorted(zip(range(len_coef), wt_list[2]), key=lambda x:
                     -abs(x[1]))
print('\n\nAttributes ordered by coef magnitude----------')
[print(wine_sp_df.columns) for (a,b) in ordered_idx]
#plot curve of out-of-sample error versus alpha
x = range(len(rmsError))
plt.plot(x, rmsError, 'k')
plt.xlabel('-log(alpha)')
plt.ylabel('Error (RMS)')
plt.savefig('linear_regression_w_spark.png', dpi=500)
plt.show()

Printed Output:
Column names for initial data frame
 ['fixed acidity', 'volatile acidity', 'citric acid', 'residual sugar',
'chlorides', 'free sulfur dioxide', 'total sulfur dioxide', 'density',
'pH', 'sulphates', 'alcohol', 'quality']


Column names for transformed data set
[fixed acidity, volatile acidity, citric acid, residual sugar,
chlorides, free sulfur dioxide, total sulfur dioxide, density,
pH, sulphates, alcohol, quality, features, scaledFeatures]
```

```
Note: Printout of data frame can be seen by running Ch5 code notebook
in this book's code repo

RMS Error           alpha
0.6464799847389207  1.0
0.6173125740380354  0.1
0.6174096728881342  0.010000000000000002
0.6178333051859206  0.0010000000000000002
0.6178884012227639  0.00010000000000000002
0.6178940680418457  1.0000000000000003e-05
0.617894636333235   1.0000000000000004e-06


Attributes ordered by coef magnitude----------
alcohol
volatile acidity
sulphates
total sulfur dioxide
chlorides
pH
free sulfur dioxide
density
citric acid
residual sugar
fixed acidity
```

处理过程的第一步是启动一个 SparkSession，它的名称是 regress_wine_data。第二步是将数据集读入一个 pandas 数据框，然后将其转换为 PySpark 数据框。数据框是类似于矩阵的数据数组，不同之处在于数据框的某一列可能与另一列的数据类型不同。数据框的列可以是字符串变量，例如岩石与水雷数据中的标签列，其中的标签 M 和 R 分别表示水雷和岩石。在一个矩阵中，变量都是相同类型，通常是实数。数据框对于处理统计数据非常有用，因为数据集很少都是实数。由于这个原因，Python 和 PySpark 都引入了数据框的概念。

PySpark 代码中的下一个操作是 VectorAssembler。这需要解释一下。PySpark 采用的前提是机器学习问题的输入样本可以表示为一个实值特征的行向量和一个相关的标签。对于红酒数据来说，所有的特征都是实数值，所以它们自然符合这个前提，标签都是单一的实数值的口感评分。标签也满足前提条件。读者可能会想到鲍鱼数据中的性别属性值为 M、

F 和 I，或者读者看到分类问题中的标签不是实数值。后面的部分将展示如何转换这些案例，使其满足这个前提条件。

通常，用于训练模型的数据可能是来自更大数据框的几列。因此，第一步是集合用于预测的实数值向量。对于红酒数据，只需将所需特征列的列标头放入字符串型变量的列表中即可。这是读者在对 VectorAssembler 函数的调用中看到的。将变量 inputCol 设为特征名的列表，将 VectorAssembler 中的 outputCol 变量设为将作为特征矩阵的行向量中的列名称。读者将看到经常使用输出名称 features。从概念上讲，PySpark 将跟踪称为 features 的行向量的列。后面将展示这些列元素的一些示例（特征矩阵中的抽样行）。

现在 VectorAssembler 已经定义好了，下一步是应用这个转换到原始数据框，产生一个新的数据框。新的数据框几乎与旧的数据框完全相同，除了添加了一个名为 features 的新列。

接下来对特征进行归一化。首先，实例化 StandardScaler() 函数（在代码中命名为 scaler），并定义输入列和输出列。输入列是 features，即前面定义的行向量的列。第二步是对 VectorAssembler 之后的数据集调用 scaler.fit()，以便有一个可以操作的 features 列。fit() 函数把 features 列中每个单独的特征转换为均值为 0 和方差为 1。在第 2 章代码清单 2.11 中看到归一化操作需要遍历每个列以确定其均值和标准差，然后减去均值和除以方差。fit() 函数计算均值和标准差，transform() 函数进行减法和除法。这些操作的结果显示在代码清单 5.8 的输出部分。最终 scaledData 数据框中的列标头显示 features 和 scaledFeatures 的列。所示的输出不包括任何实际的特性值，且很难按页的格式。读者可以通过运行 Jupyter Notebook 来生成输出，相应的代码可以在本书的代码库中找到。

既然数据已经被缩放，那么建立一个 ElasticNet 惩罚线性回归模型的拟合过程相当简单。首先，分离训练集和测试集，选择一系列惩罚参数。惩罚参数是 0.1 的幂值。选取 ElasticNet 参数为 0.0，即进行岭回归。运行整个过程后，样本外 MSE 表表明索引为 2 的惩罚参数是最佳的选择。（注意，这个值会随着训练集和测试集分割的随机性而有所波动。）因为系数都被存储下来了，所以使用索引 2 对应的系数集对特征进行排序，并输出结果，如图 5-11 所示。

本例中模型构建的一般流程应该与读者之前所见的 Python 示例一致。新增加的是使用 PySpark 执行这些熟悉的操作的机制和语法。这里的示例实现了特性归一化，一部分的原因是希望使用它，另一部分的原因是为了说明如何实现利用 PySpark 对数据进行一系列的转换。5.7 节将介绍基本的二元分类示例——岩石与水雷。

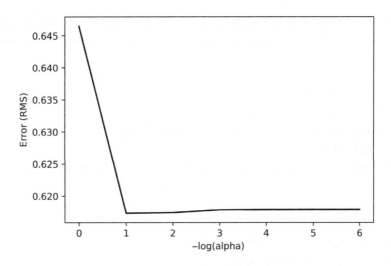

图 5-11　PySpark 模型的性能与正则化参数的关系

5.7　用 PySpark 实现逻辑斯蒂回归：岩石与水雷

本节的过程将与上一节的过程非常相似，它将包括用 VectorAssembler 生成 features 列等等。也有几个不同之处。它将使用 LogisticRegression 包而不是 LinearRegression 包。它将使用 StringIndexer 将岩石与水雷问题中的 M 和 R 转换为 PySpark LogisticRegression 所需的分类标签。最后，代码将使用 PySpark 管道框架来完成所需的一系列转换。在前面的示例中，一次应用一个转换，命名生成的数据框，然后在下一步中使用。这样有些重复。管道框架使流程更整洁。

第一个步骤与前面一样：启动 PySpark 会话，将数据读入 pandas 数据框，将其转换为 PySpark 数据框，并生成一列列名，这些列名是提交给 VectorAssembler 的特征。然后调用 StringIndexer。

StringIndexer 作用在标签列 V60。它将 M 和 R 转换为 0 和 1。StringIndexer 操作字符串值。首先它确定有多少唯一值，然后为数量最多的值分配从 0 开始的索引号，并按照数量最多到最少的顺序沿列表向下排列。在本例中，这两个类具有相同大小的样本数。

使用管道框架需要定义一系列的阶段，这些阶段又定义了一系列的步骤。这些阶段都保存在一个列表中。列表中的第一个操作是实例化 StringIndexer，如代码清单 5.9 所示，名为 label_string_idx。第二个操作是实例化 VectorAssembler，它集合了从 V0 ~ V59 的特征列。

代码清单 5.9　岩石与水雷问题训练 PySpark 模型的代码（rocksVMines_spark.py）

```python
__author__ = 'mike_bowles'

#Import sparksession
from pyspark.sql import SparkSession
from pyspark.ml.feature import VectorAssembler
import matplotlib.pyplot as plt
from pyspark.ml.feature import OneHotEncoderEstimator, StringIndexer, \
                               VectorAssembler
from pyspark.ml.classification import LogisticRegression
import pandas as pd
from pandas import DataFrame
from Read_Fcns import pd_read_rvm
from pyspark.ml import Pipeline
from pyspark.ml.evaluation import BinaryClassificationEvaluator

spark = SparkSession.builder.appName("log_regress_rvm").getOrCreate()

#read in abalone data as pandas data frame and create Spark data frame.
rvm_df = pd_read_rvm()

#Create spark dataframe for wine data
rvm_sp_df = spark.createDataFrame(rvm_df)
print('Column Names', rvm_sp_df.columns, '\n\n')

cols = rvm_sp_df.columns

assembler_inputs = ['V0', 'V1', 'V2', 'V3', 'V4', 'V5', 'V6', 'V7',
'V8', 'V9', 'V10', 'V11', 'V12', 'V13', 'V14', 'V15', 'V16', 'V17',
'V18', 'V19', 'V20', 'V21', 'V22', 'V23', 'V24', 'V25', 'V26',
'V27', 'V28', 'V29', 'V30', 'V31', 'V32', 'V33', 'V34', 'V35',
'V36', 'V37', 'V38', 'V39', 'V40', 'V41', 'V42', 'V43', 'V44',
'V45', 'V46', 'V47', 'V48', 'V49', 'V50', 'V51', 'V52', 'V53',
'V54', 'V55', 'V56', 'V57', 'V58', 'V59']

label_string_idx = StringIndexer(inputCol = 'V60', outputCol = 'label')
stages = [label_string_idx]
```

```python
assembler = VectorAssembler(inputCols=assembler_inputs,
outputCol="features")
stages += [assembler]

pipeline = Pipeline(stages = stages)
pipelineModel = pipeline.fit(rvm_sp_df)
df = pipelineModel.transform(rvm_sp_df)
selectedCols = ['label', 'features'] + cols
df = df.select(selectedCols)
df.printSchema()

train, test = df.randomSplit([0.7, 0.3], seed = 2018)
print("Training Dataset Count: " + str(train.count()))
print("Test Dataset Count: " + str(test.count()))
lr = LogisticRegression(featuresCol = 'features', labelCol = 'label',
          maxIter=10)
lrModel = lr.fit(train)
import matplotlib.pyplot as plt
import numpy as np

coefs = np.sort(lrModel.coefficients)

plt.plot(coefs)
plt.ylabel('Coefficient Value')
plt.xlabel('Order')
plt.title('Ordered Coefficients')
plt.savefig('RVM_Ordered_coef.png', dpi=500)
plt.show()

trainingSummary = lrModel.summary

roc = trainingSummary.roc.toPandas()
plt.plot(roc['FPR'],roc['TPR'])
plt.ylabel('False Positive Rate')
plt.xlabel('True Positive Rate')
plt.title('ROC Curve')
plt.savefig('rvm_AUC_spark.png', dpi=500)
plt.show()
```

```
print('AUC on training data: ', trainingSummary.areaUnderROC)

predictions = lrModel.transform(test)
predictions.select('rawPrediction', 'prediction',
        'probability').show(10)

evaluator = BinaryClassificationEvaluator()
print('Area Under ROC for test data:', evaluator.evaluate(predictions))

Printed Output:
Column Names ['V0', 'V1', 'V2', ... 'V58', 'V59', 'V60']
root
|-- label: double (nullable = false)
|-- features: vector (nullable = true)
|-- V0: double (nullable = true)
|-- V1: double (nullable = true)
|-- V2: double (nullable = true)
|-- V3: double (nullable = true)
|-- V4: double (nullable = true)
|-- V5: double (nullable = true)
|-- V6: double (nullable = true)
|-- V7: double (nullable = true)
|-- V8: double (nullable = true)

Training Dataset Count: 146
Test Dataset Count: 62
+--------------------+----------+--------------------+
|       rawPrediction|prediction|         probability|
+--------------------+----------+--------------------+
|[2.26719814662696...|       0.0|[0.90612372329706...|
|[-0.5790337888769...|       1.0|[0.35915494912187...|
|[-2.0218815259206...|       1.0|[0.11692457719563...|
|[-4.4709894959055...|       1.0|[0.01130669112437...|
|[-1.6387815219325...|       1.0|[0.16263092929058...|
|[-3.7082566096388...|       1.0|[0.02393338222852...|
|[-6.6240100794511...|       1.0|[0.00132633299300...|
|[0.16127279447651...|       0.0|[0.54023103925663...|
|[3.80688871531552...|       0.0|[0.97826568007947...|
|[-3.4453630613992...|       1.0|[0.03090744405746...|
+--------------------+----------+--------------------+
```

```
only showing top 10 rows

Area Under ROC for test data: 0.8250000000000002
```

接下来 pipeline 被创建为 Pipeline 类的一个实例。它用 fit() 来学习字符串索引。如果包含了归一化，那么也是作为拟合的一部分来完成的。完成后的模型被称为 pipelineModel，然后用于转换输入的数据。为最终的数据框所选择的列作为一个模式（schema）被输出，输出显示来自字符串索引的标签、向量化特征以及为了简洁而被截断的原始变量。读者可以通过运行本书代码库中的 Jupyter Notebook 来获得整个列表。

接下来的步骤是不言自明的。LogisticRegression 中的 maxIter 是一个新元素。逻辑斯蒂回归通常通过迭代来完成的，在迭代过程中，结果会随着迭代的进行而改善。每次迭代都需要遍历整个数据集。如果数据集大到需要使用 PySpark，那么所花费的时间可能会超出读者的预想。所以要小心地增加迭代的次数。读者可以在迭代次数为 10 的时候尝试几次，然后把它增加两倍，看一看这是否能给分类性能带来显著的改善。在此过程中，请密切关注云计算的开销。

图 5-12 显示了逻辑斯蒂回归产生的系数。为了更好地可视化取值的范围，系数已经按照从小到大进行排序了。按特征的编号排序可能也很有用，特别是在这种情况下，这种顺序实际上对应于 V0 ~ V59 不断增加的声呐频率。为了测试读者对代码的理解，可以尝试对系数不按大小排序的情况下如何绘制曲线。

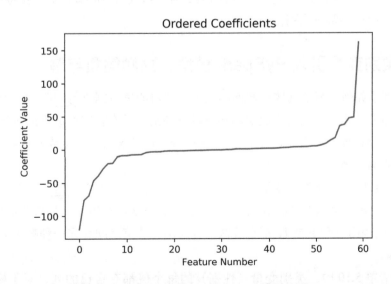

图 5-12　岩石与水雷数据的 PySpark 的排序系数图

图 5-13 展示 PySpark 逻辑斯蒂回归模型的 ROC 曲线。性能看起来相当好,这是由输出的 AUC 和某些具体的预测示例所证实的。

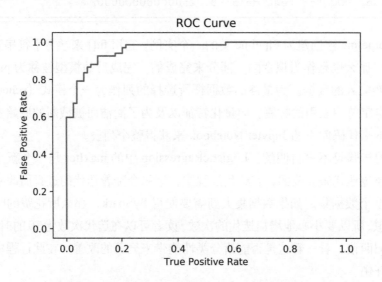

图 5-13 预测岩石与水雷的 PySpark 模型的 ROC 曲线

本节展示了如何使用 PySpark 的逻辑斯蒂回归,并介绍了 PySpark 管道框架来执行所需的数据转换。管道可以使代码更加整齐有序,读者也不必为所有中间步骤设计新的数据框架名称。5.8 节将展示如何使用字符串索引器(string iindexer)对分类特征进行编码。这与在标签上使用字符串索引器有所不同。

5.8 将类别变量引入 PySpark 模型:预测鲍鱼年龄

本节将展示如何为鲍鱼问题构建回归模型。在对鲍鱼数据进行回归时,唯一棘手的部分是性别变量有 3 个值,因为未成熟的鲍鱼没有性别。只有在它们成熟的时候,性别才会确定。因此,性别变量有 3 个可能的值——M、F 和 I(表示不确定或不成熟)。我们有两个复杂的因素需要解决。

第一个复杂因素是对类别变量(性别)进行索引。字符串索引器知道有 3 个值。对于标签,索引器的输出可以直接使用,但是对于特征就不能这么做了。如果我们只是把 0、1、2 放在一列中来表示 M、F 或 I,那么算法将推断出这些值之间存在一种顺序关系(1 > 0,2 > 1,等等)。

在代码清单 5.10 中,类别变量(性别)的每个值都有自己的列。对于雄性的样本,将表示 M 的列置为 1,其他列为 0。这叫作独热编码(one-hot encoding)。在 PySpark 中,一个独热编码器紧随字符串索引器完成此项转换。

代码清单 5.10　独热编码类别特征：鲍鱼数据集（abalone_data_spark.py）

```python
__author__ = 'mike_bowles'

#Import sparksession
from pyspark.sql import SparkSession
from pyspark.ml.feature import VectorAssembler
from pyspark.ml.regression import LinearRegression
import matplotlib.pyplot as plt
from pyspark.ml.feature import StandardScaler
from pyspark.ml.feature import OneHotEncoderEstimator, StringIndexer, \
                               VectorAssembler
from pyspark.ml import Pipeline
import pandas as pd
from pandas import DataFrame
from Read_Fcns import pd_read_abalone
from pyspark.ml.evaluation import RegressionEvaluator

spark = \
  SparkSession.builder.appName("abalone_regression").getOrCreate()

#read in abalone data as pandas data frame and create Spark data frame.
abalone_df = pd_read_abalone()
abalone_sp_df = spark.createDataFrame(abalone_df)
print('Column Names', abalone_df.columns, '\n\n')
cols = abalone_sp_df.columns
abalone_sp_df.printSchema()

numeric_cols = ['Length', 'Diameter', 'Height', 'Whole weight',
                'Shucked weight', 'Viscera weight', 'Shell weight']

stringIndexer = StringIndexer(inputCol = "Sex", outputCol = "SexIndex")
encoder = OneHotEncoderEstimator(inputCols=
[stringIndexer.getOutputCol()], outputCols=["SexClassVec"])
stages =[stringIndexer, encoder]

assembler_inputs = ["SexClassVec"] + numeric_cols
```

```
assembler = VectorAssembler(inputCols=assembler_inputs,
outputCol="features")
stages += [assembler]

pipeline = Pipeline(stages = stages)
pipelineModel = pipeline.fit(abalone_sp_df)
df = pipelineModel.transform(abalone_sp_df)
selectedCols = ['features'] + cols
df = df.select(selectedCols)
df.printSchema()

pd.DataFrame(df.take(4), columns=df.columns).transpose()

train, test = df.randomSplit([0.7, 0.3], seed = 2018)
print("Training Dataset Count: ", train.count())
print("Test Dataset Count: ", test.count())

lr = LinearRegression(featuresCol = 'features', labelCol='Rings',
            maxIter=10, regParam=0.003, elasticNetParam=0.8)
lr_model = lr.fit(train)
print("Coefficients: ", lr_model.coefficients)
print("Intercept: ", lr_model.intercept)

trainingSummary = lr_model.summary
print("RMSE: ", trainingSummary.rootMeanSquaredError)
print("R Squared on training data:", trainingSummary.r2)

lr_predictions = lr_model.transform(test)
lr_predictions.select("prediction","Rings","features").show(5)

from pyspark.ml.evaluation import RegressionEvaluator
lr_evaluator = RegressionEvaluator(predictionCol="prediction", \
                labelCol="Rings",metricName="r2")
print("R Squared on test data:" , lr_evaluator.evaluate(lr_predictions))

Printed Output:
Column Names Index(['Sex', 'Length', 'Diameter', 'Height',
'Whole weight', 'Shucked weight', 'Viscera weight', 'Shell weight',
'Rings'], dtype='object')
```

```
root
 |-- Sex: string (nullable = true)
 |-- Length: double (nullable = true)
 |-- Diameter: double (nullable = true)
 |-- Height: double (nullable = true)
 |-- Whole weight: double (nullable = true)
 |-- Shucked weight: double (nullable = true)
 |-- Viscera weight: double (nullable = true)
 |-- Shell weight: double (nullable = true)
 |-- Rings: long (nullable = true)

root
 |-- features: vector (nullable = true)
 |-- Sex: string (nullable = true)
 |-- Length: double (nullable = true)
 |-- Diameter: double (nullable = true)
 |-- Height: double (nullable = true)
 |-- Whole weight: double (nullable = true)
 |-- Shucked weight: double (nullable = true)
 |-- Viscera weight: double (nullable = true)
 |-- Shell weight: double (nullable = true)
 |-- Rings: long (nullable = true)

features        ---row of attribute vectors - run notebook for more
                0           1           2           3
Sex             M           M           F           M
Length          0.455       0.35        0.53        0.44
Diameter        0.365       0.265       0.42        0.365
Height          0.095       0.09        0.135       0.125
Whole weight    0.514       0.2255      0.677       0.516
Shucked weight  0.2245      0.0995      0.2565      0.2155
Viscera weight  0.101       0.0485      0.1415      0.114
Shell weight    0.15        0.07        0.21        0.155
Rings           15          7           9           10

Training Dataset Count: 2924
Test Dataset Count: 1253

Coefficients: [-0.306360840416938, -1.5588226677602282,
 2.9172381109536025, 4.568071822665666, 32.918696234090376,
```

```
-0.09751444851762599, -7.477249822177075, -4.238501196414483,
12.00722955259035]
Intercept: 3.2080030819683936
RMSE: 2.2246864543509055
R Squared on training data: 0.5023819644971068
+------------------+-----+--------------------+
|        prediction|Rings|            features|
+------------------+-----+--------------------+
|8.126455982607062 |    6|[0.0,0.0,0.345,0....|
|8.301277100910529 |    5|[0.0,0.0,0.36,0.2...|
|9.238211710278332 |   12|[0.0,0.0,0.415,0....|
|9.930756998402277 |    9|[0.0,0.0,0.445,0....|
|9.987207321370438 |    9|[0.0,0.0,0.45,0.3...|
+------------------+-----+--------------------+
only showing top 5 rows
R Squared on test data = 0.424898
```

> **注意** 在大问题中可能会遇到具有大量不同值的类别变量。我从事的是预测医疗保健结果的工作，使用的数据包括给患者的药物名称。该列表有数十万个唯一值。通常，在特征矩阵中添加数十万个新列是行不通的。在这种情况下，读者可以尝试做一些事情来减少这个麻烦。一件事是查看数据集中实际出现了多少值（如一种特定的药物）的统计数据，其中很多名称（类别）可能出现的相对较少。那么可以丢弃这些数据行，也可以将所有罕见的名称（类别）聚合到一个组中。另一种方法可以是转向更全面的类别。以药物为例，只使用药物名称而不使用剂量。

第二个复杂的因素是，在传递给回归算法的数据中不应该包含进行了独热编码的列。原始变量被一个行向量代替。在这种情况下，行向量有两个变量，这种转换所需的变量数是性别数减一（3−1=2），因为其中一个变量值（如 M）可以用两个变量都是 0 来表示。代码清单 5.10 执行下面的过程：它将特征分为类别特征和数值特征。对于每个类别特征，执行字符串索引器和独热编码器转换，然后将来自该过程的特征与数值特征一起输入向量集合过程。那么接下来的过程是熟悉的回归过程。

5.9 具有元参数优化的多类别逻辑斯蒂回归

本节引入了几个新的元素。一个新的元素是使用字符串索引器来转换多类别问题中的标签，另一个新的元素是使用 PySpark 逻辑斯蒂回归来解决多类别问题，从读者已经学到的知识来看，这些还好理解，还有一个新的元素是使用参数网格搜索来确定像 ElasticNet 参数和正则化参数这样的元参的最佳值。

这个多类别分类问题（代码清单 5.11）的基本代码与代码清单 5.9 中的二元分类问题

看起来基本相同。它适用于在单个列中表示标签,由字符串索引器来分配编号。

参数搜索是通过使用 CrossValidator 和 ParameterGridBuilder 来完成的。代码显示了如何提供值以搜索 ElasticNet 的参数和正则化参数。最后,读出最佳参数值(由交叉验证结果来确定)。这个搜索过程确实可以改善性能。

代码清单 5.11　构建和优化用于玻璃分类的 PySpark 模型(glass_log_regress_spark.py)

```
__author__ = 'mike_bowles'

#Import sparksession
from pyspark.sql import SparkSession
from pyspark.ml.feature import VectorAssembler
from pyspark.ml.classification import LogisticRegression
import matplotlib.pyplot as plt
from pyspark.ml import Pipeline
from pyspark.ml.feature import OneHotEncoder, StringIndexer, VectorAssembler
import pandas as pd
from pandas import DataFrame
from Read_Fcns import pd_read_glass
from pyspark.ml.tuning import ParamGridBuilder, CrossValidator
from pyspark.ml.evaluation import MulticlassClassificationEvaluator

spark = SparkSession.builder.appName("glass_mc_log_regress").getOrCreate()

#read glass data into pandas data frame and create spark df
glass_df = pd_read_glass()

#Create spark dataframe for glass data
glass_sp_df = spark.createDataFrame(glass_df)

cols = glass_sp_df.columns
print('Column Names', cols, '\n\n')


glass_sp_df.printSchema()


pd.DataFrame(glass_sp_df.take(5), columns=glass_sp_df.columns).
```

```
transpose()

feature_cols = ['RI', 'Na', 'Mg', 'Al', 'Si', 'K', 'Ca', 'Ba', 'Fe']

label_stringIdx = StringIndexer(inputCol = "Type", outputCol = "label")
assembler = VectorAssembler(inputCols=feature_cols,
outputCol='features')
pipeline = Pipeline(stages=[assembler, label_stringIdx])

pipelineFit = pipeline.fit(glass_sp_df)
dataset = pipelineFit.transform(glass_sp_df)

#have a look at the dataset
dataset.show(5)

#train test split
trainingData, testData = dataset.randomSplit([0.7, 0.3], seed = 1011)

#select model p
lr = LogisticRegression(maxIter=20, regParam=0.003, elasticNetParam=0.5)
lrModel = lr.fit(trainingData)

predictions = lrModel.transform(testData)

evaluator = MulticlassClassificationEvaluator(predictionCol
                ="prediction")
print(evaluator.evaluate(predictions))

#search for best parameter values
paramGrid = (ParamGridBuilder()
            .addGrid(lr.regParam, [0.003, 0.03, 0.3])
            .addGrid(lr.elasticNetParam, [0.0, 0.2, 0.4, 0.6])
            .build())

#5-fold CrossValidator
cv = CrossValidator(estimator=lr, \
                estimatorParamMaps=paramGrid, \
                evaluator=evaluator, \
                numFolds=5)
```

```
cvModel = cv.fit(trainingData)

predictions = cvModel.transform(testData)
#Evaluate best model
evaluator = MulticlassClassificationEvaluator(predictionCol=
"prediction")
print(evaluator.evaluate(predictions))

print( 'Best Param (regParam): ', cvModel.bestModel.
_java_obj.getRegParam())
print('Best Param (elasticNetParam): ',
cvModel.bestModel._java_obj.getElasticNetParam())
```

本节展示了如何使用 PySpark 解决多类别分类问题,并展示了如何使用 ParameterGridBuilder 和交叉验证来确定元参数的最佳值。

5.10 小结

本章展示了对于预测建模问题使用惩罚回归和一些通用工具的案例,也展示了实际应用中经常会遇到的几种不同类型的问题。这些问题包括回归问题、二元分类问题以及多类别分类问题。本章使用基于 Python 的不同版本的惩罚回归函数来解决这些问题。此外,本章还展示了几种工具的使用方法,来解决读者遇到的建模问题。这些工具包括对类别变量的编码、使用二元分类器来解决多类别分类问题、对线性方法进行扩展来预测属性及输出之间的非线性关系。

本章也展示了对模型进行性能评价的方法。回归问题最容易进行评估,因为它的错误可以自然地被表示为数值的计算。分类问题则复杂一些,分类的性能可以被量化为误分类错误率、接收曲线的曲线下面积以及经济代价等。读者应该挑选最能反映实际目标的方法来评估性能指标,这些目标包括商业目标、科学目标等。

最后,本章还介绍了如何使用 PySpark 解决一系列不同的问题,即多类别分类、类别变量的转换、回归问题、分类问题等。此外,本章还介绍了一系列用于构建模型和评估模型性能的工具。在第 6 章中,读者将再次看到这些工具,我们将在集成模型中使用它们。

第 6 章
集成方法

集成方法来源于下述观察：如果模型之间近似相互独立，那么多个模型联合的性能要优于单个模型的。如果一个分类器以 55% 的概率给出正确的结果，那么这样的分类器只能说是中等水平，但是如果读者拥有 100 个这样的分类器，那么大多数分类器的结果正确的概率可以上升到 82%。

一种获取近似相互独立的多个模型的方法是使用不同的机器学习算法。例如，读者可以利用支持向量机（SVM）、线性回归、k 最近邻、二元决策树等。但是这种方法很难产生大量的模型。而且这个过程冗长乏味，因为不同的模型有不同参数，需要分别调参，每个模型对输入数据的要求也不一样。因此每个模型需要分别编码。这就远远不能适应于需要成百上千个模型的场景（本章就会遇到）。

因此，集成方法的关键是开发出一种方法可以生成大量近似独立的模型，然后把它们集成起来。在本章将学到最流行的方法，并了解到最流行的集成方法的工作原理。本章概述算法的基本架构，用 Python 展示算法的有效性，以加深读者对算法原理的理解。

集成方法是由两层算法组成的层次架构。底层的算法叫作基学习器（base learner）。基学习器是单个机器学习算法，这些算法后续会被集成到一个集成方法中去。本章主要使用二元决策树作为基学习器。上层算法通过对这些基学习器的输入做巧妙的处理，使其模型近似相对独立。那么同一算法如何产生不同的模型？目前广泛使用的上层算法主要有投票（bagging）、提升（boosting）和随机森林（random forest）。严格地讲，随机森林实际上是上层算法和特定的修改后的二元决策树的组合，在 6.4 节中可以看到详细的内容。

很多算法都可以用作基学习器，如二元决策树、支持向量机等，但从实用角度，二元决策树的应用最为广泛。它们广泛地应用于开源和商业的包中，这些包都可以应用到读者的项目中去。集成方法包含上百甚至上千的二元决策树的集合，集成方法的很多特性都源自二元决策树。因此本章以二元决策树的介绍开始。

6.1 二元决策树

二元决策树是基于属性来做一系列的二元（是/否）决策。每次从两种可能性中选择一个作为决策。每次决策后要么引出另外一个决策，要么生成最终的预测结果。一个实际训练决策树的例子有助于加强读者对这个概念的理解。了解了训练后的结果，就学会了决策树的训练过程。

代码清单 6.1 展示了使用 scikit-learn 的 DecisionTreeRegressor 包针对红酒口感数据构建二元决策树的代码。图 6-1 描述了代码清单 6.1 生成的决策树。

> **注意** 为了运行代码清单 6.1 中的代码，读者需要安装 graphviz 和 pydottable。最简单的方法是使用 conda 进行安装。读者可以通过搜索"conda install graphviz"（举例）找到安装这些工具的说明。

代码清单 6.1　构建一个决策树预测红酒口感（wineTree.py）

```
__author__ = 'mike-bowles'

import numpy
from sklearn import tree
from sklearn.tree import DecisionTreeRegressor
from sklearn.tree import export_graphviz
from sklearn.externals.six import StringIO
from IPython.display import Image
from math import sqrt
import matplotlib.pyplot as plot
from Read_Fcns import list_read_wine
import pydotplus

#read data into iterable
names, xList, labels = list_read_wine()

wineTree = DecisionTreeRegressor(max_depth=3)
wineTree.fit(xList, labels)

f = StringIO()
export_graphviz(wineTree, out_file=f, filled=True, rounded=True,
        special_characters=True)
graph = pydotplus.graph_from_dot_data(f.getvalue())
Image(graph.create_png())
#Note: You'll need to install pydotplus to draw this graph.
#conda install -c conda-forge pydotplus
```

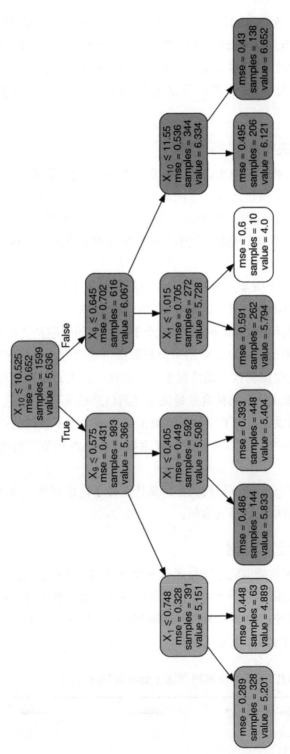

图 6-1 确定红酒口感的决策树

图 6-1 展示了针对红酒数据的训练结果，即一系列的决策。决策树框图显示了一系列的方框，这些方框称作节点（node）。有两类节点，一种针对问题输出"是"或者"否"，另一种是终止节点，输出针对样本的预测结果，并终止整个决策的过程。终止节点也叫作叶节点（leaf node）。在图 6-1 中，终止节点处在框图底部，它们下面没有分支或者进一步的决策节点。

6.1.1 如何用二元决策树进行预测

当一个观察（或一行数据）被传送到一个非终止节点，此行数据要回答此节点的问题。如果回答"是"，则此行数据进入节点下面的左侧节点。如果回答"否"，则此行数据进入节点下面的右侧节点。该过程持续进行，直到到达一个终止节点（叶节点），叶节点给此行数据分配预测值。叶节点分配的预测值是所有到达此节点的训练观察数据的结果的均值。

虽然此决策树的第二个决策层在两个分支中都考虑了变量 X[9]，但这两个决策也可以是针对不同的属性所做的判断（可以参看第三决策层的例子）。

最上面的节点又叫根节点（root node）。这个节点提出的问题是"X[10]<=10.525"。在二元决策树中，越是重要的变量越早被用来分割数据（越接近决策树的顶端），因此决策树认为变量 X[10]，也就是酒精含量属性很重要。在这一点上，决策树与第 5 章的惩罚线性回归是一致的。第 5 章也认为酒精含量是决定红酒口感很重要的属性。

图 6-1 决策树的深度为 3。决策树的深度被定义为从上到下该树的最长路径（经过的决策的数目）。在 6.1.3 节中，可以看到没有理由要求到达终止节点的所有路径具有相同的长度，如图 6-1 所示。

现在读者已经知道了一个训练好的决策树是什么样子，也看到了如何使用一个决策树来进行预测。下面将介绍如何训练决策树。

6.1.2 如何训练二元决策树

了解如何训练决策树最简单的方法是通过一个具体的例子来熟悉。代码清单 6.2 展示了给定一个实数值属性如何预测一个实数值标签的例子。数据集是在代码中产生的（也叫作合成数据）。生成过程是把 –0.5 ~ 0.5 等分成 100 份，单一属性 x 等于这些等分数。标签 y 的向量等于属性 x 的向量加上随机噪声。

代码清单 6.2　简单回归问题的决策树训练（simpleTree.py）

```
__author__ = 'mike-bowles'

import numpy as np
```

```python
import matplotlib.pyplot as plt
from sklearn import tree
from sklearn.tree import DecisionTreeRegressor
from sklearn.externals.six import StringIO
from sklearn.tree import export_graphviz
from IPython.display import Image
import pydotplus

#Build a simple data set with y = x + random
nPoints = 100

#x values for plotting
x = np.linspace(-0.5, 0.5, nPoints)
tree_depth = 2

#y (labels) has random noise added to x-value
#set seed
np.random.seed(1)
y = x + np.random.randn(nPoints) * 0.1

plt.plot(x,y)
plt.axis('tight')
plt.xlabel('x')
plt.ylabel('y')
plt.title('Labels (y) versus Feature (x)')
plt.savefig('Labels_versus_attribute_visualization_ex.png', dpi=500)
plt.show()

x_feat = x.reshape([-1,1])
simpleTree = DecisionTreeRegressor(max_depth=tree_depth)
simpleTree.fit(x_feat, y)

#draw the tree -- this block needs to be run in its own cell
f = StringIO()
export_graphviz(simpleTree, out_file=f, filled=True, rounded=True,
        special_characters=True)
graph = pydotplus.graph_from_dot_data(f.getvalue())
Image(graph.create_png())
```

```python
#compare prediction from tree with true values

yHat = simpleTree.predict(x_feat)

plt.figure()
plt.plot(x, y, label='True y')
plt.plot(x, yHat, label='Tree Prediction ', linestyle='--')
plt.legend(bbox_to_anchor=(1,0.2))
plt.axis('tight')
plt.xlabel('x')
plt.ylabel('Predicted and Actual Values')
plt.title('Comparison of Actual to Prediction - depth =
    ' +str(tree_depth))
plt.savefig('simpleTreeActuaVPrediction_' + str(tree_depth) +'.png',
            dpi=500)
plt.show()

#draw the tree
f = StringIO()
export_graphviz(simpleTree, out_file=f, filled=True, rounded=True,
    special_characters=True)
graph = pydotplus.graph_from_dot_data(f.getvalue())
Image(graph.create_png())

#split point calculations - try every possible split point to find the
#best one
sse = []
xMin = []
for i in range(1, nPoints):
    #divide y-array into points on left and right of split point
    lh_array = y[0:i]
    rh_array = y[i:]
    #calculate averages on each side
    lhAvg = np.average(lh_array)
    rhAvg = np.average(rh_array)
    
    #calculate sum square error on left, right and total
    lhSse = np.sum((lh_array - lhAvg) * (lh_array - lhAvg))
    rhSse = np.sum((rh_array - rhAvg) * (rh_array - rhAvg))
```

```
    #add sum of left and right to list of errors

    sse.append(lhSse + rhSse)


plt.plot(x[1:], sse)
plt.xlabel('x Split Point Value')
plt.ylabel('Sum Squared Error')
plt.title('Sum Squared Error vs Split Point Location')
plt.savefig('Error_vs_split_pt_location.png', dpi=500)
plt.show()
```

图 6-2 绘制了属性 x 和标签 y 的关系图。正如预期，y 值的变化大致上一直跟随 x 值的变化，但是有些随机的小扰动。

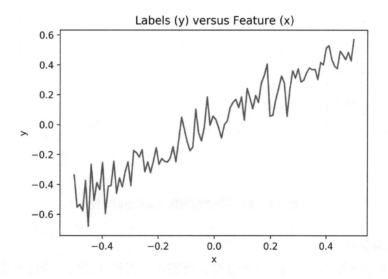

图 6-2　简单示例的标签与属性的关系图

6.1.3　决策树的训练等同于分割点的选择

代码清单 6.2 的第一步是运行 scikit-learn 的 regression tree 包，并指定决策树的深度为 1。此处理过程的结果如图 6-3 所示。图 6-3 显示了深度为 1 的决策树的框图。深度为 1 的决策树又叫作决策树桩（stump）。在根节点的决策是将属性值与 −0.071 进行比较。这个值叫作分割点（split

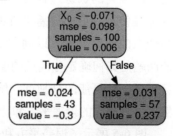

图 6-3　简单问题的深度为 1 的决策树的框图

point),因为它把数据分割成两部分。由根节点发散出去的两个方框可知,100 个实例中有 43 个到了根节点的左分支,剩下的 57 个实例到了根节点的右分支。如果属性值小于分割点,则此决策树的预测值是方框里指明的值,大约是 −0.3。

1. 分割点的选择如何影响预测效果

审视决策树的另一个方法是将预测值与真实的标签值进行对比。这个简单的合成数据只有一个属性,由决策树产生的预测值一直跟随着实际的标签值,从中也能看出这个简单的决策树的训练是如何完成的。如图 6-4 所示,预测的值基于一个简单的判断方法。预测值实际上是属性值的阶梯函数。这个"阶梯"发生在分割点。

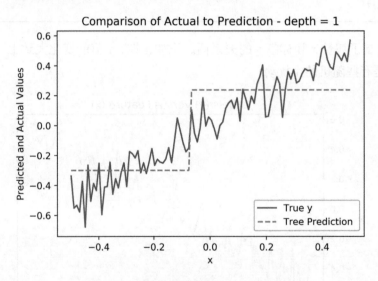

图 6-4　简单示例的预测值与实际值的比较

2. 分割点选择算法

这个简单的决策树需要确定 3 个变量:分割点的值和分割后生成的两组数据的预测值。决策树的训练过程要完成这个任务。下面介绍上述目标如何达到。训练此决策树的目标是使预测值的误差平方最小。首先假设分割点已经确认。一旦给定分割点,分配给两个组的预测值就可以确定下来。每组的平均值是使均方误差最小的那个值。那么剩下的问题是如何确定分割点的值。代码清单 6.2 中有一小段代码用来确定分割点。这个过程尝试每一个可能的分割点,然后把数据分成两组,取每组数值的均值作为分配的预测值,然后计算相应的误差平方和。

图 6-5 展示了误差平方和作为分割点的函数如何变化。训练一个决策树需要穷尽地搜索所有可能的分割点来确定哪个值可以最小化误差平方和。正如读者所看到的,在数据集

的中点附近有一个明确定义的最小值。读者还可以看到，由于引入的噪声，曲线有一些随机变化。可以想象，如果有更多的数据，则一些随机变化会变得更平缓一些。在 6.2 节中可以看到这一点。

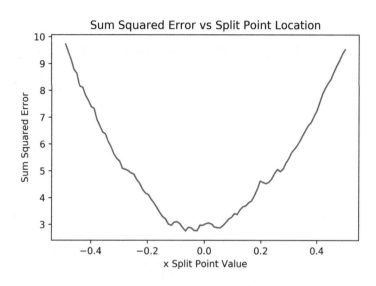

图 6-5　每个可能的分割点位置对应的误差平方和

3. 多变量决策树的训练——选择哪个属性进行分割

问题含有多个属性该怎么办？算法会对所有的属性检查所有可能的分割点，对每个属性找到最佳误差平方和最小的分割点，然后找到哪个属性对应的误差平方和最小。

在训练决策树的过程中，每个计算周期都要对分割点进行计算。同样的，训练基于决策树的集成算法时，每个周期也要对分割点进行计算。如果被分割的属性没有重复值，则每个数据点所对应的属性值要作为分割点进行测试（分割点的测试次数等于数据点数目减 1）。

随着数据规模的增大，分割点的计算量也成比例增加。测试的分割点彼此可能非常近。因此设计针对大规模数据的算法的时候，分割点的检测通常要比原始数据的粒度粗糙的多。论文"PLANET: Massively Parallel Learning of Tree Ensembles with MapReduce"提出一种方法，该方法是 Google 工程师针对大规模数据集构建决策树时采用的方法，他们使用决策树来实现梯度提升算法（本章将会学到该集成方法）。

4. 通过递归分割获得更深的决策树

代码清单 6.2 展示了当决策树深度从 1 增加到 2 时预测曲线会发生什么变化。预测曲线如图 6-6 所示。决策树的框图如图 6-7 所示。深度为 1 的决策树只有一步，这个预测曲线有 3 步。第 2 个决策层的分割点的确定与第 1 个分割点的方法完全一样。决策树的每个节点处理基于上个分割点生成的数据子集。每个节点中分割点的选择是使下面两个节点的误差平方和最小的那一个。图 6-6 的曲线非常接近于一个实际的阶梯函数曲线。决策树深度的增加意味着更细小的步长和更高的保真度（准确性）。但是，这个过程会无限地继续下去吗？

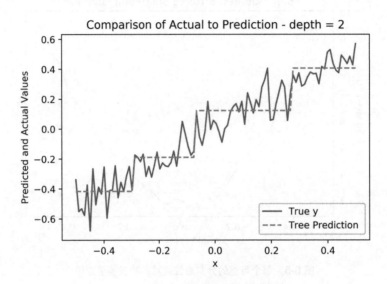

图 6-6　深度为 2 的决策树的预测曲线

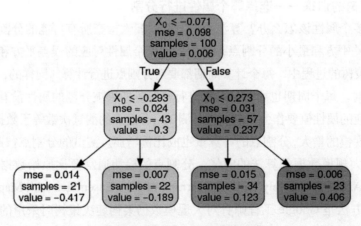

图 6-7　深度为 2 的决策树的框图

随着分割的继续，决策树深度增加，最深节点所包含的数据（实例数）会减少。这将导致在达到特定的深度之前，分割就终止了。如果决策树的节点只有一个数据实例的话，就不需要分割了。决策树训练算法通常有一个参数来控制节点包含的数据实例最小到什么规模就不再分割。节点所包含的数据实例太少会导致预测结果的高方差。

6.1.4 二元决策树的过拟合

6.1.3 节介绍了如何训练任意深度的二元决策树。那么有没有可能过拟合一个二元决策树？本节介绍如何度量和控制二元决策树的过拟合。二元决策树的过拟合原因与第 4 章和第 5 章的原因有所不同，但是过拟合的表现以及如何度量过拟合过程还是比较相似的。二元决策树的参数（树的深度、最小叶节点规模）可以用来控制模型的复杂度，类似过程已经在第 4 章和第 5 章中看到。

1. 二元决策树过拟合的评估

图 6-8 展示了决策树的深度增加到 6 会发生什么。在图 6-8 中，很难看出真实值与预测值之间的差别。预测值几乎完全跟随每个阶梯变化。这就开始暗示此模型已经过拟合了。数据产生方式表明最佳预测是让预测值等于对应属性值。添加到属性上的噪音是不可预测的，然而过拟合的预测结果是实际值加上噪声产生的偏差。合成数据的好处是可以事先知道正确答案。

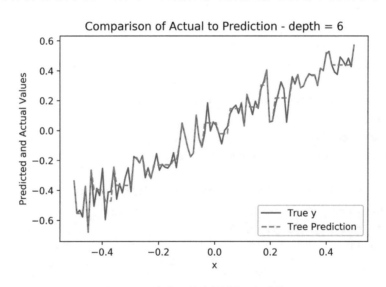

图 6-8　深度为 6 的决策树的预测曲线

另一个检查过拟合的方法是比较决策树中终止节点的数目与数据的规模。生成图 6-8 所示的预测曲线的决策树的深度是 6。这意味着它有 64（2^6）个终止节点。数据集中共有 100 个数据点。这意味着大量的数据单独占据一个终止节点，因此它们的预测值与观察值完全匹配。这就不奇怪为什么预测曲线完全跟随着噪声的"扭动"。

2. 权衡二元决策树的复杂度以获得最佳性能

实际问题使用交叉验证（cross-validation）来控制过拟合。代码清单 6.3 展示了针对此问题使用不同深度的决策树运行 10 折交叉验证的代码。代码显示了两层循环，外层循环定义了内层交叉验证的决策树深度，内层循环将数据分割后进行 10 轮样本外误差的计算。不同深度的决策树对应的均方误差（mean squared error，MSE）如图 6-9 所示。

代码清单 6.3　不同深度决策树的交叉验证（simpleTreeCV.py）

```
__author__ = 'mike-bowles'

import numpy as np
import matplotlib.pyplot as plt
from sklearn import tree
from sklearn.tree import DecisionTreeRegressor

#Build a simple data set with y = x + random
nPoints = 1000

#x values for plotting
x = np.linspace(-0.5, 0.5, nPoints)
x_feat = x.reshape([-1,1])

#y (labels) has random noise added to x-value
#set seed
np.random.seed(1)
y = x + np.random.randn(nPoints) * 0.1

#perform 10-fold x-val to see what tree depth works best.
nrow = nPoints
depthList = [1, 2, 3, 4, 5, 6, 7]
xvalMSE = []
nxval = 10

for iDepth in depthList:

    #build x-val loop to fit tree and evaluate on out of sample data
    oosMSE = 0.0
    for ixval in range(nxval):

        #Define test and training index sets
        idxTest = [a for a in range(nrow) if a%nxval == ixval%nxval]
        idxTrain = [a for a in range(nrow) if a%nxval != ixval%nxval]

        #Define test and training attribute and label sets
```

```
            xTrain = x_feat[idxTrain]
            xTest = x_feat[idxTest]
            yTrain = y[idxTrain]
            yTest = y[idxTest]

            #train trees of various depths and accumulate test errors
            treeModel = DecisionTreeRegressor(max_depth=iDepth)
            treeModel.fit(xTrain, yTrain)
            treePrediction = treeModel.predict(xTest)
            error = yTest - treePrediction

            oosMSE += np.average(error * error) / nxval

        #average the squared errors and accumulate by tree depth

        xvalMSE.append(oosMSE)

plt.plot(depthList, xvalMSE)
plt.axis('tight')
plt.xlabel('Tree Depth' )
plt.ylabel('Mean Squared Error')
plt.title('MSE versus Tree Depth - '+ str(nPoints) + ' pts')
plt.savefig('CV_Perf_vs_Tree_depth-' + str(nPoints) + '.png', dpi=500)
plt.show()
```

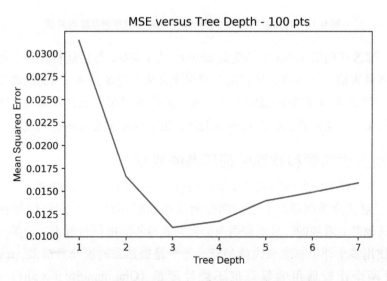

图 6-9　简单问题的样本外误差与决策树深度的关系

决策树的深度控制着二元决策树模型的复杂度，它的效果类似于第 4 章和第 5 章中惩罚回归模型的系数惩罚项。决策树深度的增加意味着在付出额外的复杂度的基础上可以从数据中提取出更复杂的行为。图 6-9 展示了决策树深度为 3 时可以获得基于代码清单 6.2 生成的数据的最佳 MSE 性能。此深度保证了重现属性与标签的内在关系和过拟合风险之间的最佳权衡。

在第 3 章中，最佳模型的复杂度是数据集规模的函数。合成数据问题提供了观察这个关系如何起作用的机会。图 6-10 展示了当数据点增加到 1 000 的时候，最佳模型复杂度和性能发生了哪些变化。

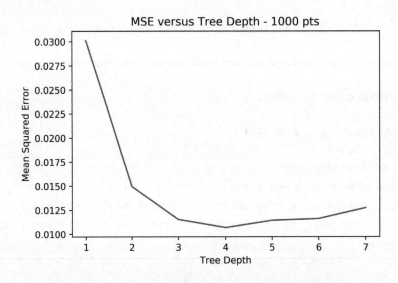

图 6-10　1 000 个数据点时样本外 MSE 与决策树深度的关系

读者可以修改代码清单 6.3 中的变量 nPoints 为 1 000，然后运行代码。增加数据的时候，会发生两件事情：一件事是最佳决策树深度会从 3 增加到 4，增加的数据支持更复杂的模型；另一件事是 MSE 有轻微的下降，增加的决策树深度允许在逼近真实模型的时候提供更精细的步长，面向真实的大规模数据场景也可以提供更好的保真度。

6.1.5　针对分类问题和类别特征所做的修改

为了提供决策树如何训练的完整场景，还有一些细节问题需要讨论。一个问题是：如何应用决策树解决分类问题？上述判断分割点的标准 MSE 只对回归问题有意义。正如读者在本书其他部分看到的，分类问题与回归问题有不同的评价标准。分类问题在判断分割点时可以使用多个评价标准来代替 MSE。一个是很熟悉的误分类错误（misclassification error），另外两个比较通用的是基尼不纯性度量（Gini impurity measure）和信息增益

(information gain)。这两个度量指标与误分类错误有一些不同的特性,但在概念上没有差别。

最后一个部分是当属性是类别属性而非数值属性的时候如何训练决策树。决策树中的非终止节点提出一个"yes/no"的问题。对应数值属性,问题是判断属性是否小于某一参数。把一个类别属性(变量)分割成两个子集需要尝试所有分成两个子集的可能性。假设一个类别属性包含 A、B、C 共 3 类,可能的分割方式是:A 在一个子集,B、C 在另外一个子集,或者 B 在一个子集,A、C 在另外一个子集,诸如此类。在某些环境下,可以直接使用相关数学结果来简化这个过程。

本节提供了二元决策树的背景知识,二元决策树本身是一个很好的预测工具,值得深入研究。但是这里提出的目的是将其作为集成方法的背景。集成方法包含了大量的二元决策树。当成千上万个决策树组合到一起的时候,使用单个决策树时出现的问题(如需要调整多个参数、结果的不稳定性、决策树深度加深导致的过拟合等)就会减弱。这也是提出集成方法的原因,集成方法更加健壮、易于训练、更加准确。下面讨论 3 个主流的集成方法。

6.2 自举汇聚:投票法

自举汇聚(bootstrap aggregation)是由里奥·布雷曼(Leo Breiman)提出的。该方法从选取一个基学习器开始,本书使用二元决策树作为基学习器。随着对此方法介绍的深入,可以看到其他机器学习算法也可以作为基学习器。二元决策树是合乎逻辑的选择,因为它可以对具有复杂决策边界的问题建模,但二元决策树的性能表现很不稳定。这种不稳定性可以通过组合多个基于决策树的模型来克服。

6.2.1 投票法如何工作

自举汇聚算法使用自举抽样方法。自举抽样通常用来从一个中等规模的数据集中产生抽样统计。一个(非参)自举抽样是从数据集中放回式地随机选择元素(也就是说,自举抽样可能会重复取出原始数据中的同一行数据)。自举汇聚从训练数据集中获得一系列的自举样本,然后针对每个自举样本训练一个基学习器。对于回归问题结果为基学习器的均值。对于分类问题,结果是由不同类别所占的百分比引申出来的各种类别的概率或均值。代码清单 6.4 展示了对本章开始介绍的合成数据问题如何应用投票算法。

代码清单 6.4 自举汇聚算法(simpleBagging.py)

```
__author__ = 'mike-bowles'

import numpy as np
import matplotlib.pyplot as plt
```

```python
from sklearn import tree
from sklearn.tree import DecisionTreeRegressor
from math import floor
from numpy.random import choice

#Build a simple data set with y = x + random
nPoints = 1000

#x values for plotting
x = np.linspace(-0.5, 0.5, nPoints)
x_feat = x.reshape([-1,1])
#y (labels) has random noise added to x-value
#set seed
np.random.seed(1)
y = x + np.random.randn(nPoints) * 0.1

#take fixed test set 30% of sample
indices = list(range(nPoints))
nSample = int(nPoints * 0.30)
idxTest = choice(indices, nSample, replace=False)
idxTest.sort()
idxTrain = [idx for idx in indices if not(idx in idxTest)]

#Define test and training attribute and label sets
xTrain = x_feat[idxTrain]
xTest = x_feat[idxTest]
yTrain = y[idxTrain]
yTest = y[idxTest]
idx_Train = list(range(len(xTrain)))

#train a series of models on random subsets of the training data
#collect models in a list and check error of composite as list grows

#maximum number of models to generate
numTreesMax = 20

#tree depth - typically at the high end
treeDepth = 1

#initialize a list to hold models
```

```python
modelList = []
predList = []

#number of samples to draw for stochastic bagging
nBagSamples = int(len(xTrain) * 0.5)

for iTrees in range(numTreesMax):
    #take bag sample and define train sets
    idxBag = choice(idx_Train, nBagSamples, replace=True)
    xTrainBag = xTrain[idxBag]
    yTrainBag = yTrain[idxBag]

    modelList.append(DecisionTreeRegressor(max_depth=treeDepth))
    modelList[-1].fit(xTrainBag, yTrainBag)

    #make prediction with latest model and add to list of predictions
    latestPrediction = modelList[-1].predict(xTest)
    predList.append(latestPrediction)
    #build cumulative prediction from first "n" models
    mse = []
    allPredictions = []

    for iModels in range(len(modelList)):

        prediction_i = np.zeros_like(predList[0])
        for i in range(iModels):
            prediction_i += predList[i] / float(iModels + 1)

        allPredictions.append(prediction_i)
        errors = yTest - prediction_i
        mse.append(np.average(errors * errors))

    nModels = [i + 1 for i in range(numTreesMax)]

plt.plot(nModels,mse)
plt.axis('tight')
plt.xlabel('Number of Models in Ensemble')
plt.ylabel('Mean Squared Error')
plt.ylim((0.0, max(mse)))
plt.title('MSE vs Number of Trees in Ensemble - Depth =
```

```
    ' +str(treeDepth))
plt.savefig('bagging_mse_vs_nTrees_' + str(treeDepth) + '.png', dpi=500)
plt.show()


plotList = [0, 9, 19]
for iPlot in plotList:
    plt.plot(xTest, allPredictions[iPlot], label=str(iPlot))
plt.plot(xTest, yTest, linestyle="--")
plt.legend()
plt.axis('tight')
plt.xlabel('x value')
plt.ylabel('Predictions')
plt.title('Shape of prediction curves - Depth = ' + str(treeDepth))
plt.savefig('bagging_response_curve_vs_nTrees_' + str(treeDepth) +
 '.png', dpi=500)
plt.show()

print('Minimum MSE')
print(min(mse))

Printed Output:

With treeDepth = 1
Minimum MSE
0.0277111866174121

With treeDepth = 5
Minimum MSE
0.012089941293578658
```

代码预留 30% 的数据来测量样本外数据的性能，以代替交叉验证方法。参数 numTreesMax 决定集成方法包含的决策树的最大数目。代码建立模型从第 1 个决策树开始，然后是前 2 个决策树，前 3 个决策树，以此类推，直到 numTreesMax 个决策树，可以看到预测的准确性与决策树数目之间的关系。代码将训练好的模型存入一个列表，并且存储了样本外数据的预测值，这些预测值用于评估样本外误差。

这段代码绘制了两个图，一个展示了当集成方法增加决策树的时候，MSE 是如何变化的，另一个展示了第一个决策树的预测值、前 10 个决策树的平均预测值和前 20 个决策树的平均预测值的对比。这个对比分析图与预测值曲线和实际标签值的对比图是十分相似的。

图 6-11 展示了当决策树数目增加的时候，MSE 是如何变化的。误差在 0.025 左右稳定下来。这个结果并不好。添加的噪声标准差为 0.1。一个预测算法的最佳 MSE 应该是这个标准差的平方，也就是 0.01。本章前面的单个二进制决策树就已经接近 0.01 了。为什么复杂的算法性能表现不佳？

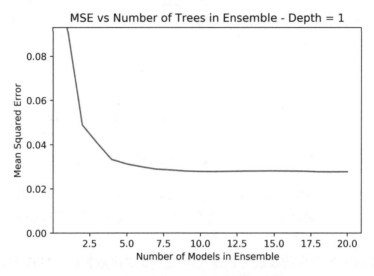

图 6-11　投票法中 MSE 与决策树数目的关系

1. 投票法的性能——偏差与方差

仔细观察图 6-12 会对这个问题获得些启示，其中有一个重要的关键点需要明确指出，这个关键点与其他问题也有关系。图 6-12 展示了单个决策树的预测结果、10 个决策树的预测结果、20 个决策树的预测结果。单个决策树的预测值很容易看清楚，因为只有一个"台阶"。10 个决策树和 20 个决策树的预测实际上叠加了一系列稍有不同的决策树，因此它们实际上在单个决策树的单一台阶的附近增加了一系列更精细的"台阶"。多个决策树的台阶并不都在同一个点上，因为它们基于不同的抽样数据进行训练，导致分割点有一定的随机性。但随机性只会在靠近图中心的分割点附近的小范围内带来轻微波动。最终的集成结果看起来变化并不大，因为所有的决策树对于应该在哪里进行分割有一个大概的共识。

存在两种错误：偏差和方差。考虑用一条直线来拟合一个摆动的曲线。增加数据规模可以减少噪声对拟合数据的影响，但是再多的数据也不可能让直线完全匹配一个摆动的曲线。当更多的数据点加入的时候，不能减少的误差叫作偏差误差（bias error）。用深度为 1 的决策树对合成数据拟合就会有偏差误差。所有的分割点都选在数据中心附近，因此对边缘数据的预测会影响模型的准确率。

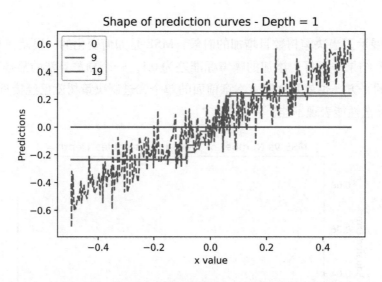

图 6-12 作为属性函数的预测值与实际标签值的对比

深度为 1 的决策树的偏差误差来源于模型太简单并且有 1 个共同的限制。投票法减少了模型之间的方差。但是对深度为 1 的决策树的偏差误差则是平均不掉的。克服这个问题的方法是加深决策树的深度。

图 6-13 展示了当对应的集成方法采用深度为 5 的决策树时，MSE 与决策树数目的关系图。当采用深度为 5 的决策树时，MSE 略微小于 0.01（部分归咎于噪声数据的随机性），性能明显好于深度为 1 的决策树。

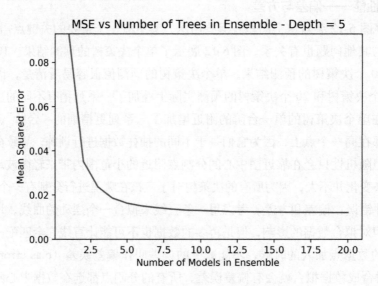

图 6-13 深度为 5 时 MSE 与决策树数目的关系

图 6-14 展示了使用 1 棵决策树、10 棵决策树和 20 棵决策树的预测结果。单个决策树的预测结果明显比其他的突出，因为它有几个尖锐的突出，导致了严重的误差。换句话说，它有较高的方差。其他单个决策树毫无疑问地展示了相似的性能。但是，当它们被平均时，方差减少了；基于投票算法的预测曲线更光滑，更接近于真实值。

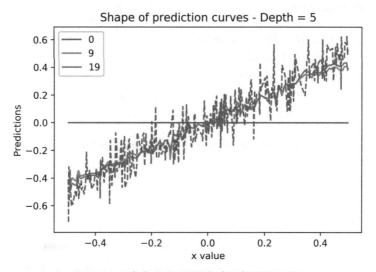

图 6-14　深度为 5 时预测值与实际标签值的对比

2. 投票法在多变量问题上的表现

代码清单 6.5 展示了投票法如何应用到预测红酒口感问题上。红酒口感例子展示了与合成数据问题一致的处理原则，如图 6-15、图 6-16 和图 6-17 所示。这些图通过设置不同的参数来运行代码清单 6.5 获得。

代码清单 6.5　用投票法预测红酒口感（wineBagging.py）

```python
__author__ = 'mike-bowles'

import numpy as np
from sklearn import tree
from sklearn.tree import DecisionTreeRegressor
from numpy.random import choice
from math import sqrt
import matplotlib.pyplot as plt

from Read_Fcns import list_read_wine

#read data into iterable
```

```python
names, xList, labels = list_read_wine()
xArray = np.array(xList)
yArray = np.array(labels)

nrows = len(xList)
ncols = len(xList[0])

#take fixed test set 30% of sample
indices = list(range(nrows))
nSample = int(nrows * 0.30)
idxTest = choice(indices, nSample, replace=False)
idxTrain = [idx for idx in indices if not(idx in idxTest)]

#Define test and training attribute and label sets
xTrain = xArray[idxTrain]
xTest = xArray[idxTest]
yTrain = yArray[idxTrain]
yTest = yArray[idxTest]
idx_Train = list(range(len(xTrain)))

#train a series of models on random subsets of the training data
#collect models in a list and check error of composite as list grows

#maximum number of models to generate
numTreesMax = 100

#tree depth - typically at the high end
treeDepth = 12

#initialize a list to hold models
modelList = []
predList = []

#number of samples to draw for stochastic bagging
nBagSamples = int(len(xTrain) * 0.5)

for iTrees in range(numTreesMax):
    idxBag = choice(range(len(xTrain)), nBagSamples, replace=True)
    xTrainBag = xTrain[idxBag]
    yTrainBag = yTrain[idxBag]

    modelList.append(DecisionTreeRegressor(max_depth=treeDepth))
    modelList[-1].fit(xTrainBag, yTrainBag)
```

```python
        #make prediction with latest model and add to list of predictions
        latestPrediction = modelList[-1].predict(xTest)
        predList.append(latestPrediction)


#build cumulative prediction from first "n" models
#build cumulative prediction from first "n" models
rmse = []
allPredictions = []

for iModels in range(len(modelList)):

    prediction_i = np.zeros_like(predList[0])
    for i in range(iModels):
        prediction_i += predList[i] / float(iModels + 1)

    allPredictions.append(prediction_i)
    errors = yTest - prediction_i
    rmse.append(sqrt(np.average(errors * errors)))


nModels = [i + 1 for i in range(numTreesMax)]


plt.plot(nModels,rmse)
plt.axis('tight')
plt.xlabel('Number of Tree Models in Ensemble')
plt.ylabel('Root Mean Squared Error')
plt.ylim((0.0, max(rmse)))
plt.title('RMS Error vs Ensemble Size - Depth = ' + str(treeDepth))
plt.savefig('bagging_wine_' + str(treeDepth) + '.png', dpi=500)
plt.show()

print('With Tree Depth = ', treeDepth)
print('With Number of Trees = ', numTreesMax)
print('Minimum RMSE = ', min(rmse))

Printed Output:

With Tree Depth = 1
With Number of Trees = 30
Minimum RMSE = 0.7440534935904853
With Tree Depth = 5
```

```
With Number of Trees = 30
Minimum RMSE = 0.6540549863025144

With Tree Depth = 12
With Number of Trees = 100
Minimum RMSE = 0.5727542363996668
```

图 6-15 展示了在投票法中包含更多决策树的时候,MSE 如何变化。基于红酒数据的决策树桩(深度为 1 的决策树)的集成方法相当于单个决策树在 MSE 方面的改善忽略不计。与合成数据相比,红酒数据没有体现性能改善的主要原因有以下几个:一方面红酒口感数据集边缘数据产生的误差更加显著,另一方面变量(属性)之间相关性(相互作用)在红酒数据上更加突出。

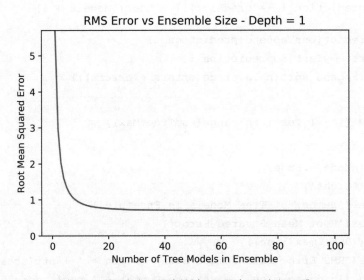

图 6-15　对深度为 1 的决策树用投票法预测红酒口感

合成数据只有一个变量(属性),因此不存在属性之间的相互影响。红酒数据有多个属性,因此属性的组合对预测的贡献很可能要大于单独每个属性对预测的贡献的和。"如果读者走路的时候被绊倒了,那么这个问题不大。如果读者沿着悬崖走,那么问题也不严重。但是,如果在沿着悬崖走的时候被绊倒了,那么这个问题可就严重了。"上述两种可能性都要考虑。深度为 1 的决策树只能考虑单独的属性,因此不能考虑到属性之间相互影响的情况。

3. 投票法为达到一定性能所需的决策树深度

图 6-16 展示了决策树深度为 5 的时候,MSE 与决策树数目的变化关系。随着更多的

决策树加入，投票法的性能有明显的改善。最终的性能远远好于深度为 1 的决策树。这种改善表明了当加入更多的决策树深度的时候，性能会进一步提高。

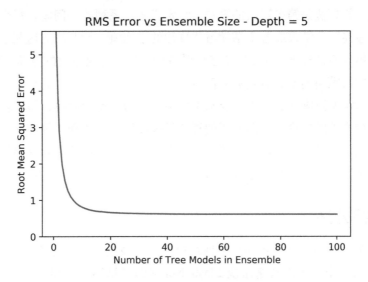

图 6-16　对深度为 5 的决策树用投票法预测红酒口感

图 6-17 展示了决策树深度为 12 的时候，投票法的 MSE 与决策树数目的关系。不仅可以采用更深的决策树，含有更多的决策树数目也可以进一步提升投票法的性能（这次使用了 100 个决策树，而不是 30 个）。图 6-17 展示了 3 次运行中最低的 MSE。

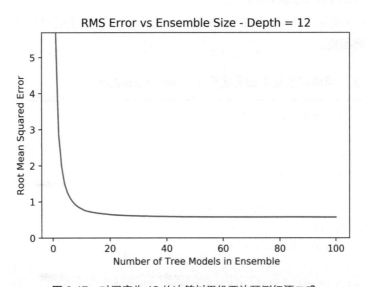

图 6-17　对深度为 12 的决策树用投票法预测红酒口感

6.2.2 投票法小结

本节见证了集成方法的第一个例子。投票法展示的二级层次架构对集成方法来讲很普遍。准确地说,投票法是第二层次的算法。它定义了一系列的子问题,每个子问题由基学习器来解决,最终预测结果取各个基学习器预测的平均值。投票法的这些子问题是从原始训练数据中采用自举抽样产生的。投票法可以减少单独二元决策树的方差。为了保证效果,投票法所采用的决策树需要具有足够的深度。

投票法可以作为集成方法的入门技术来介绍,因为它比较简单,易于理解,而且易于证明它可以减少方差的特性。下面介绍的算法是梯度提升法和随机森林法。它们采用不同的方法进行集成,并且显示了优于投票法的特性。当前大多数从业者通常先尝试梯度提升法或者随机森林,但是不经常使用投票法。

6.3 梯度提升法

梯度提升法(gradient boosting)由斯坦福教授杰罗姆·弗里德曼(Jerome Friedman)提出,他也提出了坐标下降法来解决 ElasticNet 问题(见第 4 章和第 5 章)。梯度提升法是基于决策树的集成方法,在不同标签上训练决策树,然后将其组合起来。对于回归问题,目标是最小化 MSE,每个后续的决策树在前面决策树遗留的错误上进行训练。要了解梯度提升法是如何工作的,最简单的方法是直接查看代码实现。

6.3.1 梯度提升法的基本原理

代码清单 6.6 展示了针对本章的合成数据问题,如何应用梯度提升法。代码的前面部分是生成合成数据集。

代码清单 6.6 简单问题使用梯度提升法(simpleGBM.py)

```
__author__ = 'mike-bowles'

import numpy as np
import matplotlib.pyplot as plt
from sklearn import tree
from sklearn.tree import DecisionTreeRegressor
from math import floor
from numpy.random import choice

#Build a simple data set with y = x + random
nPoints = 1000
```

```python
#x values for plotting
x = np.linspace(-0.5, 0.5, nPoints)
x_feat = x.reshape([-1,1])

#y (labels) has random noise added to x-value
#set seed
np.random.seed(1)
y = x + np.random.randn(nPoints) * 0.1

#take fixed test set 30% of sample
indices = list(range(nPoints))
nSample = int(nPoints * 0.30)
idxTest = choice(indices, nSample, replace=False)
idxTest.sort()
idxTrain = [idx for idx in indices if not(idx in idxTest)]

#Define test and training attribute and label sets
xTrain = x_feat[idxTrain]
xTest = x_feat[idxTest]
yTrain = y[idxTrain]
yTest = y[idxTest]
idx_Train = list(range(len(xTrain)))

#train a series of models on random subsets of the training data
#collect models in a list and check error of composite as list grows

#maximum number of models to generate
numTreesMax = 30

#tree depth - typically at the high end
treeDepth = 5

#initialize a list to hold models
modelList = []
predList = []
eps = 0.3
#initialize residuals to be the labels y
residuals = yTrain
```

```python
for iTrees in range(numTreesMax):

    modelList.append(DecisionTreeRegressor(max_depth=treeDepth))
    modelList[-1].fit(xTrain, residuals)

    #make prediction with latest model and add to list of predictions
    latestInSamplePrediction = modelList[-1].predict(xTrain)

    #use new predictions to update residuals
    residuals -= eps * latestInSamplePrediction

    latestOutSamplePrediction = modelList[-1].predict(xTest)
    predList.append(latestOutSamplePrediction)


#build cumulative prediction from first "n" models
mse = []
allPredictions = []
for iModels in range(len(modelList)):

    #add the first "iModels" of the predictions and multiply by eps
    prediction_i = np.zeros_like(predList[0])
    for i in range(iModels):
        prediction_i += predList[i] * eps

    allPredictions.append(prediction_i)
    errors = yTest - prediction_i
    mse.append(np.average(errors * errors))

nModels = [i + 1 for i in range(len(modelList))]

plt.plot(nModels,mse)
plt.axis('tight')
plt.xlabel('Number of Models in Ensemble')
plt.ylabel('Mean Squared Error')
plt.title('Error vs Ensemble Size - Depth = ' + str(treeDepth))
plt.savefig('simple_gbm_error_vs_trees_' + str(treeDepth) + str(eps) +
 '.png', dpi=500)
```

```
    plt.ylim((0.0, max(mse)))
    plt.show()

    plotList = [0, 3, 29]
    lineType = [':', '-.', '--']
    plt.figure()
    for i in range(len(plotList)):
        iPlot = plotList[i]
        textLegend = 'Prediction with ' + str(iPlot + 1) + ' Trees'
        plt.plot(xTest, allPredictions[iPlot], label = textLegend,
            linestyle = lineType[i])
    plt.plot(xTest, yTest, label='True y Value', alpha=0.25)
    plt.legend(bbox_to_anchor=(1,0.3))
    plt.axis('tight')
    plt.xlabel('x value')
    plt.ylabel('Predictions')
    plt.title('Actual vs Predictions - Depth= ' + str(treeDepth))
    plt.savefig('simple_gbm_real_vs_pred_' +str(treeDepth) + str(eps) +
            '.png', dpi=500)
    plt.show()
```

1. 梯度提升法的参数设置

与前面例子的第一个不同之处是梯度提升集成中训练单个决策树的深度参数的设置。梯度提升法与投票法和随机森林法的不同之处在于它在减少方差的同时还可以减少偏差。梯度提升法的有用特性是它在决策树桩（深度为 1 的决策树）的情况下也可以获得和更深的决策树一样低的 MSE 值。相对来说，梯度提升法只有在属性之间有强烈的相互影响的情况下，才需要考虑决策树的深度。随着决策树深度的增加，性能获得了改善，这一点实际上可以作为判断属性之间是否存在相互影响的方法。

另一个不同之处是变量 eps 的定义。这个变量是在优化问题时遇到的，用来控制步长。梯度提升法使用了梯度下降法，就像其他梯度下降算法一样，如果步长太大，则优化过程会发散而不是收敛。如果步长太小，则需要执行太多次迭代。生成一些结果后，6.3.2 节将讨论如何调整步长，即 eps 值。

下一个不太熟悉的部分是关于变量残差（residual）的定义。术语"残差"通常用于表示预测误差（在这里是观测值减去预测值）。梯度提升法会对标签的预测值进行一系列的改进。沿着梯度下降的方向，每走一步，都会重新计算残差。在开始阶段，梯度提升法将初始化预测值为空（null）或零，因此残差等于观测值。

2. 梯度提升法如何通过迭代构建预测模型

iTrees 的循环以用属性值训练一个决策树开始，但是用残差代替标签进行训练。只有第一轮是用原始的标签来训练数据的。后续的循环用训练产生的预测值，然后用 eps× 预测值减去残差作为目标结果进行训练。如前文提到的，减去残差相当于梯度下降，乘以一个步长控制参数 eps 是为了保证迭代过程的收敛。代码使用固定的预留数据集来测量样本外性能，绘制了 MSE 与决策树数目的关系图和预测值与单一属性值的关系图。

6.3.2 获取梯度提升法的最佳性能

第一对图（见图 6-18 和图 6-19）展示了 MSE 与决策树数目的关系图、预测值与属性值的关系图，两幅图展示的决策树深度为 1，eps=0.1。图 6-18 展示了在训练了 30 个决策树的情况下，误差平滑下降，大概达到 0.014。MSE 曲线向下，说明随着决策树的增加，其值会持续下降。

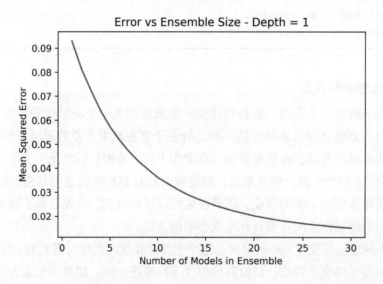

图 6-18　合成数据问题的 MSE 与决策树数目的关系（eps=0.1，treeDepth=1）

图 6-19 展示了 3 个梯度提升模型下属性值与预测值之间的关系：只训练 1 个决策树；训练 15 个决策树；训练 30 个决策树。训练一个决策树的模型就像 6.1 节中提到的决策树模型的减弱版本。它实际上是一个深度为 1 的决策树，基于标签进行训练，然后再乘以 0.1（eps 的值）。当模型使用 10 个决策树的时候，有趣的现象出现了。模型实现了对正确答案(一

个45度角的直线）很好的逼近。使用10个决策树的模型大概可以正确预测一半的数据，其右侧、左侧的预测值为常数。使用30个决策树的模型在每个数据的边界都实现了很好的逼近。这一点与采用决策树桩的投票法有很大区别。

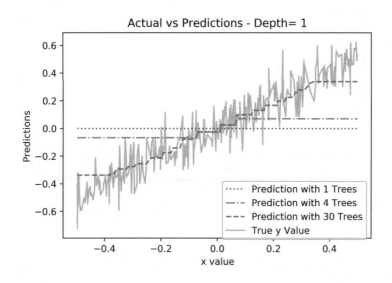

图6-19　梯度提升法预测值与属性值的关系（eps=0.1，treeDepth=1）

投票法不能改善使用浅决策树对许多彼此没有太大区别的问题进行预测时固有的偏差错误（bias error）。梯度提升法以同样的方式开始，但是随着开始减少过程中产生的错误，它更关注犯错误的区域。在会发生错误的地方设立分割点。这个过程导致了不需要加深决策树的深度，就可以获得很好的逼近。

当控制训练的参数变化时会发生什么？图6-20和图6-21展示了当决策树的深度为5时发生的变化。图6-20显示了当决策树的数目增加时，MSE会平滑下降。当训练30个深度为5的决策树时，MSE非常接近完美值（0.01）。图中没有显示训练时间。训练时决策树的每一层大约花费相同的时间。在每一层，所有可能的分割点根据MSE进行比较。因此深度为5的决策树所需时间是5个深度为1的决策树所需时间的5倍。公平的比较应该是看训练150个深度为1的决策树和训练30个深度为5的决策树各自的误差是多少。

图6-21清晰地展示了决策树深度对梯度提升法的影响。即使只采用了单独1个决策树，其预测值与深度为1的决策树相比，在整个属性值区间也显示了一些变化。基于15个决策树的模型和基于30个决策树的模型在数据的边界仍然有一定的误差。

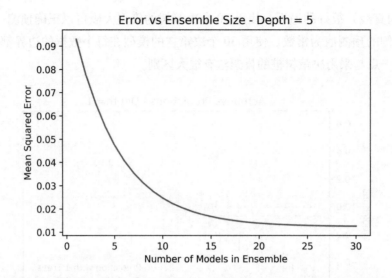

图 6-20　合成数据问题的 MSE 与决策树数目的关系（eps=0.1，treeDepth=5）

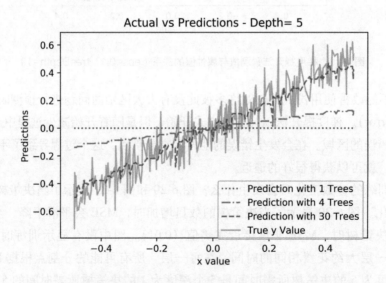

图 6-21　梯度提升法预测值与属性值的关系（eps=0.1，treeDepth=5）

图 6-22 和图 6-23 展示了增加步长参数 eps 会发生什么。图 6-22 展示了步长（eps）太大会有什么特性。MSE 随着决策树数目的增加而急剧下降，然后稍有增加。其最小值在图的左侧，接近三分之一的地方。可以调整 eps 的值使 MSE 最小值在（或者接近）图的右侧，这样通常可以获得更佳的性能。

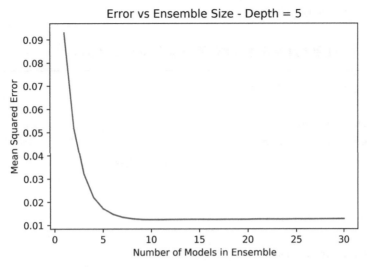

图 6-22　合成数据问题的 MSE 与决策树数目的关系（eps=0.3，treeDepth=5）

如图 6-23 所示，预测值作为属性值的函数比 eps 为 0.1 的两个版本（深度为 1 的决策树，深度为 5 的决策树）沿 45 度角的直线显示了更多的分散的突起。总的来看，深度为 1 的决策树显示了最佳的性能。这说明若训练更多的决策树，会进一步改善深度为 1 的模型在数据边界上的性能，即产生梯度提升的最佳答案。

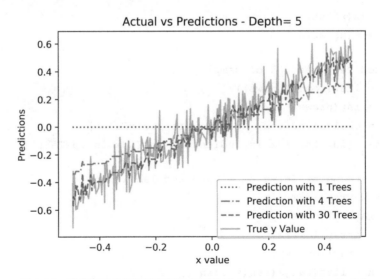

图 6-23　梯度提升法预测值与属性值的关系（eps=0.3，treeDepth=5）

6.3.3　针对多变量问题的梯度提升法

代码清单 6.7 展示了如何使用梯度提升法来预测红酒口感。除了使用红酒数据集作为输入,此代码与合成数据的代码十分相似。

代码清单 6.7　使用梯度提升法预测红酒口感(wineGBM.py)

```
__author__ = 'mike-bowles'

import numpy as np
from sklearn import tree
from sklearn.tree import DecisionTreeRegressor
from numpy.random import choice
from math import sqrt
import matplotlib.pyplot as plt

#read data into iterable
from Read_Fcns import list_read_wine

#read data into iterable
names, xList, labels = list_read_wine()
xArray = np.array(xList)
yArray = np.array(labels)

nrows = len(xList)
ncols = len(xList[0])

#take fixed test set 30% of sample
indices = list(range(nrows))
nSample = int(nrows * 0.30)
idxTest = choice(indices, nSample, replace=False)
idxTrain = [idx for idx in indices if not(idx in idxTest)]

#Define test and training attribute and label sets
xTrain = xArray[idxTrain]
xTest = xArray[idxTest]
yTrain = yArray[idxTrain]
yTest = yArray[idxTest]
idx_Train = list(range(len(xTrain)))

#train a series of models on random subsets of the training data
#collect models in a list and check error of composite as list grows

#maximum number of models to generate
```

```python
numTreesMax = 100

#tree depth - typically at the high end
treeDepth = 3

#initialize a list to hold models
modelList = []
predList = []
eps = 0.1

#initialize residuals to be the labels y
residuals = list(yTrain)

for iTrees in range(numTreesMax):

    modelList.append(DecisionTreeRegressor(max_depth=treeDepth))
    modelList[-1].fit(xTrain, residuals)

    #make prediction with latest model and add to list of predictions
    latestInSamplePrediction = modelList[-1].predict(xTrain)

    #use new predictions to update residuals
    residuals -= eps * latestInSamplePrediction

    latestOutSamplePrediction = modelList[-1].predict(xTest)
    predList.append(latestOutSamplePrediction)


#build cumulative prediction from first "n" models
rmse = []
allPredictions = []
for iModels in range(len(modelList)):

    #add the first "iModels" of the predictions and multiply by eps
    prediction_i = np.zeros_like(predList[0])
    for i in range(iModels):
        prediction_i += predList[i] * eps

    allPredictions.append(prediction_i)
    errors = yTest - prediction_i
    rmse.append(sqrt(np.average(errors * errors)))
```

```
nModels = [i + 1 for i in range(len(modelList))]

plt.plot(nModels,rmse)
plt.axis('tight')
plt.xlabel('Number of Trees in Ensemble')
plt.ylabel('Root Mean Squared Error')
plt.title('Error vs Ensemble Size for GBM')
plt.savefig('gbm_wine_error_vs_nTrees.png', dpi=500)
plt.ylim((0.0, max(rmse)))
plt.show()

print('Minimum RMSE = ', min(rmse))

Printed Output:
Minimum RMSE =  0.603455179638897
```

选择的参数如下：30 个深度为 5 的决策树，eps=0.1。这个参数集产生的 MSE 大致为 0.4。对于同样的问题，此方法大概比投票法差 10%。可以尝试调整决策树的数目、eps 步长参数和决策树的深度，来看一看是否可以获得更佳的性能。

MSE 与决策树数目的关系曲线在右侧相当平坦，如图 6-24 所示。通过增加决策树数目可能会获得性能上的改善。另一个尽可能提高性能的方法是微调步长参数或决策树的深度。

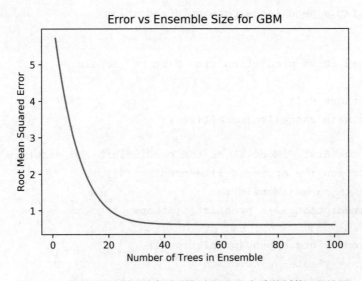

图 6-24　红酒口感问题的梯度提升模型的 MSE 与决策树数目的关系

6.3.4 梯度提升法小结

本节介绍了如何使用梯度提升法和如何调整参数来获得最佳性能。本节讨论了步长、决策树深度、决策树数目对性能的影响，也介绍了梯度提升法如何避免偏差，这是投票法采用浅决策树会遇到的问题。投票法和梯度提升法在工作原理上的根本差异在于梯度提升法持续监测自己的累积误差，然后使用残差进行后续训练。这种根本差异也解释了为什么当问题属性之间存在强的相互依赖、相互作用的关系时，梯度提升法只需要调整决策树的深度。

6.4 随机森林法

随机森林法由加利福尼亚大学伯克利分校教授里奥·布雷曼（Leo Breiman）和阿黛尔·卡特勒（Adele Cutler）联合提出。随机森林在数据集的子集上训练出一系列的模型。这些子集是从全训练数据集中随机抽取的。一种抽取方法是对行的随机放回抽样，同布雷曼的自举汇聚方法一样。另一种抽取方法是每个决策树的训练数据集只是所有属性随机抽取的一个子集，而不是全部的属性。代码清单 6.8 用 Python 的 DecisionTreeRegression 来近似随机森林。

代码清单 6.8　属性随机选择的投票法（wineRF.py）

```
__author__ = 'mike-bowles'

import numpy as np
from sklearn import tree
from sklearn.tree import DecisionTreeRegressor
from numpy.random import choice
from math import sqrt
import matplotlib.pyplot as plt
from Read_Fcns import list_read_wine

#read data into iterable
names, xList, labels = list_read_wine()
xArray = np.array(xList)
yArray = np.array(labels)

nrows = len(xList)
ncols = len(xList[0])
```

```python
#take fixed test set 30% of sample
indices = list(range(nrows))
nSample = int(nrows * 0.30)
idxTest = choice(indices, nSample, replace=False)
idxTrain = [idx for idx in indices if not(idx in idxTest)]

#Define test and training attribute and label sets
xTrain = xArray[idxTrain]
xTest = xArray[idxTest]
yTrain = yArray[idxTrain]
yTest = yArray[idxTest]
idx_Train = list(range(len(xTrain)))

#train a series of models on random subsets of the training data
#collect models in a list and check error of composite as list grows

#maximum number of models to generate
numTreesMax = 30

#tree depth - typically at the high end
treeDepth = 12

#pick how many attributes will be used in each model.
#authors recommend 1/3 for regression problem
nAttr = 4

#initialize a list to hold models
modelList = []
indexList = []
predList = []
n_bag = int(0.5 * len(yTrain))
for iTrees in range(numTreesMax):

    modelList.append(DecisionTreeRegressor(max_depth=treeDepth))

    #take random sample of attributes
    idx_attr = choice(list(range(ncols)), nAttr, replace=False)

    #take a random sample of training rows - bagging
```

```python
        idx_bag = choice(idx_Train, n_bag, replace=True)


        #build training set
        xRfTrain = xTrain[idx_bag, ]
        xRfTrain = xRfTrain[:, idx_attr]
        yRfTrain = yTrain[idx_bag]

        modelList[-1].fit(xRfTrain, yRfTrain)

        #restrict xTest to attributes selected for training
        xRfTest = xTest[:,idx_attr]

        latestOutSamplePrediction = modelList[-1].predict(xRfTest)
        predList.append(latestOutSamplePrediction)


#build cumulative prediction from first "n" models
rmse = []
allPredictions = []

for iModels in range(len(modelList)):

    prediction_i = np.zeros_like(predList[0])
    for i in range(iModels):
        prediction_i += predList[i] / float(iModels + 1)

    allPredictions.append(prediction_i)
    errors = yTest - prediction_i
    rmse.append(sqrt(np.average(errors * errors)))

nModels = [i + 1 for i in range(len(modelList))]

plt.plot(nModels,rmse)
plt.axis('tight')
plt.xlabel('Number of Trees in Ensemble')
plt.ylabel('Root Mean Squared Error')
plt.title('Random Forest RMSE - Depth = ' + str(treeDepth))
plt.savefig('rf_wine_depth_' + str(treeDepth) + '.png', dpi=500)
plt.ylim((0.0, max(rmse)))
```

```
plt.show()
print('Number of trees = ', numTreesMax)
print('Tree depth = ', treeDepth)
print('Minimum RMSE = ', min(rmse))

Printed Output:

Number of trees = 30
Tree depth = 1
Minimum RMSE = 0.7554878119435257

Number of trees = 5
Tree depth = 30
Minimum RMSE = 0.6924346211106107

Number of trees = 12
Tree depth = 30
Minimum RMSE = 0.6396042882586701
```

6.4.1 随机森林法：投票法加随机属性子集

代码清单 6.8 是对红酒口感数据集的训练。用来说明投票法和梯度提升法的单独一个属性的例子不能用于随机森林。那个例子只有一个属性。对于单独一个属性进行随机选取是没有意义的。代码清单 6.8 看起来很像投票法的代码。两者之间唯一的差别是在 iTrees 循环之前，指定了一个变量 nAttr。在对属性进行随机抽取时，需要知道要选取多少个属性。算法的提出者建议对于回归问题，选择全部属性的三分之一（对于分类问题，选择全部属性数目的平方根）。在 iTrees 循环内部，有对属性矩阵行的随机取样（这与投票法相同）。还有一个对属性矩阵的列的随机不放回取样（如果列表转换为 numpy 数组的形式，那么就是行和列）。然后训练决策树，对样本外数据进行预测。

代码清单 6.8 中的实现与随机森林算法还有区别。代码清单 6.8 中的算法取属性的一个随机子集，然后基于此子集训练决策树。布雷曼的原始版本的随机森林法对决策树的每个节点都用不同的属性随机子集进行训练。为了实现布雷曼的原始版本的算法，需要访问决策树生长算法的内部。这个例子只是给出了这个算法应该如何使用的一个感觉。而且有人认为对于决策树的每个节点都进行属性的随机选择并没有太大优势。

6.4.2 影响随机森林法性能的因素

图 6-25 到图 6-27 展示了增加属性随机选择对 MSE 与决策树数目的关系曲线的影响。

图 6-25 展示了决策树深度为 1 时的结果。此图与投票法十分相似，说明集成方法性能上没有多大的提高。深度为 1 的决策树主要导致了偏差，而不是方差。偏差是不能被平均掉的。

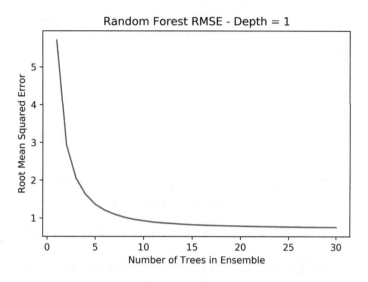

图 6-25　投票法加属性随机选择的 MSE 与决策树数目的关系（决策树深度为 1）

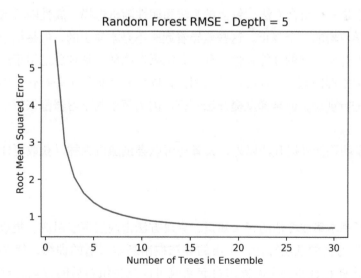

图 6-26　投票法加属性随机选择的 MSE 与决策树数目的关系（决策树深度为 5）

图 6-26 展示了当决策树深度为 5 时的 MSE 曲线。通过投票法减少了方差，再加上属性随机选择开始呈现一定的性能改善。这种组合的改进可以达到其他方法所展示的相似的性能。

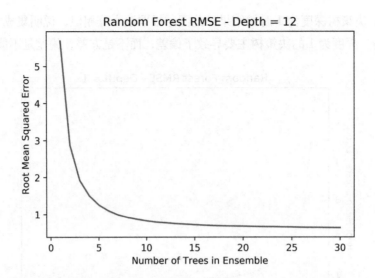

图 6-27　投票法加属性随机选择的 MSE 与决策树数目的关系（决策树深度为 12）

图 6-27 展示了当决策树深度为 12 时的 MSE 曲线还可以更进一步提高性能。

6.4.3　随机森林法小结

随机森林法是一个组合方法，包括投票法和属性随机选择。属性随机选择实际上是对二元决策树基学习器的一个修正。这些差异看起来不是本质上的，但是给予了随机森林与投票法和梯度提升法不同的性能特性。有研究结果表明随机森林更适用于广泛稀疏的属性空间，例如文本挖掘问题。与梯度提升法相比，随机森林更易于并行化，因为每个基学习器都可以单独进行训练，但是梯度提升法不行，因为每个基学习器都依赖于前一个基学习器的结果。

这些差异说明除梯度提升法以外，读者还可以尝试随机森林以获取更佳性能。

6.5　小结

本章提供了基本集成方法的背景知识。集成方法由两层算法组成。集成方法训练成百上千个叫作基学习器的低层算法。上层的算法控制基学习器的训练，使这些基学习器近乎相互独立，这样将这些基学习器组合起来就可以减少组合后的方差。投票法对训练数据集进行自举抽样（在一个原始样本中进行有放回的重复抽样），然后基于这些抽样训练基学习器。梯度提升法在每一步对输入数据进行抽样，然后基于这一样本训练基学习器。梯度提升法训练每个基学习器的目标是前期的所有基学习器的累积误差。随机森林将投票法作为高层算法，将修改版的二元决策树作为基学习器。随机森林的基学习器是二元决策树，分割点的决策是基于所有属性的一个随机抽样，而不是考虑所有属性。Python 中做梯度提升的包允许将随机森林作为梯度提升法的基学习器。第 7 章将介绍详细内容。

　　本章展示了每个高层算法的代码和随机森林基学习器的摹本，目的是让读者理解每个算法的工作机制。这种方式有助于更好地理解对应算法的 Python 包的选项、输入变量、归一化初始值等。第 7 章将看到如何使用 Python 包解决惩罚线性回归遇到过的一些问题。

第 7 章

用 Python 构建集成模型

本章利用第 6 章介绍的集成方法使用 Python 包构建预测模型。解决的问题在第 2 章中已经介绍过。第 5 章介绍了如何使用惩罚线性回归来构建预测模型解决上述问题。本章使用集成方法来解决同样的问题。这样可以对集成方法与惩罚线性回归做多方位的比较：算法、Python 包的易用性、所能达到的准确性以及训练所需的时间等。本章的最后是各种算法的对比总结。

7.1 用 Python 集成方法包求解回归问题

接下来将实际应用第 6 章的知识，介绍如何使用构建集成模型的 Python 包。本章使用第 6 章介绍的方法来解决第 2 章提出的问题，并用于演示第 5 章的惩罚线性回归方法的应用。通过解决同样的问题，可以对算法进行多维度的比较，包括初始性能、训练时间、易用性等。本章还将介绍这些 Python 包的使用。第 6 章的知识将有助于理解为什么 Python 包如此设计和如何充分利用这些方法获得最大收益。本节将解决不同类型的问题，先从回归问题开始。

7.1.1 用梯度提升法预测红酒口感

如第 6 章所述，梯度提升法使用误差最小化的方法来构建决策树，而投票法和随机森林法使用减少方差的方法。梯度提升法使用二元决策树作为基学习器，它也共享了决策树相关的参数。梯度提升法由梯度决定下降的方向，因此还需要步长之类的参数。而且，因为梯度提升法采用误差最小化的方法，这也导致对决策树深度的设置有不同的原理和选择。还可以构建一个随机森林法和梯度提升法的混合模型，在上层使用梯度提升法的误差最小化结构，对基学习器使用随机森林法的属性随机选择方法。

梯度提升法可以说是对我们一直在探索的结构化数据集进行预测的最热门的算法。结构化数据集基本上是可以排列在表中的数据集，如 pandas 数据框或 numpy 数组。我的朋友安东尼（Anthony Goldbloom）是 Kaggle 的创始人兼首席执行官，已经举办了数百场机器学习竞赛。安东尼告诉我，在结构化数据方面，梯度提升法比其他任何算法的竞争都多。最受欢迎的版本是一个名为 XGBoost 的包，尽管微软的 LightGBM 包也是一个有竞争力的包。这两个都得到了很好的维护和积极的更新。

XGBoost 可以采用 Anaconda 的安装方式，读者可以通过搜索"anaconda install xgboost"

找到最新的 Conda 安装说明，来使安装变得简单明了。同样，读者可以为 LightGBM 找到 Conda 的安装指令。我们将重点关注 XGBoost。

这两个包的文档质量都非常高。对于 XGBoost，只需搜索"XGBoost python api"（XGBoost 有几种不同的语言实现）。

下面就介绍 XGBoost 包。

1. 使用 GradientBoostingRegressor 的类构造函数

要获得关于 XGBoost Python 版本的文档，请搜索"XGBoost Python api"。请查看标题为"Python API Reference"的部分。在该部分，读者将找到"Core Data Structure"。它定义了 XGBoost 用于内存和速度优化的特定的输入数据结构。读者将看到一个名为 DMatrix() 的函数，它接受 numpy 数组形式的特征和标签，并返回所需的数据结构。7.1.1 节中的代码示例（代码清单 7.1）将向读者展示这很容易使用。

接下来是对 learning API 和 scikit-learn API 的描述，这些 API 定义了训练函数、交叉验证的训练以及类 scikit-learn 的回归器和分类器。对于这些，读者需要设置各种参数以控制训练。读者可以通过直接搜索问题来找到任何问题的答案。

下面的列表描述了读者应该熟悉的参数和方法，对于如何选择它们和如何权衡给出了一些注释。读者在着手开始前需要了解以下信息（官方文档中有一个更长的列表）。

- max_depth (int)：基学习器最大树深度。
- learning_rate (float)：提升法学习率。
- n_estimators (int)：拟合的树的数目。
- verbosity (int)：提示信息冗余程度。有效值是从 0（沉默）到 3（Debug 状态）。
- objective (string or callable)：明确学习任务和相应的学习目标，这基本上是训练中最小化的损失函数。对于回归问题，通常的选项是"reg:squarederror"；对于二元分类问题，它是"binary:logistic"。文档的"学习参数"部分概述了其他选项。
- booster (string)：指定使用哪种提升器——gbtree、gblinear 或 dart。这里只用到 gbtree，但是鼓励读者试一试其他提升器。
- n_jobs (int)：运行 XGBoost 时的并行线程数（代替 nthread）。
- subsample (float)：要采样的数据所占的比例，以便逐树使用。接下来的 3 个参数通过为每棵树、每层或每个节点随机选取一个特征子集，将集成方法中的树转换为随机森林树。
- colsample_bytree (float)：构建每棵树时的列抽样率。
- colsample_bylevel (float)：每层的列抽样率。
- colsample_bynode (float)：每个分割的列抽样率。

- reg_alpha (float[xgb's alpha])：权重的 L1 正则化项。
- reg_lambda (float[xgb's lambda])：权重的 L2 正则化项。
- seed (int)：随机数种子（已弃用，请使用 random_state）。
- random_state (int)：随机数种子（代替 seed）。

使用 XGBoost 进行建模的过程是实例化 XGBRegressor 或 XGBClassifier，并提供参数值以定义训练和评估过程。然后读者就可以调用对象上的一系列类函数。这里经常看到的包括 fit()，它将导致训练和相关的输出发生；predict()，它将使用经过训练的模型生成预测；feature_importances()，它将给出特征重要性的估计。这些就足够让读者开始了。

梯度提升法的参数设置对初学者来说可能有些困惑。下面的列表是对梯度提升法参数设置和调整的建议。

（1）除了设置 subsample 为 0.5，其他的从默认设置开始。训练完模型，观察样本外数据（out-of-sample，OOS）的性能与集成方法中决策树数目的关系曲线。经过第一次、后续的运行后，观察 OOS 性能曲线的变化。

（2）如果 OOS 的性能在图的右侧迅速提高，则增加 n_estimators 或者增加 learning_rate。

（3）如果 OOS 的性能在图的右侧迅速下降，则减少 learning_rate。

（4）一旦 OOS 的性能曲线在整体都有些改善（或者只有稍许下降），并且在图的右侧基本持平，就尝试改变 max_depth 和 max_features。

2. 用 GradientBoostingRegressor 实现回归模型

代码清单 7.1 展示了如何针对红酒数据集建立梯度提升模型。

代码清单 7.1　构建梯度提升法预测红酒口感（wine_gbm.py）

```python
__author__ = 'mike_bowles'

import numpy as np
from sklearn.metrics import mean_squared_error
from Read_Fcns import list_read_wine
from math import sqrt
import matplotlib.pyplot as plt
import xgboost as xgb

#Read wine quality data from UCI website
names, xList, labels = list_read_wine()
names = [x.replace('\"', '') for x in names]
print(names)
```

```python
nrows = len(xList)
ncols = len(xList[0])

X = np.array(xList)
y = np.array(labels)

n_fold = 5

idx_array = np.array(range(len(y))).reshape([-1, 1])
params = {"objective":"reg:linear",
        'colsample_bytree': 0.4,
        'learning_rate': 0.02,
        'n_estimators': 500,
        'max_depth': 4,
        'alpha': 10,
        'verbosity':1}

reg_model = xgb.XGBRegressor(**params)
results_list = []
for i_fold in range(n_fold):
    idx_test = idx_array[np.mod(idx_array, n_fold) == i_fold]
    idx_train = idx_array[np.mod(idx_array, n_fold) != i_fold]
    x_test = X[idx_test]
    y_test= y[idx_test]
    x_train = X[idx_train]
    y_train = y[idx_train]

    reg_model.fit(x_train, y_train, eval_set=[(x_train, y_train),
        (x_test, y_test)], eval_metric='rmse', verbose=False)
    results_list.append(reg_model.evals_result())

train_err = [eval['validation_0']['rmse'] for eval in results_list]
test_err = [eval['validation_1']['rmse'] for eval in results_list]

train_err_array = np.array(train_err)
test_err_array = np.array(test_err)

train_avg = np.mean(train_err_array, axis = 0)
test_avg = np.mean(test_err_array, axis = 0)
```

```
print('Final training rmse', train_avg[-5:])
print('Final test rmse', test_avg[-5:])

plt.plot(train_avg)
plt.plot(test_avg)
plt.xlabel('Number of Trees in Ensemble')
plt.ylabel('RMSE')
plt.title('Train and Test Errors')
plt.savefig('wineXGB_train_test_rmse.png', dpi=500)
plt.show()

#retrain on full set for importance calc
data_matrix = xgb.DMatrix(data=X, label=y, feature_names=names[0:-1])
params = {"objective":"reg:linear",'colsample_bytree': 0.4,
    'learning_rate': 0.02, 'n_estimators': 500, 'max_depth': 4,
    'alpha': 10, 'silent':1}

wine_xg = xgb.train(params=params, dtrain=data_matrix,
    num_boost_round=500)
xgb.plot_importance(wine_xg)
plt.rcParams['figure.figsize'] = [5, 5]
plt.savefig('wineGBM_variable_importance.png', dpi=500)
plt.show()

Printed Output:
['fixed acidity', 'volatile acidity', 'citric acid', 'residual sugar',
'chlorides', 'free sulfur dioxide', 'total sulfur dioxide', 'density',
'pH', 'sulphates', 'alcohol', 'quality']
Final training rmse [0.4301812 0.4299654 0.4296578 0.429428 0.4292482]
Final test rmse [0.5996246 0.5995986 0.599513 0.5995322 0.5994808]
```

代码的第一部分读取数据集，将属性矩阵与标签分离，分别转换为 numpy 数组，然后形成训练集和测试集。下一步是定义一个名为 params 的 Python 字典。字典包含定义 GBM 模型所需的参数值。其中有些是标准的，有些则因问题而异。第一个参数是目标函数（objective function）。因为这是一个回归问题，通常选择"reg:linear"。如果遇到标签呈指数分布（没有负值，正值聚集在 0 附近，对于较大的值分散得更薄），那么可以尝试逻辑斯蒂回归。

一旦定义了参数，下一步就是实例化一个模型对象。这里的训练循环是进行 5 折交叉验证。训练集和测试集的索引以 list 的形式定义，用于为每折确定合适的训练集和测试集。然后调用名为 reg_model 的 xgb.XGBRegressor 对象的 fit 函数。在 fit 函数中定义的参数 eval_set 是成对数据的列表形式。一对是训练特征集和对应的标签。另一对是测试特征集和对应的标签。参数 "eval_metric='rmse'" 告诉 fit 函数将模型预测应用于特征，然后计算实际值与预测值两者之间的均方根误差（RMSE）。测试数据也是遵循同样的过程。

XGBoost 将一个字典传入 reg_model.evals_result()。随着决策树被添加到每折交叉验证的集成方法中，字典中的每项记录都是训练和测试逐点产生的 RMSE。通过列表推导（list comprehension）可以很容易地对交叉验证聚合结果，将得到的数组列表转换为二维 numpy 数组，然后计算集合规模增长的每个阶段的训练和测试的平均误差。

代码清单中的最后一段代码用完整数据集训练了一个新模型。这个重新训练是通过使用 XGBoost 的 train 函数来实现的。尽管底层机制相同，但其他方面还是有些不同。使用 train 函数不需要实例化类对象。这是一个函数调用。该函数调用要求输入的数据（训练和测试集）在 XGBoost "DMatrix" 数据结构中。读者可以看到,这个过程只需要一行代码，并接收 numpy 数组作为输入。

3. 评估梯度提升模型的性能

图 7-1 和代码清单 7.1 的输出结果显示梯度提升法的 RMSE 略小于 0.6。在 7.1.2 节

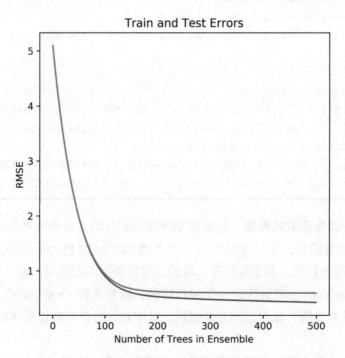

图 7-1　梯度提升法预测红酒口感模型的训练和测试性能

中，读者将看到，随机森林的性能也差不多这样。这种情况经常发生，但是两者之间性能差异比较显著的情况也是存在的，稳妥起见，两种方法都要尝试一下。图 7-1 中的曲线图显示了 OOS 错误沿着 x 轴在中间变得平缓，有时可以通过略微降低学习率，然后重新训练的方法来提高性能。可以试一试看能得到什么。

图 7-2 展示了梯度提升法的一部分确定的变量重要性。注意到，酒精含量是第二重要的变量。从惩罚线性回归的结果来看，酒精含量和挥发性酸含量互换了位置。

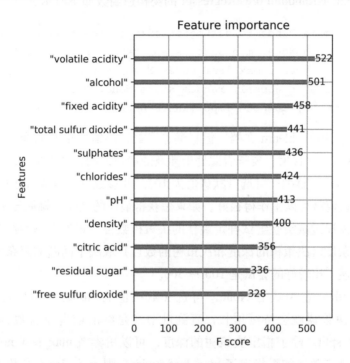

图 7-2　梯度提升法预测红酒口感模型的变量重要性

7.1.2　构建随机森林模型预测红酒口感

随机森林不是 XGBoost 的一部分，但是 scikit-learn 有一个很好的随机森林包。过去几年性能上的竞争和密集开发工作的证据表明，与随机森林法相比梯度提升法具有性能优势。但随机森林法显然更容易使用。读者如果听从布雷曼（发明者）的建议，就可以调整决策树的深度，使决策树足够深再取平均。读者可以调整为训练而采样的数据占全数据集的比例，也可以调整每一次分割时可用特征的数量，但性能通常与这两个方面相关性较弱。相比之下，梯度提升法需要设置学习率、两个正则化参数、树的深度，这个列表还可以继续添加。如果读者想要快速地得到一个答案，那么随机森林是一个不错的选择。

Python scikit-learn 集成模块包含一个用于回归问题的随机森林算法。该模块还有一个梯度提升算法。首先，本节解释实例化 RandomForestRegressor 类的成员所需的参数。然后利用 RandomForestRegressor 类训练一个随机森林模型预测红酒口感，并探讨模型的性能。

1. 构建 RandomForestRegressor 对象

sklearn.ensemble.RandomForestRegressor 的类构造函数如下所示：

```
sklearn.ensemble.RandomForestRegressor(n_estimators=10, criterion=
'mse', max_depth=None, min_samples_split=2, min_samples_leaf=1,
max_features= 'auto', max_leaf_nodes=None, bootstrap=True,
oob_score=False, n_jobs=1, random_state=None, verbose=0,
min_density=None, compute_importances=None)
```

下面的描述反映了 sklearn 文档，但只涵盖了最可能需要更改的参数值以及如何选择这些参数的默认值的替代值。要查看此处未涉及的参数说明，请参阅 sklearn 包文档。

- n_estimators：整型，可选（默认值为 10）。此参数指定集成方法中决策树的数目。通常默认值就可以工作得很好。如果想获得最佳的性能，就需要多于 10 个决策树了。可以通过做实验尝试确定最佳的决策树数目。正如全书始终强调的，合适的模型复杂度（决策树的深度和决策树的数目）取决于问题的复杂度和可获得的数据的规模。比较好的尝试是 100 ~ 500。

- max_depth：整型或者 None，可选（默认值为 None）。如果这个参数设置为 None，决策树就会持续增长，直到叶节点是纯的或者所含数据实例小于 min_samples_split。除了指定决策树的深度，可以用参数 max_leaf_nodes 来指定决策树的叶节点数。如果指定了 max_leaf_nodes，则 max_depth 参数就会被忽略。设置 max_depth 为 auto，会让决策树自由生长，形成一个满深度的决策树可能会获得性能上的优势。与之相伴的代价是训练时间。读者需要多次训练来完成建模过程，可能需要尝试不同深度的决策树。

- min_samples_split：整型，可选（默认值为 2）。当节点含有的数据实例少于 min_sample_split 时，则此节点不再分割。对含有较少实例的节点进行分割是过拟合的原因。

- min_samples_leaf：整型，可选（默认值为 1）。如果分割导致节点所拥有的数据实例少于 min_sample_leaf，则分割就不会进行。这个参数的默认值实际上是导致此参数被忽略的原因。通常这是可行的，特别是读者对数据集进行前几次试运行的时候。读者可以用各种方法为这个参数选择一个更有意义的值。一种方法是参数选取为叶节点含有实例数的平均值，这样如果叶节点含有多于 1 个的数据实例的话，则可以获得更低的均方差。另一种方法是将此参数看作控制决策树深度的替代方法。
- max_features：整型、浮点型或字符串型，可选（默认值为 None）。当查找最佳分割点时，真正需要考虑多少个特征是由 max_features 参数和问题中一共有多少个特征共同决定的。设问题数据集中共有 nFeatures 个特征。
  - 如果 max_features 是整型，则在每次分割时考虑 max_features 个特征。（注意：如果 max_features > nFeatures，则抛出错误。）
  - 如果 max_features 是浮点型，则 max_features 表示的是需要考虑的特征占全部特征的百分比，即 int（max_features × nFeatures）。
  - 可选择的字符串值如下：

    ```
    auto  max_features=nFeatures
    sqrt  max_features=sqrt(nFeatures)
    log2  max_features=log2(nFeatures)
    ```

    如果 max_features=None，则 max_features=nFeatures。

    布雷曼和卡特勒建议对回归问题使用 sqrt(nFeatures) 个特征。模型通常对 max_features 不是很敏感，但是这个参数还是有一些影响，因此可能需要尝试一些不同的值。
- random_state：整型，RandomState[①] 实例或者 None（默认值为 None）。
  - 如果类型是整型，则此整数作为随机数生成器的种子。
  - 如果是 RandomState 的一个实例，则此实例用来作为随机数生成器。
  - 如果是 None，则随机数生成器是 numpy.random 使用的 RandomState 的一个实例。

RandomForestRegressor 类有几个属性，包括用来构成集成方法的经过训练的决策树。RandomForestRegressor 类有用训练好的决策树进行预测的方法，因此通常不需要直接访问这些属性。但是可能需要访问变量 importances。下面是对此变量的描述。
- feature_importances：这是一个数组，数组的长度等于问题的特征数（也就是 nFeatures）。数组中的值是正的浮点数，表明了所对应的属性对预测结果的重要性。属性的重要性由布雷曼在最初的随机森林论文中所提的一个方法来确定。基本思想是，每次选中一个属性，然后对属性的值进行随机置换，记录下预测准确性的变化，预测的准确性受到的影响越大，则此属性也越重要。

[①] RandomState 为 Python numpy 的 Mersenne Twister 伪随机数生成器。——译者注

下面是对类的方法的描述。

- fit (XTrain, yTrain, sample_weight=None)。XTrain 是属性值的数组（训练数据），它有 nInstances 行和 nFeatures 列。yTrain 是目标（标签）值的数组。y 同样有 nInstances 行。在本章的例子中可以看到 yTrain 只有一列，但是此方法可以应用于具有不同目标的模型上。因此 y 可以有 nTargets 列——每列对应一个结果（目标、标签）集合。sample_weight 可以对训练数据集中的每个实例分配不同的权重，它有两种形式：如果默认值是 None，那么意味着所有输入实例具有相同的权重；如果对每个实例分配不同的权重，那么 sample_weight 是一个数组，具有 nInstances 行和 1 列。
- predict (XTest)。XTest 是属性值的数组(测试数据)，可以基于这些属性值进行预测。此数组是 predict() 方法的输入，此数组的列数与输入 fit() 的数组的列数是相同的，但是可能具有不同的行数，也可能只有一行。predict() 的输出中的行与用于训练的目标数组 y 中的行具有相同的形式。

2. 用 RandomForestRegressor 对红酒口感问题建模

代码清单 7.2 展示了如何用 sklearn 的随机森林算法构建集成模型来预测红酒口感。

代码首先从 UCI 数据仓库中读取红酒数据集，将其进行预处理获得属性、标签、属性名存入列表，将列表转换为 numpy 数组形式，此形式是 RandomForestRegressor 要求的。将这些输入对象转换为 numpy 数组形式的一个额外的好处是可以使用 sklearn 的 train_test_split 构建输入的训练和测试集。代码将 random_state 设置为一个特殊的整数值，而不是让随机数生成器自己选择一个不可重复的内部值。这样当读者重复运行代码的时候，可以获得相同的结果。设置 random_state 为固定的值，在开发阶段也为模型的调整提供了便利，否则随机性会掩盖所做的改变。在真实的模型训练阶段，可将 random_state 设为默认值 None。固定 random_state 值就固定了测试集，会导致重复的参数调整和重复的训练，最终是对测试数据集的过度训练。

代码的下一步是定义了集成方法的不同规模（不同的决策树数目），由此产生性能曲线，展示了当集成方法中决策树的数目发生变化时，性能是如何变化的。为了让性能曲线图足够精确，在代码清单 7.2 中从训练 10 个决策树开始，得到结果后，训练更多的决策树。这种增量式的训练可以让读者看到误差曲线与决策树数目之间的关系。采用这种方式可以评估最终部署的模型使用了多少个决策树。代码清单 7.2 展示了如何利用 warm_start 参数实现当有新的决策树添加进来的时候，累积原来的训练结果，而不是完全从头开始训练。

代码清单 7.2　构建随机森林预测红酒口感（wine_rf.py）

```python
__author__ = 'mike_bowles'

import numpy as np
from sklearn.model_selection import train_test_split
from sklearn.ensemble import RandomForestRegressor
from sklearn.metrics import mean_squared_error
import matplotlib.pyplot as plt
from Read_Fcns import list_read_wine
from math import sqrt

#Read wine quality data from UCI website
names, xList, labels = list_read_wine()

nrows = len(xList)
ncols = len(xList[0])

X = np.array(xList)
y = np.array(labels)
wineNames = np.array(names)

#take fixed holdout set 30% of data rows
xTrain, xTest, yTrain, yTest = train_test_split(X, y, test_size=0.30,
        random_state=531)

#train random forest for various forest sizes - see how the mse changes
rmseOos = []
depth = None #None - gives max depth trees, try limiting
maxFeat = 4 #try tweaking

num_iterations = 50 #train 10 additional trees 50 times
trees_per_iteration = 10

wineRFModel = RandomForestRegressor(n_estimators=trees_per_iteration,
                    max_depth=depth,
                    max_features=maxFeat,
                    oob_score=False,
                    random_state=531,
                    warm_start=True)
```

```python
for iters in range(num_iterations):
    wineRFModel.fit(xTrain, yTrain)
    wineRFModel.n_estimators += trees_per_iteration

    #Accumulate mse on test set
    prediction = wineRFModel.predict(xTest)
    rmseOos.append(sqrt(mean_squared_error(yTest, prediction)))


print("RMSE" )
print(min(rmseOos))
print(rmseOos[-1])

#plot training and test errors vs number of trees in ensemble
num_trees = [i * trees_per_iteration for i in range(num_iterations)]
plt.plot(num_trees, rmseOos)
plt.xlabel('Number of Trees in Ensemble')
plt.ylabel('Root Mean Squared Error')
plt.title('RF Performance vs Number of Trees')
plt.savefig('wine_rf.png', dpi=500)
plt.show()

#Plot feature importance
featureImportance = wineRFModel.feature_importances_

#normalize by max importance
featureImportance = featureImportance / featureImportance.max()
sorted_idx = np.argsort(featureImportance)
barPos = np.arange(sorted_idx.shape[0]) + .5
plt.barh(barPos, featureImportance[sorted_idx], align='center')
plt.yticks(barPos, wineNames[sorted_idx])
plt.xlabel('Variable Importance')
plt.subplots_adjust(left=0.2, right=0.9, top=0.9, bottom=0.1)
plt.title('Relative Importance of Features')
plt.savefig('wine_rf_var_imp.png', dpi=500)
plt.show()
Printed Output
RMSE
0.5618291717498893
0.5644169041290903
```

绝大多数影响训练过程的参数在 RandomForestRegressor 对象的构造函数中的一部分进行设置。在这个例子中构造函数的调用十分简单。唯一没有使用默认值的参数是 max_features。此参数的默认值（None）会导致在决策树的每个节点都要考虑全部的特征。这意味着实际上实现的是投票法，因为这里没有随机属性选择的过程。

初始化 RandomForestRegressor 对象后，下一步是调用 fit() 方法，训练数据集作为参数。最后是调用 predict() 方法进行预测，其输入是测试数据集的属性，并将预测值与测试数据集中的标签进行比较。代码用 sklearn.metrics 的 mean_squared_error 函数来计算 RMSE，并将其保存在一个列表，结果如图 7-3 所示。

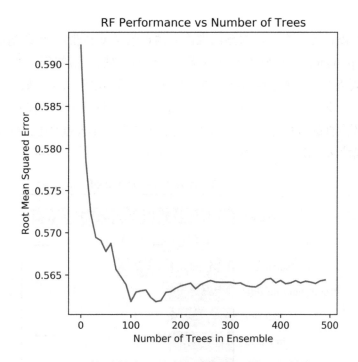

图 7-3　随机森林法预测红酒口感模型的训练和测试性能

RMSE 的最小值和最后一个值都输出在代码清单 7.2 的最后。注意到，最后一个 RMSE 值要比最小值高些。我更倾向于信任最后的值（比最小值高）。随机森林通过对越来越多的相互独立的高方差的决策树取平均来最小化方差。概念上，误差应该是单调下降的。从某种程度上说，实际上不是，还会受到随机波动的影响。在图 7-3 的末尾，曲线已经或多或少地变得平缓。因此，接近开始的最小值更可能是随机波动的结果，而不是可实现的性能。

3. 对随机森林回归模型的性能进行可视化

图 7-3 的曲线展示了随机森林算法减少方差的特性。随着决策树数目的增加，预测误差在下降，曲线的统计波动也在减少。

注意 为了增加对算法的感觉，可以尝试改变代码清单 7.2 中的一些参数，然后观测性能曲线是如何变化的。增加决策树的数目，看一看是否可以进一步减少误差。改变决策树深度参数(tree-depth)，观察算法对决策树深度的敏感程度。红酒数据集大概有 1600 个实例（行），因此决策树深度为 10 或 11 的时候，每个叶节点平均含有一个实例。当决策树深度为 8 的时候，就会有 256 个叶节点，这样每个叶节点平均有 6 个实例。按照这个范围来调整决策树的深度，观察其是否影响性能。

随机森林可以估计每个属性对预测准确率的贡献（重要性）。代码清单 7.2 提取数据成员 feature_importance_（存放了特征对预测结果的贡献），对特征（变量）重要性归一化为 0～1 的数值，按照重要性对特征进行排序，最后形成条状图，如图 7-4 所示。最重要的变量已经归一化为 1.0，并处在条状图的最上面。在随机森林模型中，酒精含量是最重要的变量，挥发性酸含量是第二重要的。这个和梯度提升法的顺序正好相反，但是和第 5 章中的惩罚线性回归模型是一致的。

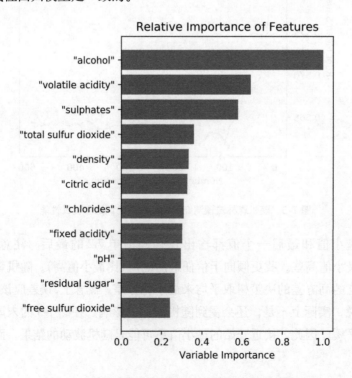

图 7-4　随机森林法预测红酒口感模型的变量重要性

7.2 将非数值属性引入 Python 集成模型

非数值属性指那些取某几个离散非数值型的属性。人口普查记录含有大量的非数值属性，已婚、单身或离异是一个例子，家庭住址所在州是另外一个例子。非数值属性可以提高预测的准确性，但是 Python 集成方法需要输入数值型数据。第 4 章和第 5 章介绍了如何对因素变量编码，使其能够引入惩罚线性回归模型。本节也可以采用同样的技术。本节以预测鲍鱼年龄的问题作为例子来说明如何应用此项技术。

7.2.1 用 Python 将鲍鱼性别属性编码引入梯度提升法

假设有一个可以取 n 个值的属性，例如属性"美国的州"有 50 个取值，"婚姻状况"有 3 个取值。对于一个有 n 个取值的因素变量，可以创建 $n-1$ 个新的虚拟属性。当变量取第 i 个值时，则第 i 个虚拟属性置为 1，其他的虚拟属性置为 0。当变量取第 n 个值时，所有虚拟属性都置为 0。应用鲍鱼数据对此进行详细说明。代码清单 7.3 展示了训练一个梯度提升法的过程。

代码清单 7.3 训练梯度提升模型预测鲍鱼年龄（abalone_gbm.py）

```python
__author__ = 'mike_bowles'

import matplotlib.pyplot as plt
import numpy as np
from sklearn.metrics import mean_squared_error
from Read_Fcns import list_read_abalone
import xgboost as xgb

#read abalone data
xList, labels = list_read_abalone()

names = ['Sex', 'Length', 'Diameter', 'Height', 'Whole weight',
'Shucked weight', 'Viscera weight', 'Shell weight', 'Rings']

#code three-valued sex attribute as numeric
xCoded = []
for row in xList:
    #first code the three-valued sex variable
    codedSex = [0.0, 0.0]
    if row[0] == 'M': codedSex[0] = 1.0
    if row[0] == 'F': codedSex[1] = 1.0
```

```python
        numRow = [float(row[i]) for i in range(1,len(row))]
        rowCoded = list(codedSex) + numRow
        xCoded.append(rowCoded)

namesCoded = np.array(['Sex1', 'Sex2', 'Length', 'Diameter', 'Height',
        'Whole weight', 'Shucked weight', 'Viscera weight',
        'Shell weight', 'Rings'])

nrows = len(xCoded)
ncols = len(xCoded[1])

#form x and y into numpy arrays and make up column names
X = np.array(xCoded)
y = np.array(labels)

data_dmatrix = xgb.DMatrix(data=X,label=y,
feature_names=namesCoded[0:(-1)])

#Train gradient boosting model to minimize mean squared error
params = {"objective":"reg:linear",
        'colsample_bytree': 0.6,
        'learning_rate': 0.02,
        'max_depth': 5,
        'alpha': 0,
        'silent':1}

cv_results = xgb.cv(dtrain=data_dmatrix,
                    params=params, nfold=5,
                    num_boost_round=500,
                    early_stopping_rounds=50,
                    metrics="rmse",
                    as_pandas=True, seed=123)

print(cv_results.head())
print(cv_results.tail())
plt1 = cv_results['train-rmse-mean']
plt2 = cv_results['test-rmse-mean']

plt.plot(plt1)
plt.plot(plt2)
```

```
plt.xlabel('Number of Trees in Ensemble')
plt.ylabel('RMSE')
plt.title('Train and Test Errors')
plt.savefig('abaloneXGB_train_test_rmse.png', dpi=500)
plt.show()

#retrain on full set for importance calc
abalone_xg = xgb.train(params=params,
                       dtrain=data_dmatrix,
                       num_boost_round=500)
xgb.plot_importance(abalone_xg)
plt.rcParams['figure.figsize'] = [5, 5]
plt.savefig('abaloneGBM_variable_importance.png', dpi=500)
plt.show()
```

Printed Output:

	train-rmse-mean	train-rmse-std	test-rmse-mean	test-rmse-std
0	9.783807	0.037574	9.783015	0.150659
1	9.600569	0.036505	9.599989	0.150391
2	9.421384	0.036425	9.421522	0.149063
3	9.246224	0.035644	9.247294	0.147877
4	9.074526	0.035122	9.076285	0.147339
	train-rmse-mean	train-rmse-std	test-rmse-mean	test-rmse-std
397	1.648841	0.022800	2.135843	0.061627
398	1.647947	0.022618	2.135824	0.061578
399	1.647266	0.022787	2.135831	0.061678
400	1.646389	0.022872	2.135730	0.061664
401	1.645507	0.023043	2.135672	0.061829

7.2.2 用梯度提升法评估性能和编码变量的重要性

代码清单 7.3 输出了梯度提升法在鲍鱼数据集上的性能。在没有进行大量调优的情况下，GBM 在测试数据上的误差下降到 2.13。所做的调优表明，限制用于决策树训练的特征似乎很有帮助。看一看是否可以通过进一步调整来改善这些结果，读者可以在本书的在线代码库中找到代码，然后在 Python Notebook 上运行它，也可以为每个模块用单独的函数来运行。在 7.5.3 节中，读者将看到如何实现网格搜索来自动化调优过程。尝试在这个问题中实现这种方法，以加快优化过程。图 7-5 显示了训练误差和测试误差随着向集合方法中添加更多的决策树而下降。这是另一个已经变得平缓的曲线，降低学习率可能会有所帮助。

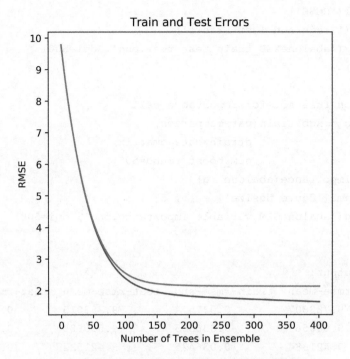

图 7-5　梯度提升法预测鲍鱼年龄模型的训练和测试性能

图 7-6 展示了梯度提升法的特征重要性排名，编码后的性别属性处于重要性排序的最后。读者将看到在随机森林中各特性也是处于同样的位置。

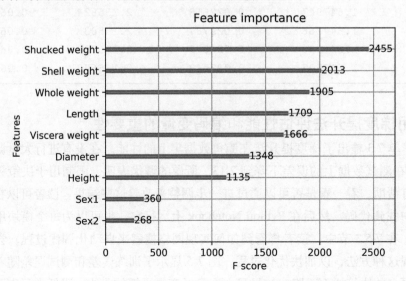

图 7-6　梯度提升法预测鲍鱼年龄模型的变量重要性

本节利用梯度提升法预测鲍鱼的年龄——对鲍鱼进行切片，然后在显微镜下数年轮获得鲍鱼年龄的精确值。用来预测的属性都是其他相对比较容易获得的指标，例如，壳的重量、去壳之后的重量、性别等。因为在鲍鱼的某个阶段，性别是不确定的，所以性别变量有 3 个值。本节证明了如何处理这种变量，并且如何应用到梯度提升模型中。在 7.5.2 节中可以看到同样的处理方法。

7.2.3 用 Python 将鲍鱼性别属性编码引入随机森林回归

代码清单 7.4 显示了训练一个随机森林模型的步骤，以根据鲍鱼的重量、壳大小等数据来预测鲍鱼的年龄。这个问题的目标是通过各种物理测量指标（鲍鱼各部分的重量、尺寸等）来预测鲍鱼的年龄。这是一个回归问题，适用于前两节中预测红酒口感的算法。

代码清单 7.4　训练随机森林模型预测鲍鱼年龄（abalone_rf.py）

```python
__author__ = 'mike_bowles'

import numpy as np
import matplotlib.pyplot as plot
from sklearn.model_selection import train_test_split
from sklearn.ensemble import RandomForestRegressor
from sklearn.metrics import mean_squared_error
from Read_Fcns import list_read_abalone

#read abalone data
xList, labels = list_read_abalone()

names = ['Sex', 'Length', 'Diameter', 'Height', 'Whole weight',
         'Shucked weight', 'Viscera weight', 'Shell weight',
         'Rings']
#code three-valued sex attribute as numeric
xCoded = []
for row in xList:
    #first code the three-valued sex variable
    codedSex = [0.0, 0.0]
    if row[0] == 'M': codedSex[0] = 1.0
    if row[0] == 'F': codedSex[1] = 1.0

    numRow = [float(row[i]) for i in range(1,len(row))]
    rowCoded = list(codedSex) + numRow
```

```python
        xCoded.append(rowCoded)

namesCoded = np.array(['Sex1', 'Sex2', 'Length', 'Diameter', 'Height',
        'Whole weight', 'Shucked weight', 'Viscera weight', \
        'Shell weight', 'Rings'])

nrows = len(xCoded)
ncols = len(xCoded[1])

#form x and y into numpy arrays and make up column names
X = np.array(xCoded)
y = np.array(labels)

#break into training and test sets.
xTrain, xTest, yTrain, yTest = train_test_split(X, y,
                                test_size=0.30,
                                random_state=531)


#instantiate model
depth = None
maxFeat = 4
subsamp = 0.5

#train random forest over ensemble sizes to see how the mse changes

num_iterations = 50 #train 10 additional trees 50 times
trees_per_iteration = 10

abaloneRFModel = RandomForestRegressor(
                        n_estimators=trees_per_iteration,
                        max_depth=depth,
                        max_features=maxFeat,
                        oob_score=False,
                        random_state=531,
                        warm_start=True)

rmseOos = []
for iters in range(num_iterations):
    abaloneRFModel.fit(xTrain,yTrain)
```

```
            abaloneRFModel.n_estimators += 10
            #Accumulate mse on test set
            prediction = abaloneRFModel.predict(xTest)
            rmseOos.append(sqrt(mean_squared_error(yTest, prediction)))

print("RMSE" )
print(min(rmseOos))

#plot training and test errors vs number of trees in ensemble
num_trees = [i * trees_per_iteration for i in range(num_iterations)]
plt.plot(num_trees, rmseOos)
plt.xlabel('Number of Trees in Ensemble')
plt.ylabel('Root Mean Squared Error')
plt.title('Random Forest RMSE on Abalone Data')
#plt.ylim([0.0, 1.1*max(mseOob)])
plt.savefig('abalone_rf.png', dpi=500)
plt.show()

#Plot feature importance
featureImportance = abaloneRFModel.feature_importances_

#normalize by max importance
featureImportance = featureImportance / featureImportance.max()
sortedIdx = np.argsort(featureImportance)
barPos = np.arange(sortedIdx.shape[0]) + .5
plt.barh(barPos, featureImportance[sortedIdx], align='center')
plt.yticks(barPos, namesCoded[sortedIdx])
plt.xlabel('Variable Importance')
plt.title('Relative Importance of Features')
plt.subplots_adjust(left=0.2, right=0.9, top=0.9, bottom=0.1)
plt.savefig('abalone_rf_var_imp.png', dpi=500)
plt.show()

 Printed Output:
 RMSE
 2.0709035863949925
```

代码清单 7.4 中的输出给出了随机森林的 RMSE 错误为 2.07。这比略微调优了一下梯度提升法的结果要低。这两种方法的性能差别可能不大。这已经相当低了(0.06% ~ 3%)。这些差异可能对读者很重要。另外，随机森林不需要太多的调优，它可在更少的开发时间内得到结果。

此数据集的一个属性是鲍鱼的性别。鲍鱼的性别有 3 个可能的取值：雄性、雌性和未成年（一个鲍鱼的性别在幼年期间是不确定的）。因此性别属性是一个三值因素变量。在数据集中，性别属性是 3 个字符变量之一：M、F 或者 I。代码首先定义了一个列表，默认设置为两个浮点型的 0.0。如果属性值是 M，则列表的第一个元素的值变为 1.0；如果属性值是 F，则列表的第二个元素的值变为 1.0；否则，此列表是两个 0.0 值（也就是说，当属性值是 I 的时候）。然后用这个新的两元素的列表来代替原来的字符变量，结果用于构建随机森林模型。

7.2.4 评估性能和编码变量的重要性

图 7-7 显示了当随机森林集合中决策树的数目改变时，均方根误差是如何减少的。预测鲍鱼年龄的 RMSE 为 2.07，则误差平方为 4.28。将其与第 2 章的统计数据进行比较，年龄（壳环）的标准差为 3.22，这意味着年龄的均方差的平方为 10.37。因此，随机森林可以在测试数据上预测约 56% 的鲍鱼年龄方差平方的变化。

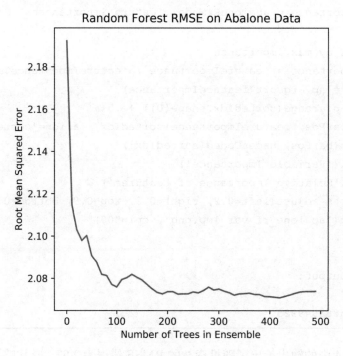

图 7-7　随机森林法预测鲍鱼年龄模型的训练和测试性能

图 7-8 展示了对于随机森林模型，属性的相对重要性。性别相关变量在这个模型中并不是非常重要的。

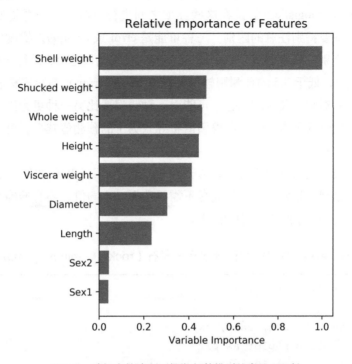

图 7-8　随机森林法预测鲍鱼年龄模型的变量重要性

7.3　用 Python 集成方法求解二元分类问题

本节包含两个基本分类问题：二元分类问题和多类别分类问题。二元分类问题只有两种可能的输出。例如，输出可以是"单击广告"或者"不单击广告"。这里以岩石与水雷问题为例来说明如何使用集成方法。这个任务是利用声呐返回的信号来判断声呐扫描的是岩石还是水雷。

多类别分类问题是指有超过两种可能的输出。根据玻璃化学成分对玻璃样本进行分类的问题说明了 Python 集成方法是如何解决此类问题的。

7.3.1　用 Python 梯度提升法探测未爆炸水雷

代码清单 7.5 显示了建立一个使用 XGBoost 探测未爆炸水雷的二元分类器的代码。本例使用 XGBoost 的函数形式，以便在训练过程中实现交叉验证。读者可能会惊讶地发现，调用的参数差别很小。不同的地方主要体现为 3 点：目标需要从回归变为分类；标签必须是二值的；性能指标需要改变。

二元分类有 3 个目标函数可选：binary:logistic、binary:logitraw 和 binary:hinge。清单 7.5 中的代码使用 binary:logistic。尝试在这些选项之间进行更改，看一看是如何影响模型性能的。这里有一些要特别注意的区别。一种可能是 error 或 error@t。梯度提升法将计算两个类别中每一个类别的概率估计值。error 把预测的概率与阈值 0.5 进行比较，高于 0.5 的预测则输出预测 1，低于 0.5 的预测则输出预测 0。然后 error 将与真实标签不一致的错误分类累加起来。针对某一具体的问题，可能对一种错误要比另一种更为谨慎。例如，也许预测为 1 会导致危险的手术。向上调整阈值将导致为 1 的预测值减少。可以将阈值向上调整为 0.6，即 error@0.6。

除了这些错误分类的计数指标，读者还可以选择 AUC（ROC 曲线下的面积）作为度量指标。这个指标越大越好，它的好处是不需要选择一个阈值。还有准确率召回率曲线下面积，即 AUCPR。代码清单 7.5 使用 AUC。

代码清单 7.5　用梯度提升模型区分水雷与岩石（rocks_v_mines_gbm.py）

```
__author__ = 'mike_bowles'

from math import sqrt, fabs, exp
import matplotlib.pyplot as plt
from sklearn.metrics import roc_auc_score, roc_curve
import numpy as np
from Read_Fcns import list_read_rvm
import xgboost as xgb

#read data from uci data repository
xList, labels = list_read_rvm()

#number of rows and columns in x matrix
nrows = len(xList)
ncols = len(xList[1])

#form x and y into numpy arrays and make up column names
X = np.array(xList)
y = np.array(labels)
rocksVMinesNames = np.array(['V' + str(i) for i in range(ncols)])

data_dmatrix = xgb.DMatrix(data=X,label=y,
```

```
                    feature_names=rocksVMinesNames)

#Train gradient boosting model to minimize mean squared error
params = {"objective":"binary:logistic",
          'colsample_bytree': 0.3,
          'learning_rate': 0.5,
          'max_depth': 5,
          'lambda': 1.0,
          'alpha': 0,
          'silent':1}

cv_results = xgb.cv(dtrain=data_dmatrix,
                    params=params, nfold=5,
                    num_boost_round=200,
                    early_stopping_rounds=100,
                    metrics="auc",
                    as_pandas=True, seed=123)

print(cv_results.head())
print(cv_results.tail())
plt1 = cv_results['train-auc-mean']
plt2 = cv_results['test-auc-mean']

plt.plot(plt1)
plt.plot(plt2)
plt.xlabel('Number of Trees in Ensemble')
plt.ylabel('AUC')
plt.title('Train and Test Performance')
plt.savefig('rvmXGB_train_test_rmse.png', dpi=500)
plt.show()

Printed Output:
Best AUC
0.940052
```

	train-auc-mean	train-auc-std	test-auc-mean	test-auc-std
0	0.969936	0.009852	0.839870	0.080966
1	0.996107	0.001422	0.873191	0.061629
2	0.999883	0.000143	0.885021	0.053079

3	0.999971	0.000058	0.895060	0.042255
4	1.000000	0.000000	0.900222	0.049393
	train-auc-mean	train-auc-std	test-auc-mean	test-auc-std
95	1.0	0.0	0.938621	0.041431
96	1.0	0.0	0.938641	0.042119
97	1.0	0.0	0.939091	0.041444
98	1.0	0.0	0.939582	0.042113
99	1.0	0.0	0.940052	0.042141

XGBoost 分类器的输出显示最佳 AUC 为 0.94。完美的性能下 AUC 是 1.0，因此该分类器的效果很好。

7.3.2 测定梯度提升分类器的性能

图 7-9 绘制了两条曲线：一条是训练集上的 AUC，另一条是测试集上的 AUC。它们都是根据集合方法中的决策树数目绘制的，以显示随着决策树数目的增加，性能是如何变化的（或者相当于采取了更多的梯度步骤，每一步又训练出一棵额外的树）。

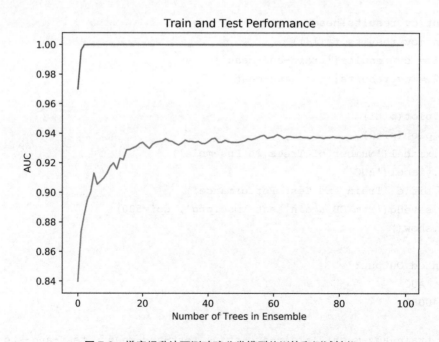

图 7-9　梯度提升法预测玻璃分类模型的训练和测试性能

图 7-10 描绘了梯度提升法区分水雷和岩石模型的变量重要性排名。在图 7-10 中变量重要性很难直观地评估，因为它们不像其他数据集中出现的壳重或酒精含量那样容易识

别。在这种情况下，它们对应于声呐从目标反射回来的不同频率。如果我们有原始数据和实验条件，那么也许能够识别出岩石和水雷上与最重要特征的波长相对应的特征。如果这是读者正要解决的问题，那么可能是一个好的方向。

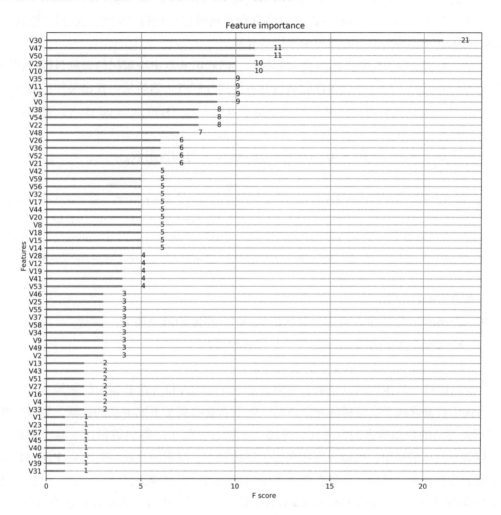

图 7-10　梯度提升法预测岩石与水雷模型的变量重要性

在本节中，读者可以了解如何使用集成方法来解决二元分类问题。在大多数方面，将集成方法应用于二元分类问题与回归问题的过程基本上是一样的。读者可以还了解到，用集成方法解决分类问题和回归问题的许多差异源于两类问题对误差的评估和对误差特征的刻画上的差异。

接下来将介绍如何将这些方法用于多类别分类问题。

7.3.3 用 Python 随机森林法探测未爆炸水雷

下面的清单展示了 RandomForestClassifier 类的构造函数及其参数。RandomForestClassifier 的参数绝大多数与 RandomForestRegressor 的一样。RandomForestRegressor 的参数在用 RandomForestRegressor 对红酒口感进行预测时已经进行了讨论。这里只强调一下 RandomForestClassifier 中与回归类中不同的元素。

第一个不同是用于判断分割点质量的标准。回顾第 6 章中决策树的训练过程，需要尝试所有可能的属性，针对每个属性尝试所有可能的分割点，然后从中找出最佳的属性及其分割点。对于回归决策树，分割点的质量由平方误差和（sum squared error）来决定。但是平方误差和对于分类问题不起作用，需要类似错误分类的指标来描述。

下面是 sklearn.ensemble.RandomForestClassifier 的类构造函数。

```
sklearn.ensemble.RandomForestClassifier(n_estimators=10, criterion='gini',
max_depth=None, min_samples_split=2, min_samples_leaf=1, max_features='auto',
max_leaf_nodes=None, bootstrap=True, oob_score=False, n_jobs=1, randome_
state=None, verbose=0, min_density=None, computer_importances=None)
```

下面是对参数的描述。
- criterion：字符串，可选（默认值 =gini）。可能的取值如下。
  - gini：利用基尼不纯度（Gini impurity）。
  - entropy：利用基于熵的信息增益。

针对目前这个具体实例，这两者对集成方法性能的评价并没有太大的差异。

当训练数据终结于决策树的叶节点时，叶节点含有属于不同类别的数据，则根据叶节点中不同类别的数据所占的百分比，分类决策树自然就可以得到数据属于某个类别的概率。依赖于具体的应用，可能想直接获得上述的概率，或者想直接将叶节点中所占数据最多的类别作为预测值返回。如果在获得预测结果的同时想要调整阈值，则需要获得概率值。为了生成曲线下面积(area under the curve，AUC)，可能想获得接收者操作特征曲线(receiver operating curve，ROC) 和概率以保证精确度。如果想计算误分类率，则需要将概率转换为类别的预测。

下面是对方法的描述。
- fit (X, y, sample_weight=None)：随机森林的分类版本的唯一不同在于标签 y 的特征。对于分类问题，标签是取值从 0 到类别数减 1 的整数。对于二元分类问题，标签取值是 0 或 1。对于有 nClass 个不同类别的多类别分类问题，标签是 0 ~ nClass-1 的整数。

- predict(X)：对于属性矩阵（两维的 numpy 数组）X，此函数产生所属类别的预测。它生成一个与 X 行数相同的单列数组。每个元素是预测的所属类别，不管问题是二元分类问题还是多类别分类问题都是一样的。
- predict_proba(X)：这个版本的预测函数产生一个二维数组。行数等于 X 的行数。列数是预测的类别数（对于二元分类问题就是两列）。每行的元素是对应类别的概率。
- predict_log_proba(X)：这个版本的预测函数产生一个与 predict_proba 相似的二维数组，但是显示的不是所属类别的概率，而是概率的对数值。

7.3.4　构建随机森林模型探测未爆炸水雷

代码清单 7.6 展示了如何构建随机森林模型来使用声呐数据预测未爆炸的水雷。数据的预处理和训练的过程与第 6 章和本章前面的随机森林的例子都很相似。不同之处主要在于分类问题的性质。首先，代码将标签从 M 和 R 转换成了 0 和 1。这是 RandomForestClassifer 对输入数据的要求。其次，训练完成后，在测试数据集上评价性能阶段。对于二元分类问题，评价标准可以选择 ROC 曲线下面积（AUC）或者误分类率。可能的话，我通常倾向于使用 AUC，因为它能给出整体的性能评价。

代码清单 7.6　构建随机森林模型分类岩石与水雷（rocks_v_mines_rf.py）

```
__author__ = 'mike_bowles'

from math import sqrt, fabs, exp
import matplotlib.pyplot as plt
from sklearn.model_selection import train_test_split
from sklearn.ensemble import RandomForestClassifier
from sklearn.metrics import roc_auc_score, roc_curve
import numpy as np

#read data from uci data repository
xList, labels = list_read_rvm()

#number of rows and columns in x matrix
nrows = len(xList)
ncols = len(xList[1])

#form x and y into numpy arrays and make up column names
X = np.array(xList)
```

```python
y = np.array(labels)
rocksVMinesNames = np.array(['V' + str(i) for i in range(ncols)])

#number of rows and columns in x matrix
nrows = len(X)
ncols = len(X[1])

#break into training and test sets.
xTrain, xTest, yTrain, yTest = train_test_split(X, y, test_size=0.30,
random_state=531)

#define classifier
depth = None
maxFeat = 8 #try tweaking

num_iterations = 50 #train 10 additional trees 50 times
trees_per_iteration
rocksVMinesRFModel = RandomForestClassifier(n_estimators=
trees_per_iteration,
                    max_depth=depth,
                    max_features=maxFeat,
                    oob_score=False,
                    random_state=531,
                    warm_start=True)

auc = [] #accumulate auc scores

for iters in range(num_iterations):

    rocksVMinesRFModel.fit(xTrain,yTrain)
    rocksVMinesRFModel.n_estimators += trees_per_iteration

    #Accumulate auc on test set
    prediction = rocksVMinesRFModel.predict_proba(xTest)
    aucCalc = roc_auc_score(yTest, prediction[:,1:2])
    auc.append(aucCalc)

print("AUC" )
print(auc[-1])
```

```python
#plot training and test errors vs number of trees in ensemble
num_trees = [i * trees_per_iteration for i in range(num_iterations)]
plt.plot(num_trees, auc)
plt.xlabel('Number of Trees in Ensemble')
plt.ylabel('Area Under ROC Curve - AUC')
plt.title('AUC performance for Random Forest')
#plt.ylim([0.0, 1.1*max(mseOob)])
plt.savefig('rvm_rf_auc_performance_v_num_trees.png', dpi=500)
plt.show()

#Plot feature importance
featureImportance = rocksVMinesRFModel.feature_importances_

#normalize by max importance
featureImportance = featureImportance / featureImportance.max()

#plot importance of top 30
idxSorted = np.argsort(featureImportance)[30:60]
idxTemp = np.argsort(featureImportance)[::-1]
print(idxTemp)
barPos = np.arange(idxSorted.shape[0]) + .5
plt.barh(barPos, featureImportance[idxSorted], align='center')
plt.yticks(barPos, rocksVMinesNames[idxSorted])
plt.xlabel('Variable Importance')
plt.title('Variable importance for Random Forest')
plt.savefig('RVM_variable_importance_rf.png', dpi=500)
plt.show()
#plot best version of ROC curve
fpr, tpr, thresh = roc_curve(yTest, list(prediction[:,1:2]))
ctClass = [i*0.01 for i in range(101)]

plt.plot(fpr, tpr, linewidth=2)
plt.plot(ctClass, ctClass, linestyle=':')
plt.xlabel('False Positive Rate')
plt.ylabel('True Positive Rate')
plt.title('Rocks v Mines ROC curve with Random Forest')
plt.savefig('rocksVMines_roc_rf.png', dpi=500)
plt.show()
```

```
#pick some threshold values and calc confusion matrix for best
predictions
#notice that GBM predictions don't fall in range of (0, 1)
#pick threshold values at 25th, 50th and 75th percentiles
idx25 = int(len(thresh) * 0.25)
idx50 = int(len(thresh) * 0.50)
idx75 = int(len(thresh) * 0.75)

#calculate total points, total positives and total negatives
totalPts = len(yTest)
P = sum(yTest)
N = totalPts - P

print('')
print('Confusion Matrices for Different Threshold Values')

Printed Output:
AUC
0.9452332657200812

Confusion Matrices for Different Threshold Values

Threshold Value =     0.724
TP = 0.3492063492063492 FP = 0.015873015873015872
FN = 0.19047619047619047 TN = 0.4444444444444444

Threshold Value =     0.63
TP = 0.4603174603174603 FP = 0.031746031746031744
FN = 0.07936507936507936 TN = 0.42857142857142855

Threshold Value =     0.516
TP = 0.5079365079365079 FP = 0.15873015873015872
FN = 0.031746031746031744 TN = 0.301587301587301157
```

为了计算 AUC，使用 predict() 函数的 predict_proba() 版本。如果预测输出为所属的类别，则不可能获得一个有用的 ROC 曲线。（更准确地说，计算出的 ROC 曲线只有 3 个点，两端各 1 个点，中间 1 个点。）sklearn 度量包使 AUC 的计算十分简单，只需要几行代码。代码将结果累积存入一个列表，然后绘出 AUC 性能与决策树数目的关系曲线图。代码清单 7.6 绘制了 AUC 与决策树数目的关系图、30 个最重要的属性的相对重要性排序和最大规模的集成方法的 ROC 曲线图。代码的最后部分选取 3 个不同的阈值，输出针对每个阈值的混淆矩阵。阈值为 3 个四位数，结果显示了当阈值从一个分位数转移到另外一个分位数时，假阳性、假阴性是如何变化的。

7.3.5 测定随机森林分类器的性能

图 7-11 展示了 AUC 与决策树数目的关系图。这张图是以往看过的 MSE 或误分类率图的倒置。对于 MSE 和误分类率，值越小越好。对于 AUC 来说，1.0 是相当完美的，但是 0.5 就很差了。因此，AUC 值越大越好，不是寻找曲线中的波谷，而是找波峰。图 7-11

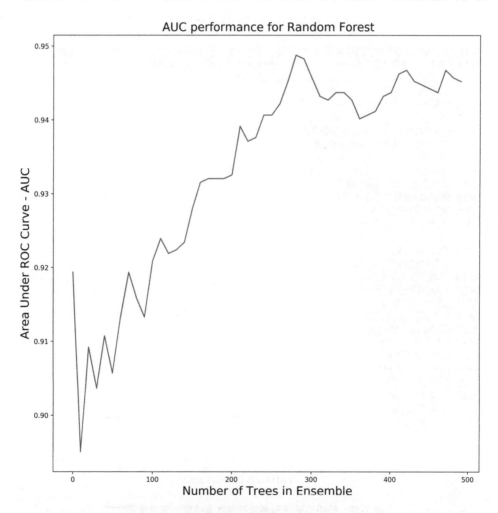

图 7-11　随机森林法预测岩石与水雷模型的性能

在曲线的左侧出现了一个波峰。然而，因为随机森林法只减少方差，不会过拟合，所以波峰也可以归功于随机波动。正像本章早期的回归问题一样，最佳模型是包含所有决策树的模型，其性能对应图中最右的点。

图 7-12 展示的是随机森林水雷探测器中最重要的前 30 个变量的变量重要性排名。在水雷检测的问题中，不同的属性对应不同频率的声呐信号，即不同波长的信号。如果要求设计一个机器学习系统来解决这个问题，则下一步要做的是确定这些变量对应的波长，并将这些波长与测试集和训练集中的水雷和岩石的特征维度进行比较。这样可以加深对模型的理解。

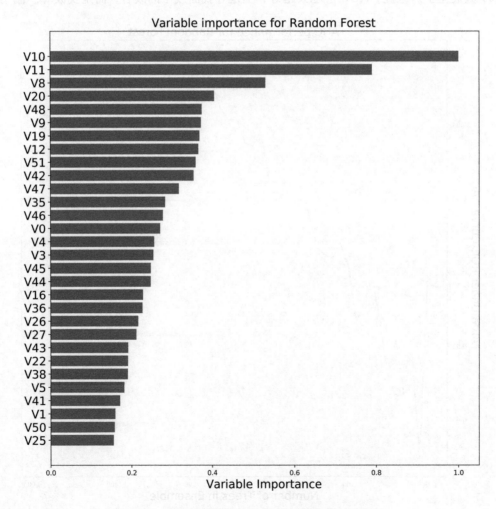

图 7-12　随机森林法预测岩石与水雷模型的变量重要性

图 7-13 展示了随机森林模型的 ROC 曲线。此模型的 AUC 值相当高，其 ROC 曲线表现也相当好。虽然还达不到左上角，但也十分接近。

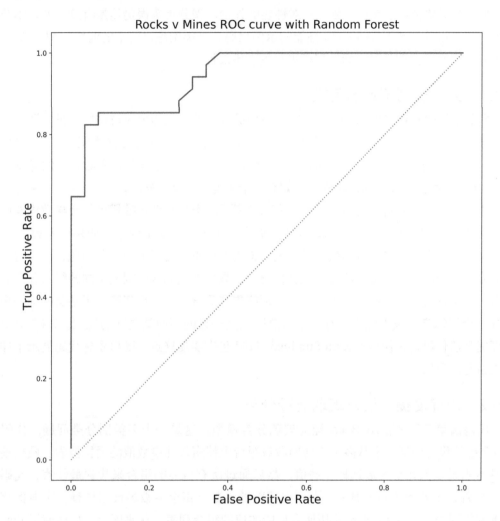

图 7-13　随机森林法预测岩石与水雷模型的 ROC 曲线

7.4　用 Python 集成方法求解多类别分类问题

XGBoost 和 Python sklearn 库实现的梯度提升法和随机森林包可以构建二元分类和多类别分类模型。这两种模型之间有些天然的差别。首先是标签 y 可以取多个值。梯度提升法和随机森林包的讨论就包含对标签的处理。对于一个有 nClass 个不同类别的分类问题，标签取 0 ~ nClass-1 的整数。另一个体现类别数量的是不同预测方法的输出。预测所属类别的方法输出与标签相同范围的整数值，预测所属类别概率的方法输出为 nClass 个可能类别对应的概率。

另一个需要关注差异性的领域是对性能的评价。误分类错误仍然是有意义的，本节中会展示基于误分类错误评价 OOS 性能的示例代码。当类别超过两个的时候，AUC 的使用会更复杂，不同误差类型之间的权衡也会更有挑战性。

7.4.1　处理类别不均衡问题

本节中的代码将使用 7.4.1 节和 7.4.2 节中的分类器，但需要对玻璃数据进行调整。一个重要的区别是玻璃数据是非平衡的。"非平衡"意味着有些类的样本明显多于其他类。在代码清单中可以看到每种类型的玻璃有多少个样本。有些类型有相对较多的样本（70个），而有些类型则没有那么多样本，如有一个类型只有 9 个样本。

非平衡类有时会引起问题，因为对未充分表示的类进行随机抽样可能会导致样本中的比例与原始数据大不相同。例如，玻璃数据有一个类只有 9 个样本。如果读者想进行 10 折交叉验证，那么其中一折的数据可能没有该类的样本。为了避免这些问题，要经过一个称为分层抽样的过程。这意味着在这种情况下，数据根据标签分割成不同的组（分层的），然后对每组进行抽样，以获得每个类中的训练集和测试集。然后将特定于某类的训练集组合成一个训练集，该训练集具有与原始数据完全一致的不同类之间的比例。7.4.2 节中的梯度提升法代码通过使用 sklearn StratifiedKFold 包来实现这点。随机森林代码展示了如何建立自己的分层。

7.4.2　用梯度提升法对玻璃进行分类

代码清单 7.7 使用 XGBoost 建立玻璃分类模型。这是一个多类别分类问题。代码清单 7.7 中的代码还展示了从多个不同的参数组合中搜索最佳参数值的网格搜索。网格搜索的基本思想是为几个参数选择一些值，然后通过所有可能的组合来找到最佳值。代码使用一个名为 grid_dict 的字典来保存正在调整的参数。每个参数名被用作键，字典保存每个键的值列表。然后 for 循环遍历所有可能的值的组合列表。代码展示了如何使用 Python itertools 包从列表字典中形成组合列表。

随着网格搜索的迭代进行，当发现更好性能的参数组合时，就更新对应的最佳性能参数。获得最佳性能参数集后，对模型重新进行训练，输出训练和测试性能。代码清单 7.7 将帮助读者了解达到最佳性能模型的过程。

代码清单 7.7　构建梯度提升模型对玻璃进行分类（glass_gbm.py）

```
__author__ = 'mike_bowles'
```

```python
from math import sqrt, fabs, exp
import matplotlib.pyplot as plt
from sklearn.metrics import roc_auc_score, roc_curve, confusion_matrix
from sklearn.model_selection import StratifiedKFold
import numpy as np
from Read_Fcns import list_read_glass
import xgboost as xgb
from itertools import product

#read in glass data
names, xNum, labels, yOneVAll = list_read_glass()

glassNames = np.array(['RI', 'Na', 'Mg', 'Al', 'Si', 'K', 'Ca', 'Ba', 'Fe',
                      'Type'])

#number of rows and columns in x matrix
nrows = len(xNum)
ncols = len(xNum[1])

#Labels are integers from 1 to 7 with no examples of 4.
#gb requires consecutive integers starting at 0
newLabels = []
labelSet = set(labels)
labelList = list(labelSet)
labelList.sort()
nlabels = len(labelList)
for l in labels:
    index = labelList.index(l)
    newLabels.append(index)

X = np.array(xNum)
y = np.array(newLabels)
#Class populations:
#old label       new label       num of examples
#1               0               70
#2               1               76
#3               2               17
```

```
#5                3               13
#6                4                9
#7                5               29
#

n_fold = 5

#Since some of the classes are bit thin, use stratified sampling
#Stratified sampling yields test sets whose class probs match full data
skf = StratifiedKFold(n_splits=n_fold)
skf.get_n_splits(xNum, newLabels)

#set up params to search - two examples
grid_dict = {'colsammple_bytree': [0.5, 0.7, 1.0],
             'learning_rate':[0.1, 0.5, 1.0],
             'max_depth':[3,4],
             'alpha':[0]}
grid_dict = {'colsammple_bytree': [0.7],
             'learning_rate':[0.001],
             'max_depth':[3,4,5,6],
             'alpha':[0]}
#set to keep track of best values
best_test_err = 1.0

#use itertools product function to do simple grid search
for colsample_bytree, learning_rate, max_depth, alpha \
            in list(product(*grid_dict.values())):

    params = {'objective':'multi:softmax',
              'num_class': 6,
              'colsample_bytree': colsample_bytree,
              'subsample': 0.5,
              'learning_rate': learning_rate,
              'n_estimators': 300,
              'max_depth': max_depth,
              'alpha': alpha,
              'verbosity':1}
```

7.4 用 Python 集成方法求解多类别分类问题

```python
    clf_model = xgb.XGBClassifier(**params)
    results_list = []
    for idx_train, idx_test in skf.split(X, y):

        x_test = X[idx_test]
        y_test= y[idx_test]
        x_train = X[idx_train]
        y_train = y[idx_train]

        clf_model.fit(x_train, y_train,
            eval_set=[(x_train, y_train), (x_test, y_test)],
            eval_metric='merror',
            verbose=False)
        results_list.append(clf_model.evals_result())

    train_err = [eval['validation_0']['merror'] for \
                    eval in results_list]
    test_err = [eval['validation_1']['merror'] for \
                    eval in results_list]

    train_err_array = np.array(train_err)
    test_err_array = np.array(test_err)

    train_avg = np.mean(train_err_array, axis = 0)
    test_avg = np.mean(test_err_array, axis = 0)

    print('colsample_bytree=', colsample_bytree, 'learning_rate=',
        learning_rate, 'max_depth=',max_depth,
        'alpha=', alpha, 'avg error=', np.amin(test_avg))

    if np.amin(test_avg) < best_test_err:
        best_params = [colsample_bytree, learning_rate, max_depth,
alpha]

#retrain with best values
[colsample_bytree, learning_rate, max_depth, alpha] = best_params

params = {'objective':'multi:softmax',
```

```python
            'num_class': 6,
            'subsample': 0.5,
            'colsample_bytree': colsample_bytree,
            'learning_rate': learning_rate,
            'n_estimators': 300,
            'max_depth': max_depth,
            'alpha': alpha,
            'verbosity':1}

clf_model = xgb.XGBClassifier(**params)
results_list = []
for idx_train, idx_test in skf.split(X, y):

    x_test = X[idx_test]
    y_test= y[idx_test]
    x_train = X[idx_train]
    y_train = y[idx_train]
    clf_model.fit(x_train, y_train,
                eval_set=[(x_train, y_train), (x_test, y_test)],
                eval_metric='merror', verbose=False)
    results_list.append(clf_model.evals_result())

train_err = [eval['validation_0']['merror'] for eval in results_list]
test_err = [eval['validation_1']['merror'] for eval in results_list]

train_err_array = np.array(train_err)
test_err_array = np.array(test_err)

train_avg = np.mean(train_err_array, axis = 0)
test_avg = np.mean(test_err_array, axis = 0)

print('\nFinal training error', train_avg[-5:])
print('Final test error', test_avg[-5:])

plt.plot(train_avg)
plt.plot(test_avg)
```

```
plt.xlabel('Number of Trees in Ensemble')
plt.ylabel('Multiclass Error')
plt.title('Train and Test Errors')
plt.savefig('glassXGB_train_test_merror.png', dpi=500)
plt.show()

Printed Output:
colsample_bytree= 0.7 learning_rate= 0.001 max_depth= 3 alpha= 0 avg
    error= 0.3361334
colsample_bytree= 0.7 learning_rate= 0.001 max_depth= 4 alpha= 0 avg
    error= 0.3211646
colsample_bytree= 0.7 learning_rate= 0.001 max_depth= 5 alpha= 0 avg
    error= 0.3115134
colsample_bytree= 0.7 learning_rate= 0.001 max_depth= 6 alpha= 0 avg
    error= 0.3115134

Performance with best params:
Final train error [0.1086792 0.1086792 0.1074956 0.1074956 0.1086652]
Final test error [0.3115134 0.3115134 0.3115134 0.3115134 0.3115134]
```

值得注意的是，代码清单 7.7 中搜索过程中参数的最佳选择包括对参数 colsample_bytree 的搜索。在代码清单中输出的优化结果中，这个参数被设置为 0.7，但是读者会看到 grid-dict 在代码清单中有两个不同的定义。第二个版本负责程序的执行，第一个版本作为前奏运行。这个版本的 grid_dict 包含了 colsample_bytree 的一系列可能值。参数 colsample_bytree 控制增加决策树时特征的随机抽样。如果参数设置为 1.0，则使用所有的特征；如果参数设置为 0.7，则每次构建一个新的决策树时，只随机选择 70% 的特征。这是向随机森林的基学习器靠拢，在每个分裂点上选择随机选择的特征。为了得到最佳性能的模型，针对这些参数做些实验是值得的。

7.4.3 测定梯度提升模型在玻璃分类问题上的性能

图 7-14 显示了随着决策树的加入，梯度提升分类器的性能是如何提高的。最佳性能出现在图的最右端。这意味着可以增加更多的决策树或者提高学习率来进一步提高性能。

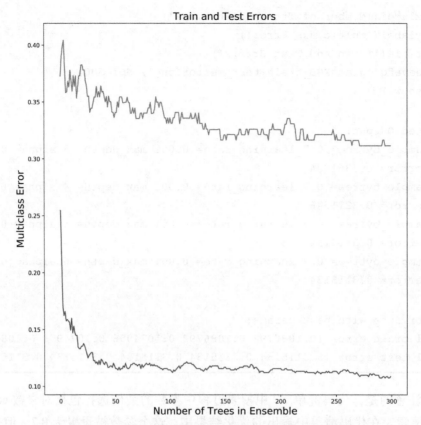

图 7-14 梯度提升法预测玻璃分类模型的训练和测试性能

7.4.4 用随机森林法对玻璃进行分类

代码清单 7.8 的基本过程与用于探测水雷的代码类似。在这个例子中，采用了更加手工的方式来处理非平衡数据的问题，这样就可以直观地看到随机森林是如何工作的。输入数据按类别分组，将每组数据按照 70∶30 的比例分成训练集和测试集。最后，将各组的训练集聚合为一个整体的训练集，测试集也如此操作。

代码清单 7.8　构建随机森林模型对玻璃进行分类（glass_rf.py）

```
__author__ = 'mike_bowles'

from math import sqrt, fabs, exp
import matplotlib.pyplot as plt
from sklearn.metrics import accuracy_score, confusion_matrix, roc_curve
from sklearn.model_selection import train_test_split
from sklearn import ensemble
```

```python
import numpy as np
from Read_Fcns import list_read_glass

#read in glass data
names, xNum, labels, yOneVAll = list_read_glass()

glassNames = np.array(['RI', 'Na', 'Mg', 'Al', 'Si', 'K', 'Ca', 'Ba','Fe',
                       'Type'])

#number of rows and columns in x matrix
nrows = len(xNum)
ncols = len(xNum[1])

#Labels are integers from 1 to 7 with no examples of 4.
#gb requires consecutive integers starting at 0
newLabels = []
labelSet = set(labels)
labelList = list(labelSet)
labelList.sort()
nlabels = len(labelList)
for l in labels:
    index = labelList.index(l)
    newLabels.append(index)

#Class populations:
#old label         new label          num of examples
#1                 0                  70
#2                 1                  76
#3                 2                  17
#5                 3                  13
#6                 4                   9
#7                 5                  29
#
#Drawing 30% test sample may not preserve population proportions

#stratified sampling by labels.
xTemp = [xNum[i] for i in range(nrows) if newLabels[i] == 0]
yTemp = [newLabels[i] for i in range(nrows) if newLabels[i] == 0]
xTrain, xTest, yTrain, yTest = train_test_split(xTemp, yTemp,
test_size=0.30,
                                                       random_state=531)
```

```python
for iLabel in range(1, len(labelList)):
    #segregate x and y according to labels
    xTemp = [xNum[i] for i in range(nrows) if newLabels[i] == iLabel]
    yTemp = [newLabels[i] for i in range(nrows) if newLabels[i] ==
             iLabel]

    #form train and test sets on segregated subset of examples
    xTrainTemp, xTestTemp, yTrainTemp, yTestTemp = train_test_
split(xTemp,
                                    yTemp, test_size=0.30, random_state=531)

    #accumulate
    xTrain = np.append(xTrain, xTrainTemp, axis=0)
    xTest = np.append(xTest, xTestTemp, axis=0)
    yTrain = np.append(yTrain, yTrainTemp, axis=0)
    yTest = np.append(yTest, yTestTemp, axis=0)

num_iterations = 50
trees_per_iteration = 10
depth = None
maxFeat = 4 #try tweaking

glassRFModel = ensemble.RandomForestClassifier(
                    n_estimators=trees_per_iteration,
                    max_depth=depth,
                    max_features=maxFeat,
                    oob_score=False,
                    random_state=531,
                    warm_start=True)

missCLassError = []

for iteration in range(num_iterations):

    glassRFModel.fit(xTrain,yTrain)
    glassRFModel.n_estimators += trees_per_iteration

    #Accumulate auc on test set
    prediction = glassRFModel.predict(xTest)
    correct = accuracy_score(yTest, prediction)
    missCLassError.append(1.0 - correct)
```

```python
print("Misclassification Error" )
print(missCLassError[-1])

#generate confusion matrix
pList = prediction.tolist()
confusionMat = confusion_matrix(yTest, pList)
print('')
print("Confusion Matrix")
print(confusionMat)

#plot training and test errors vs number of trees in ensemble
num_trees = [i * trees_per_iteration for i in range(num_iterations)]
plt.plot(num_trees, missCLassError)
plt.xlabel('Number of Trees in Ensemble')
plt.ylabel('Misclassification Error Rate')
plt.title('Random Forest Classifier Perf on Glass Data')
plt.savefig('rf_glass_perf.png', dpi=500)
#plt.ylim([0.0, 1.1*max(mseOob)])
plt.show()

#Plot feature importance
featureImportance = glassRFModel.feature_importances_

#normalize by max importance
featureImportance = featureImportance / featureImportance.max()

#plot variable importance
idxSorted = np.argsort(featureImportance)
barPos = np.arange(idxSorted.shape[0]) + .5
plt.barh(barPos, featureImportance[idxSorted], align='center')
plt.title('RF Variable Importance on Glass Data')
plt.yticks(barPos, glassNames[idxSorted])
plt.xlabel('Relative Variable Importance')
plt.savefig('rf_glass_var_importance.png', dpi=500)
plt.show()


Printed Output:
Misclassification Error
0.2272727272727273
```

```
Confusion Matrix
[[17  2 1 0 0 1]
 [ 2 18 1 2 0 0]
 [ 2  0 4 0 0 0]
 [ 0  1 0 3 0 0]
 [ 0  1 0 0 2 0]
 [ 0  2 0 0 0 7]]
```

上述代码生成随机森林模型，然后绘制训练过程、属性的重要性排名，还输出混淆矩阵，展示预测模型如何处理数据总体中的每一个类别。此矩阵显示了对于每个类别有多少样本被预测为正确的类别，有多少样本被预测为错误的类别。如果分类器是完美的，则在矩阵里不应该有偏离对角线的元素。

7.4.5　测定随机森林模型在玻璃分类问题上的性能

图 7-15 展示了随机森林模型的性能是如何随着集合方法中决策树的数量提高的。

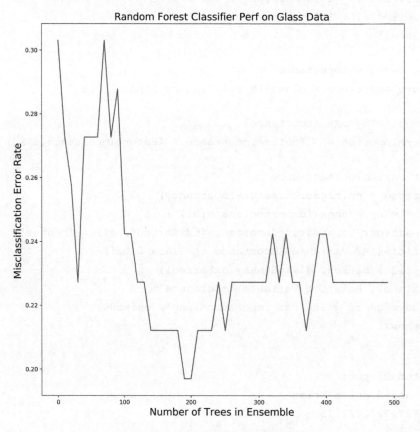

图 7-15　随机森林模型的整体性能

曲线通常会随着决策树的增加而下降。随着决策树的增加，性能改善的速率下降了。在曲线停止的地方，它已经慢了很多。

图 7-16 是一个条形图，显示了随机森林使用的变量的相对重要性。图中显示许多变量在性能上的贡献大致相等。这是不寻常的现象。在许多情况下，变量重要性在前几个变量之后会迅速下降。这个问题包含了几个同样重要的变量。

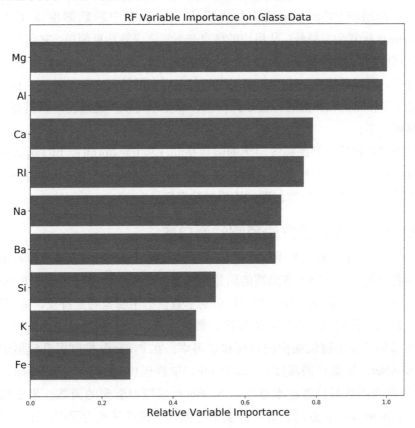

图 7-16　随机森林所用变量的相对重要性

7.5　用 PySpark 集成方法包求解回归问题

本节将贯串读者在书中看到的示例，并演示如何使用 PySpark 中提供的集成方法为每个示例构建一个模型。本节结合了在第 5 章中学的知识，使用集成方法构建模型的内容。在 PySpark 中使用集成方法涉及与第 5 章中完全相同的数据准备步骤，并使用在本章中所学的相同的梯度提升法和随机森林。PySpark 的梯度提升法和随机森林的参数与读者之前看到的相同。一旦数据像第 5 章那样准备好了，就只需学习一些符号和变量名之间的细微差别。

PySpark 中的数据准备只依赖于数据集。无论是惩罚线性回归还是梯度提升法，PySpark 回归包都采用相同的输入。7.5.1 节将演示只需更改几行代码即可从使用梯度提升法转换为使用随机森林。后续几节将涵盖剩余问题（预测鲍鱼年龄、区分岩石与水雷、识别玻璃类型）的内容，包括梯度提升法示例的数据准备，还有随机森林的单独的代码清单。

从第 5 章介绍的 PySpark 示例中可以看出，PySpark 中的数据准备比 Python 中的 numpy 或 pandas 更复杂。另外，从用户的角度来看，集成算法更简单，它们没有 XGBoost 或 sklearn 随机森林中那么多选项。PySpark 的用户接口更简单，因为在分布式环境中编程要困难得多，所以要提供与本章前面所学的包一样多的特征来调整就更困难了。

梯度提升法和随机森林法的特征如此相似，以至于可以一起描述，只需要在某些不一致的地方解释一下。

模型完成初始化后，训练和做预测的函数是 fit() 和 transform()。fit() 函数的唯一参数就是要训练的数据框。如我们在第 5 章中看到的，输入的 PySpark 数据框有特征集和标签。transform() 函数也只有一个参数，即训练用的数据框。

7.5.1 用 PySpark 集成方法预测红酒口感

代码清单 7.9 展示了构建数据框的过程，该数据框用于 PySpark 梯度提升模型的训练和测试。读者已经熟悉了第 5 章出现的向量集成器。这里的代码直到 GBTRegressor 模型初始化以前与之前的代码都一样。初始化识别了数据框中哪些列是特征，哪些列是标签，它还定义了梯度提升模型训练所需的参数：集成方法中决策树数目、决策树的深度、训练每棵树时从训练集中随机抽样的规模和学习率。在 PySpark 梯度提升模型中，决策树的数目是 maxIter，决策树的深度是 maxDepth，取样规模是 subsampleRation，学习率是 stepSize。这里的函数是读者在本章前面 XGBoost 模型中看到的函数。生成预测需要两步。第一步，transform 函数用训练好的模型将测试数据框转换为预测。第二步，初始化 RegressionEvaluator，这定义了预测值和实际值，然后选择一个回归评价标准。有两个不同的评价标准：一个是产生均方根误差，另一个是产生解释性方差（r 平方）。性能显示为 0.739。根据之前的内容，这个结果是可以提高的，可以尝试调整参数获得更好的结果。

代码清单 7.9　用 PySpark GBM 预测红酒口感（wine_taste_pred_spark_gbm.py）

```
__author__ = 'mike_bowles'

#Import sparksession
from pyspark.sql import SparkSession
```

```python
from pyspark.ml.feature import VectorAssembler
from pyspark.ml.regression import GBTRegressor
from pyspark.ml.evaluation import RegressionEvaluator
import matplotlib.pyplot as plt

spark = SparkSession.builder.appName("regress_wine_data").getOrCreate()

#read in abalone data as pandas data frame and create Spark data frame.
import pandas as pd
from pandas import DataFrame
from Read_Fcns import pd_read_wine

wine_df = pd_read_wine()

#Create spark dataframe for wine data
wine_sp_df = spark.createDataFrame(wine_df)
print('Column Names', wine_sp_df.columns, '\n\n')

vectorAssembler = VectorAssembler(inputCols = ['fixed acidity', \
    'volatile acidity', 'citric acid', 'residual sugar', 'chlorides', \
    'free sulfur dioxide', 'total sulfur dioxide', 'density', 'pH', \
                    'sulphates', 'alcohol'], outputCol = 'features')
v_wine_df = vectorAssembler.transform(wine_sp_df)
vwine_df = v_wine_df.select(['features', 'quality'])

splits = vwine_df.randomSplit([0.66, 0.34])
x_train_sp = splits[0]
x_test_sp = splits[1]

gbt = GBTRegressor(featuresCol = 'features',
                   labelCol = 'quality',
                   maxIter=100,
                   maxDepth=5,
                   subsamplingRate=0.5,
                   stepSize=0.1)

gbt_model = gbt.fit(x_train_sp)
gbt_predictions = gbt_model.transform(x_test_sp)
gbt_predictions.select('prediction', 'quality').show(5)
```

```
        gbt_evaluator1 = RegressionEvaluator(
                labelCol="quality",
                predictionCol="prediction",
                metricName="rmse")
rmse = gbt_evaluator1.evaluate(gbt_predictions)
gbt_evaluator2 = RegressionEvaluator(
                labelCol="quality",
                predictionCol="prediction",
                metricName="r2")
r2 = gbt_evaluator2.evaluate(gbt_predictions)

print("Root Mean Squared Error (RMSE) on test data = %g" % rmse)
print('R-squared on test data =', r2)

Printed Output:
Column Names ['fixed acidity', 'volatile acidity', 'citric acid',
              'residual sugar', 'chlorides', 'free sulfur dioxide',
              'total sulfur dioxide', 'density', 'pH', 'sulphates',
              'alcohol', 'quality']

        +-----------------+-------+
        |       prediction|quality|
        +-----------------+-------+
        |5.888749136462941|      4|
        |6.160043612129055|      6|
        |4.770216506879649|      5|
        |5.238104393216513|      5|
        |3.957840392301747|      4|
        +-----------------+-------+
        only showing top 5 rows

Root Mean Squared Error (RMSE) on test data = 0.739396
R-squared on test data = 0.18213112569257273
```

代码清单 7.10 展示了如何用 PySpark 随机森林构建模型预测红酒口感。使用 GBM 的数据准备阶段与代码清单 7.9 中的一样。随机森林以默认的参数（numTrees=20，maxDepth=5）运行。可以尝试改变这些参数，看一看它们对性能和运行时间的影响。随机森林法的性能评价方法也与代码清单 7.9 中梯度提升法的一致。随机森林易于调优（几乎什么都不需要）的特点使其容易成为第一个尝试的模型。梯度提升法有时可以获得更好的性能，但是需要更多的工作量和计算时间。

代码清单 7.10　用 PySpark RF 预测红酒口感（wine_taste_prediction_spark_rf.py）

```python
__author__ = 'mike_bowles'

#Import sparksession
from pyspark.sql import SparkSession
from pyspark.ml.feature import VectorAssembler
from pyspark.ml.regression import RandomForestRegressor
from pyspark.ml.evaluation import RegressionEvaluator
import matplotlib.pyplot as plt

spark = SparkSession.builder.appName("regress_wine_data").getOrCreate()

#read in abalone data as pandas data frame and create Spark data frame.
import pandas as pd
from pandas import DataFrame
from Read_Fcns import pd_read_wine

wine_df = pd_read_wine()

#Create spark dataframe for wine data
wine_sp_df = spark.createDataFrame(wine_df)
print('Column Names', wine_sp_df.columns, '\n\n')

vectorAssembler = VectorAssembler(inputCols = ['fixed acidity', \
    'volatile acidity', 'citric acid', 'residual sugar', 'chlorides', \
    'free sulfur dioxide', 'total sulfur dioxide', 'density', 'pH', \
                    'sulphates', 'alcohol'], outputCol = 'features')
v_wine_df = vectorAssembler.transform(wine_sp_df)
vwine_df = v_wine_df.select(['features', 'quality'])

splits = vwine_df.randomSplit([0.66, 0.34])
x_train_sp = splits[0]
x_test_sp = splits[1]
rf = RandomForestRegressor(featuresCol = 'features', labelCol =
'quality')
rfModel = rf.fit(x_train_sp)
rf_predictions = rfModel.transform(x_test_sp)
```

```
#use evaluator to assess performance
rf_predictions.select('prediction').show(10)
rf_evaluator1 = RegressionEvaluator(
            labelCol="quality",
            predictionCol="prediction",
            metricName="rmse")
rmse = rf_evaluator1.evaluate(rf_predictions)
rf_evaluator2 = RegressionEvaluator(
            labelCol="quality",
            predictionCol="prediction",
            metricName="r2")
r2 = rf_evaluator2.evaluate(rf_predictions)
print("Root Mean Squared Error (RMSE) on test data = %g" % rmse)
print('R-squared on test data =', r2)

Printed Output:
Column Names ['fixed acidity', 'volatile acidity', 'citric acid',
'residual sugar', 'chlorides', 'free sulfur dioxide', 'total sulfur
dioxide', 'density', 'pH', 'sulphates', 'alcohol', 'quality']


+------------------+
|        prediction|
+------------------+
| 5.69127321080815|
|4.674311642629709|
|   7.0567290737358|
|5.4275048042025125|
|5.745206950323335|
|5.298549695208836|
|5.892330445514402|
| 5.36424137629707|
|5.246211813151428|
|5.4748655383336695|
+------------------+
only showing top 10 rows

Root Mean Squared Error (RMSE) on test data = 0.62608
R-squared on test data = 0.3916738063214933
```

本节展示了预测红酒口感问题——实值输入和输出的回归问题——的数据准备和模型构建。两个模型的数据准备完全一致，后续会省略重复的数据准备阶段。如果用 Jupyter Notebook 运行这些示例，那么读者可以直接复制梯度提升法代码（代码清单 7.11）到一个单元并执行,然后复制随机森林代码到下一个单元并执行。

7.5.2 用 PySpark 集成方法预测鲍鱼年龄

本节使用与前面同样的 GBTRegressor 和 RandomForestRegressor,主要差别就在于数据准备。性别属性是一个三值的类别变量,需要独热编码。代码清单 7.11 展示了这一过程,然后初始化 GBTRegressor 模型。结果在代码的最后输出,显示了向量集成器引入前后的差异。特别要注意到,特征向量在第二个模式中显示为增加的列。

代码清单 7.11 用 PySpark 梯度提升法预测鲍鱼年龄(abalone_gbm_spark.py)

```python
__author__ = 'mike_bowles'

#Import sparksession
from pyspark.sql import SparkSession
from pyspark.ml.feature import VectorAssembler
from pyspark.ml.evaluation import RegressionEvaluator
from pyspark.ml.regression import GBTRegressor
import matplotlib.pyplot as plt
from pyspark.ml.feature import StandardScaler

spark = SparkSession.builder.appName("abalone_regression").getOrCreate()

#read in abalone data as pandas data frame and create Spark data frame.
import pandas as pd
from pandas import DataFrame
from Read_Fcns import pd_read_abalone

abalone_df = pd_read_abalone()

#Create spark dataframe for abalone data
abalone_sp_df = spark.createDataFrame(abalone_df)
print('Column Names', abalone_df.columns, '\n\n')

cols = abalone_sp_df.columns
abalone_sp_df.printSchema()
numeric_cols = ['Length', 'Diameter', 'Height', 'Whole weight',
                'Shucked weight', 'Viscera weight', 'Shell weight']

from pyspark.ml.feature import OneHotEncoderEstimator, StringIndexer, \
                               VectorAssembler
```

```python
from pyspark.ml import Pipeline

stages = []
stringIndexer = StringIndexer(inputCol = "Sex", outputCol = "SexIndex")
encoder = OneHotEncoderEstimator(inputCols=[
                    stringIndexer.getOutputCol()],
                    outputCols=["SexClassVec"])
stages +=[stringIndexer, encoder]

assembler_inputs = ["SexClassVec"] + numeric_cols

assembler = VectorAssembler(
            inputCols=assembler_inputs,
            outputCol="features")
stages += [assembler]

pipeline = Pipeline(stages = stages)
pipelineModel = pipeline.fit(abalone_sp_df)
df = pipelineModel.transform(abalone_sp_df)
selectedCols = ['features'] + cols
df = df.select(selectedCols)
df.printSchema()

pd.DataFrame(df.take(4), columns=df.columns).transpose()

train, test = df.randomSplit([0.7, 0.3], seed = 2018)
print("Training Dataset Count: ", train.count())
print("Test Dataset Count: ", test.count())

gbt = GBTRegressor(featuresCol = 'features',
                labelCol = 'Rings',
                maxIter=100)
gbt_model = gbt.fit(train)
gbt_predictions = gbt_model.transform(test)
gbt_predictions.select('prediction', 'Rings').show(5)

Column Names Index(['Sex', 'Length', 'Diameter', 'Height', 'Whole
                weight','Shucked weight', 'Viscera weight', 'Shell
                weight','Rings'], dtype='object')
```

```
root
 |-- Sex: string (nullable = true)
 |-- Length: double (nullable = true)
 |-- Diameter: double (nullable = true)
 |-- Height: double (nullable = true)
 |-- Whole weight: double (nullable = true)
 |-- Shucked weight: double (nullable = true)
 |-- Viscera weight: double (nullable = true)
 |-- Shell weight: double (nullable = true)
 |-- Rings: long (nullable = true)

root
 |-- features: vector (nullable = true)
 |-- Sex: string (nullable = true)
 |-- Length: double (nullable = true)
 |-- Diameter: double (nullable = true)
 |-- Height: double (nullable = true)
 |-- Whole weight: double (nullable = true)
 |-- Shucked weight: double (nullable = true)
 |-- Viscera weight: double (nullable = true)
 |-- Shell weight: double (nullable = true)
 |-- Rings: long (nullable = true)

Training Dataset Count: 2924
Test Dataset Count: 1253
+------------------+-----+
|        prediction|Rings|
+------------------+-----+
| 8.509670984422382|    6|
| 8.706689087368456|    5|
| 8.845143090365704|   12|
|10.344913796129237|    9|
| 9.292785676640456|    9|
+------------------+-----+
only showing top 5 rows

gbt_predictions = gbt_model.transform(test)
gbt_predictions.select('prediction', 'Rings').show(5)
gbt_evaluator1 = RegressionEvaluator(
                labelCol="Rings",
```

```
                    predictionCol="prediction",
                    metricName="rmse")
rmse = gbt_evaluator1.evaluate(gbt_predictions)
gbt_evaluator2 = RegressionEvaluator(
                    labelCol="Rings",
                    predictionCol="prediction",
                    metricName="r2")
r2 = gbt_evaluator2.evaluate(gbt_predictions)

print("Root Mean Squared Error (RMSE) on test data = %g" % rmse)
print('R-squared on test data =', r2)
+------------------+-----+
|        prediction|Rings|
+------------------+-----+
| 8.509670984422382|    6|
| 8.706689087368456|    5|
| 8.845143090365704|   12|
|10.344913796129237|    9|
| 9.292785676640456|    9|
+------------------+-----+
only showing top 5 rows

Root Mean Squared Error (RMSE) on test data = 2.43757
R-squared on test data = 0.4803196949324039
```

代码清单 7.12 展示了在代码清单 7.11 中的梯度提升模型的基础上构建随机森林模型所需的代码。随机森林模型的建模过程和性能评价与梯度提升模型是一样的。

代码清单 7.12　用 PySpark 随机森林预测鲍鱼年龄（abalone_rf_spark.py）

```
__author__ = 'mike_bowles'
#Use the same data pipeline as for gbt.

from pyspark.ml.regression import GBTRegressor
rf_abalone = RandomForestRegressor(featuresCol = 'features',
                                   labelCol = 'Rings')
rf_model = rf_abalone.fit(train)
rf_predictions = rf_model.transform(test)
rf_predictions.select('prediction', 'Rings').show(5)

#use evaluator to assess performance
```

```python
rf_evaluator1 = RegressionEvaluator(
        labelCol="Rings",
        predictionCol="prediction",
        metricName="rmse")
rmse = rf_evaluator1.evaluate(rf_predictions)
rf_evaluator2 = RegressionEvaluator(
        labelCol="Rings",
        predictionCol="prediction",
        metricName="r2")
r2 = rf_evaluator2.evaluate(rf_predictions)

print("Root Mean Squared Error (RMSE) on test data = %g" % rmse)
print('R-squared on test data =', r2)
```

```
+----------------+-----+
|      prediction|Rings|
+----------------+-----+
|7.948640573830748|    6|
|7.992553171937639|    5|
| 9.17707071700458|   12|
|9.766365653629238|    9|
| 9.37061976521712|    9|
+----------------+-----+
only showing top 5 rows

Root Mean Squared Error (RMSE) on test data = 2.46559
R-squared on test data = 0.46830523987797523
```

```python
rf_evaluator1 = RegressionEvaluator(
        labelCol="Rings",
        predictionCol="prediction",
        metricName="rmse")
rmse = rf_evaluator1.evaluate(rf_predictions)
rf_evaluator2 = RegressionEvaluator(
        labelCol="Rings",
        predictionCol="prediction",
        metricName="r2")
r2 = rf_evaluator2.evaluate(rf_predictions)

print("Root Mean Squared Error (RMSE) on test data = %g" % rmse)
print('R-squared on test data =', r2)
```

```
Root Mean Squared Error (RMSE) on test data = 2.46559
R-squared on test data = 0.46830523987797523
```

本节使用了两种常用的集成方法，即梯度提升法和随机森林法，完成了数据准备和模型构建的过程。7.5.3 节和 7.5.4 节将向读者展示如何为回归问题构建 PySpark 模型。

7.5.3　用 PySpark 集成方法区分岩石与水雷

本节将展示如何使用 PySpark 的梯度提升包来构建模型区分岩石与水雷（如代码清单 7.13 所示）。在大多数情况下，数据准备的代码与回归示例中的数据准备代码基本一致，但也有区别，主要区别在于，需要使用 StringAssembler 将 0、1 标签编码为 PySpark 分类器所需的正确格式。本例中的代码使用 PySpark 中的管道结构。处理输入数据的各个阶段都可以捕捉到一个可以复用的"管道"中。使用管道可以使后续代码更简洁。

代码清单 7.13　用 PySpark 区分岩石与水雷（rocks_v_mines_gbt_spark.py）

```
__author__ = 'mike_bowles'

#Import sparksession
from pyspark.sql import SparkSession
from pyspark.ml.feature import VectorAssembler
from pyspark.ml.classification import GBTClassifier
from pyspark.ml.classification import RandomForestClassifier
from pyspark.ml.evaluation import BinaryClassificationEvaluator
import matplotlib.pyplot as plt
from pyspark.ml.feature import StandardScaler

spark = SparkSession.builder.appName("log_regress_rvm").getOrCreate()

#read in abalone data as pandas data frame and create Spark data frame.
import pandas as pd
from pandas import DataFrame
from Read_Fcns import pd_read_rvm

rvm_df = pd_read_rvm()

#Create spark dataframe for wine data
rvm_sp_df = spark.createDataFrame(rvm_df)
print('Column Names', rvm_sp_df.columns, '\n\n')
```

```python
cols = rvm_sp_df.columns

assembler_inputs = 
       ['V0', 'V1', 'V2', 'V3', 'V4', 'V5', 'V6', 'V7', 'V8', 'V9',
        'V10', 'V11', 'V12', 'V13', 'V14', 'V15', 'V16', 'V17', 'V18',
        'V19', 'V20', 'V21', 'V22', 'V23', 'V24', 'V25', 'V26', 'V27',
        'V28', 'V29', 'V30', 'V31', 'V32', 'V33', 'V34', 'V35', 'V36',
        'V37', 'V38', 'V39', 'V40', 'V41', 'V42', 'V43', 'V44', 'V45',
        'V46', 'V47', 'V48', 'V49', 'V50', 'V51', 'V52', 'V53', 'V54',
        'V55', 'V56', 'V57', 'V58', 'V59']
from pyspark.ml.feature import OneHotEncoderEstimator, StringIndexer, VectorAssembler
stages = []
label_string_idx = StringIndexer(inputCol = 'V60', outputCol = 'label')
stages += [label_string_idx]

assembler = VectorAssembler(inputCols=assembler_inputs, outputCol="features")
stages += [assembler]
from pyspark.ml import Pipeline
pipeline = Pipeline(stages = stages)
pipelineModel = pipeline.fit(rvm_sp_df)
df = pipelineModel.transform(rvm_sp_df)
selectedCols = ['label', 'features'] + cols
df = df.select(selectedCols)
df.printSchema()

train, test = df.randomSplit([0.7, 0.3], seed = 2018)
print("Training Dataset Count: " + str(train.count()))
print("Test Dataset Count: " + str(test.count()))

gbt = GBTClassifier(featuresCol = 'features', labelCol = 'label', maxIter=100) gbt_model = gbt.fit(train)

predictions = gbt_model.transform(test)
predictions.select('rawPrediction', 'prediction', 'probability').show(10)

evaluator = BinaryClassificationEvaluator()
```

```
print("Test Area Under ROC: " + str(evaluator.evaluate(predictions,
{evaluator.metricName: "areaUnderROC"})))

Column Names ['V0', 'V1', 'V2', 'V3', 'V4', 'V5', 'V6', 'V7', 'V8',
'V9', 'V10', 'V11', 'V12', 'V13', 'V14', 'V15', 'V16', 'V17', 'V18',
'V19', 'V20', 'V21', 'V22', 'V23', 'V24', 'V25', 'V26', 'V27', 'V28',
'V29', 'V30', 'V31', 'V32', 'V33', 'V34', 'V35', 'V36', 'V37', 'V38',
'V39', 'V40', 'V41', 'V42', 'V43', 'V44', 'V45', 'V46', 'V47', 'V48',
'V49', 'V50', 'V51', 'V52', 'V53', 'V54', 'V55', 'V56', 'V57', 'V58',
'V59', 'V60']



root
 |-- label: double (nullable = false)
 |-- features: vector (nullable = true)
 |-- V0: double (nullable = true)
 |-- V1: double (nullable = true)
 |-- V2: double (nullable = true)
 ............
 |-- V58: double (nullable = true)
 |-- V59: double (nullable = true)
 |-- V60: string (nullable = true)

Training Dataset Count: 146
Test Dataset Count: 62
+--------------------+----------+--------------------+
|       rawPrediction|prediction|         probability|
+--------------------+----------+--------------------+
|[-1.7597810427667...|       1.0|[0.02876072590667...|
|[1.82542450921326...|       0.0|[0.97468825140490...|
|[-2.2263645624067...|       1.0|[0.01151265329721...|
|[-0.1228667018215...|       1.0|[0.43887393096213...|
|[-0.2634614568499...|       1.0|[0.37123485505299...|
|[-2.2152521276024...|       1.0|[0.01176834016224...|
|[-2.2091975339739...|       1.0|[0.01191000394705...|
|[-2.2291594195578...|       1.0|[0.01144921510524...|
|[0.00969027556420...|       0.0|[0.50484498613265...|
|[-0.3100908686794...|       1.0|[0.34974011922974...|
+--------------------+----------+--------------------+
only showing top 10 rows

Test Area Under ROC: 0.8885416666666667
```

代码清单 7.14 展示了直接操作由代码清单 7.13 中的管道产生的数据（标签和特征）的代码。

代码清单 7.14　用 PySpark 随机森林区分岩石与水雷（rocks_v_mines_rf_spark.py）

```
from pyspark.ml.classification import RandomForestClassifier
rf = RandomForestClassifier(featuresCol = 'features',
                            labelCol = 'label')
rf_model = rf.fit(train)


predictions = rf_model.transform(test)
predictions.select('rawPrediction', 'prediction', 'probability').
show(10)

evaluator = BinaryClassificationEvaluator()
print("Test Area Under ROC: " +
      str(evaluator.evaluate(predictions,
      {evaluator.metricName: "areaUnderROC"})))


+--------------------+----------+--------------------+
|       rawPrediction|prediction|         probability|
+--------------------+----------+--------------------+
|[9.93333333333333...|       1.0|[0.49666666666666...|
|         [10.0,10.0]|       0.0|           [0.5,0.5]|
|[2.69292929292929...|       1.0|[0.13464646464646...|
|[12.8213463947460...|       0.0|[0.64106731973730...|
|[9.77578633164038...|       1.0|[0.48878931658201...|
|[4.03959627329192...|       1.0|[0.20197981366459...|
|[1.37476943346508...|       1.0|[0.06873847167325...|
|[6.90565178640626...|       1.0|[0.34528258932031...|
|[11.1235640964849...|       0.0|[0.55617820482424...|
|         [8.05,11.95]|      1.0|[0.4025,0.5974999...|
+--------------------+----------+--------------------+
only showing top 10 rows

Test Area Under ROC: 0.9104166666666667
```

本节介绍了用管道技术来封装数据的准备阶段的工作，然后训练预测模型，展示了如何用 PySpark 集成方法解决二元回归问题。

7.5.4 用 PySpark 集成方法识别玻璃类型

代码清单 7.15 展示了如何利用 PySpark 的随机森林构建多类别分类器。StringIndexer 对多类别标签的编码方式与之前的两个示例一致。这个示例也用了管道框架。模型的性能展示在代码的最后。

代码清单 7.15　用 PySpark 随机森林识别玻璃类型（glass_multiclass_rf_spark.py）

```
__author__ = 'mike_bowles'

#Import sparksession
from pyspark.sql import SparkSession
from pyspark.ml.feature import VectorAssembler
from pyspark.ml.classification import RandomForestClassifier
import matplotlib.pyplot as plt
from pyspark.ml import Pipeline
from pyspark.ml.feature import OneHotEncoder, StringIndexer, 
VectorAssembler
import pandas as pd
from pandas import DataFrame
from Read_Fcns import pd_read_glass
from pyspark.ml.tuning import ParamGridBuilder, CrossValidator

spark = SparkSession.builder.appName("glass_mc_log_regress").
getOrCreate()

#read glass data into pandas data frame and create spark df
glass_df = pd_read_glass()

#Create spark dataframe for glass data
glass_sp_df = spark.createDataFrame(glass_df)

cols = glass_sp_df.columns
print('Column Names', cols, '\n\n')

glass_sp_df.printSchema()

pd.DataFrame(glass_sp_df.take(5), columns=glass_sp_df.columns).
transpose()

feature_cols = ['RI', 'Na', 'Mg', 'Al', 'Si', 'K', 'Ca', 'Ba', 'Fe']
```

```
label_stringIdx = StringIndexer(inputCol = "Type", outputCol = "label")
assembler = VectorAssembler(inputCols=feature_cols,
                            outputCol='features')
pipeline = Pipeline(stages=[assembler, label_stringIdx])


pipelineFit = pipeline.fit(glass_sp_df)
dataset = pipelineFit.transform(glass_sp_df)
#have a look at the dataset
dataset.show(5)


#train test split
trainingData, testData = dataset.randomSplit([0.7, 0.3], seed = 1011)


#select model p
lr = RandomForestClassifier(featuresCol = 'features',
                            labelCol = 'label')
lrModel = lr.fit(trainingData)


predictions = lrModel.transform(testData)

from pyspark.ml.evaluation import MulticlassClassificationEvaluator
evaluator = MulticlassClassificationEvaluator(predictionCol="prediction")
print(evaluator.evaluate(predictions))

Column Names ['Id', 'RI', 'Na', 'Mg', 'Al', 'Si', 'K', 'Ca', 'Ba', 'Fe',
'Type']

root
 |-- Id: long (nullable = true)
 |-- RI: double (nullable = true)
 |-- Na: double (nullable = true)
 |-- Mg: double (nullable = true)
 |-- Al: double (nullable = true)
 |-- Si: double (nullable = true)
 |-- K: double (nullable = true)
 |-- Ca: double (nullable = true)
 |-- Ba: double (nullable = true)
 |-- Fe: double (nullable = true)
 |-- Type: long (nullable = true)
```

```
+---+------------------+-----+----+----+-----+----+----+---+---+-----+--
-----------------+-----+
| Id|                RI|   Na|  Mg|  Al|   Si|   K|  Ca| Ba| Fe|Type|
         features|label|
+---+------------------+-----+----+----+-----+----+----+---+---+-----+--
-----------------+-----+
|  1|           1.52101|13.64|4.49| 1.1|71.78|0.06|8.75|0.0|0.0|
1|[1.52101,13.64,4....|  1.0|
|  2|1.5176100000000001|13.89| 3.6|1.36|72.73|0.48|7.83|0.0|0.0|
1|[1.51761000000000...|  1.0|
|  3|1.5161799999999999|13.53|3.55|1.54|72.99|0.39|7.78|0.0|0.0|
1|[1.51617999999999...|  1.0|
|  4|           1.51766|13.21|3.69|1.29|72.61|0.57|8.22|0.0|0.0|
1|[1.51766,13.21,3....|  1.0|
|  5|           1.51742|13.27|3.62|1.24|73.08|0.55|8.07|0.0|0.0|
1|[1.51742,13.27,3....|  1.0|
+---+------------------+-----+----+----+-----+----+----+---+---+-----+--
-----------------+-----+
only showing top 5 rows


0.8098768104960057
```

本节展示了如何构建随机森林模型解决多类别预测问题。这里没有梯度提升模型，因为 GBTClassifier 的 PySpark 版本在本书撰写阶段还不支持多类别问题。

7.6 小结

本章演示了 XGBoost、Python sklearn 和 PySpark 包实现的集成方法。示例代码展示了使用这些方法针对不同类型的问题构建模型的过程。本章涵盖了回归问题、二元分类问题和多类别分类问题，并讨论了作为 XGBoost、Python sklearn 和 PySpark 的输入，如何对类别属性进行编码和及分层取样等。这些例子涵盖了读者可能在实践中遇到的各种问题。

这里的例子也展示了集成方法的重要特征，这也是在数据科学家中集成方法是首选的原因。集成方法相对易于使用。它们不需要调很多参数。它们可以给出属性的重要性信息，有利于模型开发早期阶段的对比和分析，集成方法通常也可以获得最佳的性能。

本章验证了 XGBoost、Python sklearn 和 PySpark 包的使用。第 6 章中介绍的背景知识帮助理解在 Python 包中这些参数的设置和调整。观察示例代码中参数的设置，可以帮助读者尝试使用这些包。